下記のページに誤りがありました。
読者の皆様にご迷惑をおかけしたことを、深くお詫び申し上げます。
以下のとおり訂正させていただきます。

【理科習熟プリント　小学３年生】（B5 判）
2020 年 4 月 20 日　発行

P44　イメージマップ　光のせいしつ〈日光を集める〉
誤）ががみで集める
正）かがみで集める

P53　イメージマップ　こん虫をさがそう〈こん虫の名前〉
誤）エンマコウロギ
正）エンマコオロギ

答え　P5
〔P17〕まとめテスト　身近なしぜん
4　④〈食べ物〉
誤）小さな虫
正）小さい虫

答え P19　まとめテスト　かげと太陽
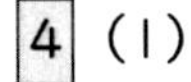
4（1）

（誤）
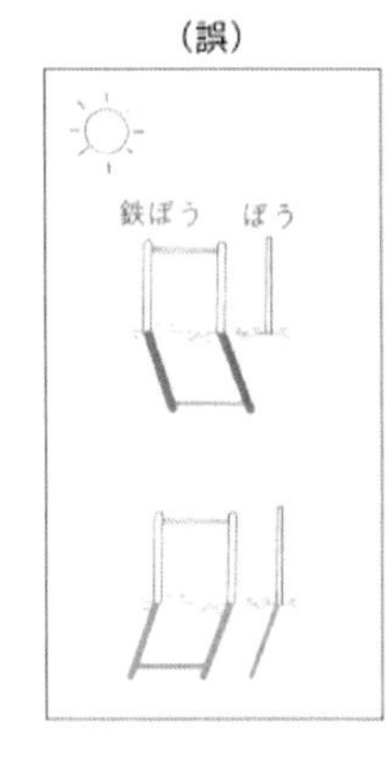

（正）
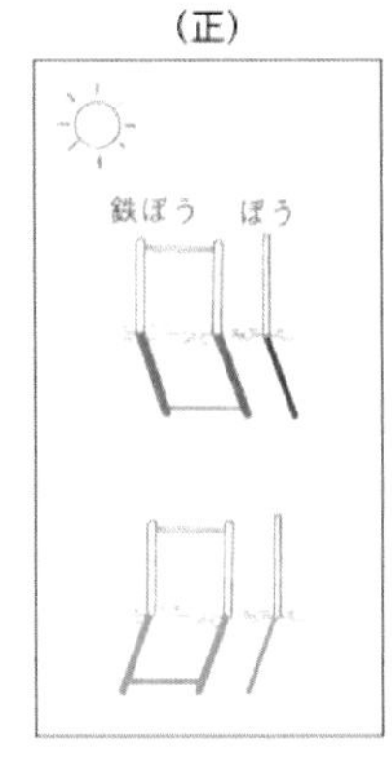

新学習指導要領対応

理科習熟プリント 小学3年生

宮崎 彰嗣
横田 修一 著

これならできた！

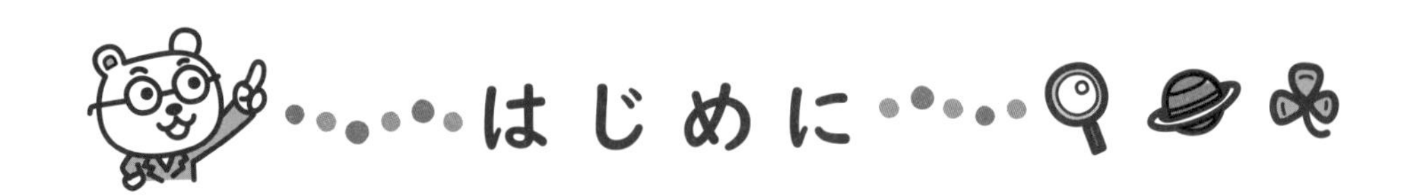

はじめに

本書は、学校や家庭で長年にわたり支持され、版を重ねてまいりました。その中で貫き通してきた特長が

○ 通常のステップよりも、さらに細かくして理解しやすくする
○ 大切なところは、くり返し練習して習熟できるようにする
○ 教科書レベルの力がどの子にも身につくようにする

です。新学習指導要領の改訂にしたがい、その内容にそってつくっていますが、さらにつけ加えた特長としては

○ 読みやすさ、わかりやすさを考えて、「太めの手書き文字」を使用する
○ 学校などでコピーしたときに「ページ番号」が消えて見えなくする
○ 解答は本文を縮小し、その上に赤で表し、別冊の小冊子にする

などです。これらの特長を生かし、十分に活用していただけると思います。

さて、理科習熟プリントは、それぞれの内容を「イメージマップ」「習熟プリント」「まとめテスト」の３つで構成されています。

イメージマップ　　各単元のポイントとなる内容を図や表を使いまとめました。内容全体が見渡せ、イメージできるようにすることはとても大切です。重要語句のなぞり書きや色ぬりで世界に1つしかないオリジナル理科ノートをつくりましょう。

習熟プリント　　実験や観察などの基本的な内容を、順を追ってわかりやすく組み立ててあります。
基本的なことがらや考え方・解き方が自然と身につくよう編集してあります。順を追って、進めることで確かな基礎学力が身につきます。

まとめテスト　　習熟プリントのおさらいの問題を２～４回つけました。100点満点で評価できます。
各単元の内容が理解できているかを確認します。わかるからできるへと進むために、理科の考えを表現する問題として記述式の問題（★印）を一部取り入れました。

このような構成内容となっていますので、授業前の予習や授業後の復習に適しています。また、ある単元の内容を短時間で整理するときなども効果を発揮します。

さらに、理科ゲームとして、取り組むことのできる内容も追加しました。遊びながら学ぶ機会があってもよいのではと思います。

このプリント集が、多くの子どもたちに活用され、「わかる」から「できる」へと自ら進んで学習できることを祈ります。

目　次

身近なしぜん

◆ なぞったり、色をぬったりしてイメージマップをつくりましょう

校庭

アゲハ

ミカン

カエル

ザリガニ

アブラナ

ハチ

モンシロチョウ

チューリップ

ホウセンカ

土の中では

アリ

ダンゴムシ

月　　日 名前

公園

カブトムシ
セミ
トンボ
ケムシ
クモ
ハルジオン
ヨモギ
エノコログサ
カラスノエンドウ
オオバコ
ホトケノザ
タンポポ
コオロギ
カマキリ

身近なしぜん

◆ なぞったり、色をぬったりしてイメージマップをつくりましょう

かんさつカードのかき方

かんさつのしかた

見る・さわる・においい・音

アリの行列(ぎょうれつ)　花だんの近く
5月18日　午前9時30分　晴れ　21℃
三木 いちろう

• すあなに向(む)かって行列して歩いていた。
• 2〜3びきで虫の死(し)がいを運(はこ)んでいた。
• うろうろしているものもいた。
• すあなから、出てくるものもいた。

題名(だいめい)　場所(ばしょ)
日時　天気

スケッチ
色や形、大きさなど

文
スケッチで表(あらわ)せないこと
わかったことなど

※生きものは、しゅるいによって、色や形、大きさ、手ざわり、動(うご)きなどがちがっている。

月　　　日　名前

虫めがねの使い方

手で持てるもの

虫めがねを、目の近くで持ち、**見るものを動かして**、はっきり見えるところで止める。

手で持てないもの

虫めがねを動かして、はっきり見えるところで止める。

目をいためるので、ぜったいに虫めがねで太陽を見てはいけない。

[じゅんびする物]

[気をつけること]

草や虫などは、むやみにとったりしないようにしましょう。

また、かんさつが終わったら元の場所にもどします。

どくやとげなどを持つ、きけんな生き物に注意しましょう。

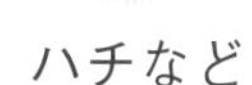

ハチなど

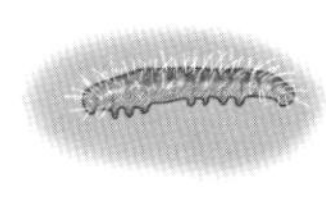

チャドクガなどのよう虫

カラタチなどのとげ

身近なしぜん ①

かんさつのしかた

1 チューリップとタンポポをかんさつし、カードに記ろくしました。あとの問(と)いに答えましょう。

(1) かんさつカードはどのようにかきますか。図の(　　)にあてはまる言葉(ことば)を、□からえらんでかきましょう。

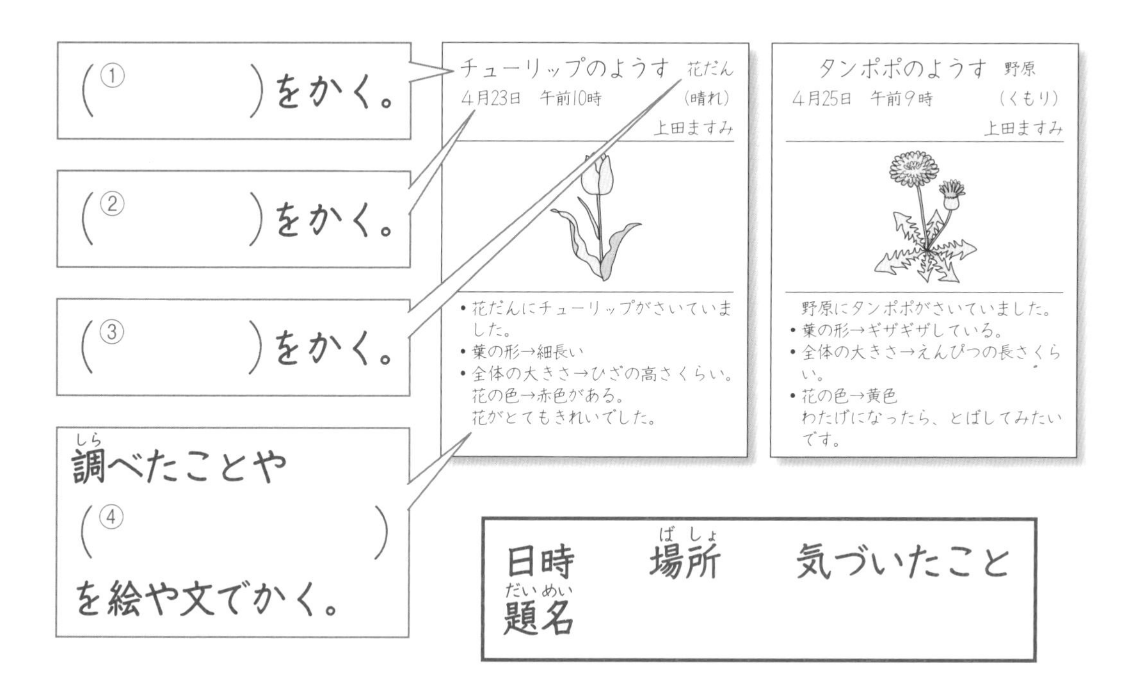

(①　　　　)をかく。
(②　　　　)をかく。
(③　　　　)をかく。
調(しら)べたことや
(④　　　　　　)
を絵や文でかく。
チューリップのようす　花だん
4月23日　午前10時　(晴れ)
上田ますみ
•花だんにチューリップがさいていました。
•葉の形→細長い
•全体の大きさ→ひざの高さくらい。
花の色→赤色がある。
花がとてもきれいでした。
タンポポのようす　野原
4月25日　午前9時　(くもり)
上田ますみ
野原にタンポポがさいていました。
•葉の形→ギザギザしている。
•全体の大きさ→えんぴつの長さくらい。
•花の色→黄色
わたげになったら、とばしてみたいです。

日時　場所(ばしょ)　気づいたこと
題名(だいめい)

(2) このかんさつから、チューリップとタンポポの葉(は)の形や全(ぜん)体(たい)の大きさ、花の色について、わかったことをかきましょう。

	チューリップ	タンポポ
① 葉の形		
② 全体の大きさ		
③ 花の色		

月　　日　名前

かんさつ道具や、かんさつのしかた、記ろくカードのかき方などを学びます。

2 次の(　　)にあてはまる言葉を□からえらんでかきましょう。

(1) かんさつに出かけるときに、じゅんびする物は、かんさつの内ようを記ろくする(①　　　　　)、(②　　　　　)、(③　　　　　)などです。

筆記用具　　かんさつカード　　デジタルカメラ

(2) 虫をつかまえるための(①　　　　)や、つかまえた虫を入れる(②　　　　)、虫のこまかい部分をかんさつする(③　　　　)などもあればべんりです。

虫かご　　虫めがね　　あみ

(3) かんさつするときには、さしたり、かんだりする(①　　　　)や、かぶれる(②　　　　)に気をつけます。

また、かんさつする生き物だけをとり、コオロギやバッタなどの(③　　　　)が終わったら、元の場所に(④　　　　)あげましょう。

外から、帰ったら、(⑤　　　　)をあらいます。

手　　虫　　植物　　にがして　　かんさつ

身近なしぜん ②

草花のようす

1 次(つぎ)のかんさつカードから、どんなことがわかりますか。あとの問(と)いに答えましょう。

(1) 草花の名前は何ですか。

(　　　　　　　　　　)

(2) どこで見つけましたか。

(　　　　　　　　　　)

(3) かんさつした日時はいつですか。

(　　　　　　　　　　)

(4) (　　)にあてはまる言葉(ことば)を□からえらんでかきましょう。

タンポポ　公園の入り口
5月10日　午前10時　晴れ　20℃
田中　ただし

- 葉(は)っぱが地面(じめん)に広がっている。
- あながあいたり、やぶれた葉がある。
- まわりにせの高い草がない。
- 近くにオオバコがたくさんある。

タンポポの葉で、あながあいたり、(①　　　　　　)しているものがあるのは、(②　　　　)がよく通り、ふみつけられるからです。

まわりにせの高い草がないのは、ふみつけられたりして、(③　　　　　)からです。タンポポのまわりには、せたけのよくにた(④　　　　　)がはえています。

オオバコ　　人　　やぶれたり　　育(そだ)たない

月　　日 名前

春の草花のようすについて学びます。タンポポやハルジオンを学びます。

2 次のかんさつカードから、どんなことがわかりますか。あとの問いに答えましょう。

(1) 草花の名前は何ですか。

(　　　　　　　)

(2) どこで見つけましたか。

(　　　　　　　)

(3) その日の天気は何ですか。

(　　　　　　　)

(4) だれのかんさつ記ろくですか。

(　　　　　　　)

ハルジオン　野原

5月18日　午前10時　(晴れ)

さとう めぐみ

- せの高い草がたくさんそだっている。
- 日光がよくあたっていた。
- まわりには大きな木はない。
- 白い花がたくさんさいていた。

(5) (　　)にあてはまる言葉を□からえらんでかきましょう。

野原には(①　　　)や自動車(じどうしゃ)など、植物(しょくぶつ)をふみつけたり、(②　　　　　)するものが入ってきません。また、野原は、森などとちがって(③　　　)もよくあたります。そのため、せの(④　　　)植物が多くはえています。

(⑤　　　　　　　　　　)なども、その1つです。

日光	高い	セイタカアワダチソウ	人	おったり

身近なしぜん ③

こん虫のようす

1 次のかんさつカードから、どんなことがわかりますか。あとの問いに答えましょう。

(1) 生き物の名前は何ですか。

(　　　　　　　　　)

(2) どこで見つけましたか。

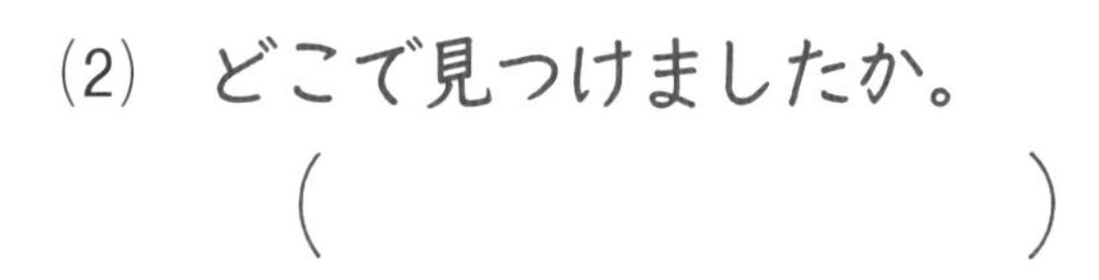

(　　　　　　　　　)

(3) かんさつした日時はいつですか。

(　　　　　　　　　)

(4) その日の天気は何ですか。

(　　　　　　　　　)

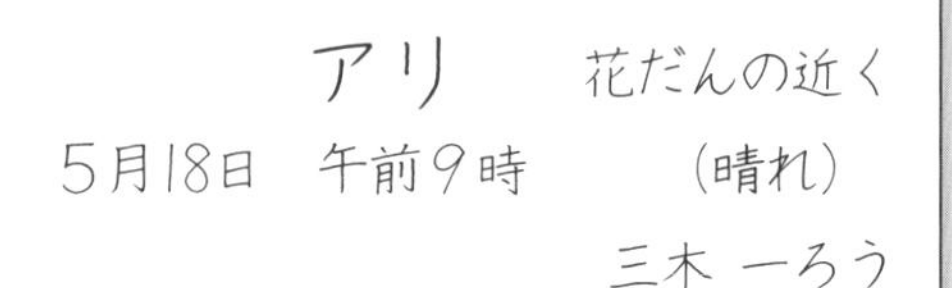

アリ　花だんの近く
5月18日　午前9時　(晴れ)
三木 一ろう

- すあなに向かって行列して歩いていた。
- 2～3びきで虫の死がいを運んでいた。
- うろうろしているアリもいた。
- すあなから、出てくるアリもいた。

(5) (　　)にあてはまる言葉を□からえらんでかきましょう。

アリは(①　　　　)の下にある、すあなに向かって(②　　　　)して歩きます。また、中には、2～3びきが(③　　　　)をあわせて、(④　　　　)を運んでいることもあります。うろうろしているのは(⑤　　　　)をさがしているのでしょう。

行列	地面	エサ	エサ	カ

月　　日 名前

春のこん虫のようすについて調べます。アリの行列やカマキリのようすを学びます。

2 次のかんさつカードを見て、あとの問いに答えましょう。

> 見つけにくいカマキリ　野原
> 5月25日　午前10時　（晴れ）
> 上田 さとし
>
> 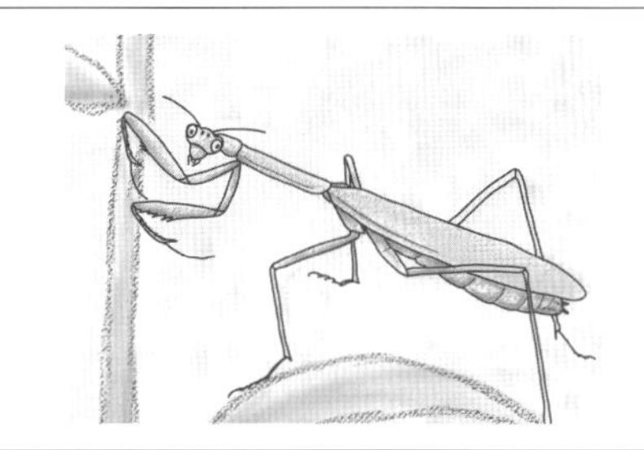
>
> ・草原の中の葉にとまっていた。
> ・近くにエサになる小さい虫がたくさんいた。
> ・からだは緑色（みどりいろ）をしていて、見つけにくかった。
> ・前あしはかまのようになっていた。

(1) 題名（だいめい）は何ですか。

（　　　　　　　　）

(2) かんさつした日時はいつですか。

（　　　　　　　　）

(3) カマキリのあしは何本ですか。

（　　　　　　　　）

(4) カマキリは、何を食べていますか。

（　　　　　　　　）

(5) （　　）にあてはまる言葉を□からえらんでかきましょう。

カマキリのからだの色は（①　　　　）です。そのため、まわりの（②　　　　）の色にかくれてしまい、とても（③　　　　　　　　）です。

また、カマキリの前あしは（④　　　　）のような形をしていて、エサになる（⑤　　　　）をつかまえやすくなっています。

かま	植物（しょくぶつ）	緑色	見つかりにくい	虫

まとめテスト

身近なしぜん

1 次(つぎ)の文は、いろいろな生き物(もの)についてかかれています。(　　)にあてはまる言葉(ことば)を□からえらんでかきましょう。　(1つ5点)

(1) ダンゴ虫は、ブロックや(①　　　)の下にたくさんいました。(②　　　)ところをこのんですんでいるようです。

ナナホシテントウが、カラスノエンドウにいた(③　　　)を食べていました。ナナホシテントウの色は(④　　　)で目立ちました。

モンシロチョウが、アブラナの花に止まっていました。長い(⑤　　　)のような口で花の(⑥　　　)をすっていました。

ストロー　だいだい色　石　暗(くら)い　みつ　アブラムシ

(2) カマキリのからだの色はふつう(①　　　)です。そのため、まわりの(②　　　)の色にかくれてとても(③　　　)です。

ところが、土の上に長くいるカマキリは(④　　　)をしていることがあります。

これは、すむ場所(ばしょ)の色にあわせて(⑤　　　)を守(まも)るためです。

身(み)　植物(しょくぶつ)　見つかりにくい　緑色(みどりいろ)　茶色

月　　　日　名前　　　　　　　　　　　　　　　　　／100点

2 次の（　）にあてはまる言葉を□からえらんでかきましょう。（1つ5点）

(1) 植物は、日光がなくては育（そだ）ちません。そこで、それぞれの植物がどのようにして（①　　　）を多く受（う）けるか、きそいあっています。

タンポポとハルジオンの（②　　　）のちがいを見ると、ハルジオンの方がせが（③　　　）て、日光をよく受けられそうです。

ところが、（④　　　）が通るところでは、草花の（⑤　　　）がおれてしまい、大きく育ちません。

せたけ　　日光　　高く　　人や車　　くき

(2) タンポポは葉（は）と根（ね）がとても（①　　　）で人や車にふまれてもかれたりしません。

それで、（②　　　）は人や車の通る道の近い場所に、（③　　　）は人や車がやってこない野原のおくの方に育っています。

植物は日光をたくさん受けるため、まわりの草花と（④　　　）しながら育っているのです。

タンポポ　　じょうぶ　　きょうそう　　ハルジオン

まとめテスト

身近なしぜん

1 次の植物のせたけは、㋐タンポポ、㋑ハルジオンのどちらににていますか。（　　）に記号をかきましょう。（1つ4点）

① オオバコ（　　）　② カラスノエンドウ（　　）

③ アブラナ（　　）　④ ホトケノザ（　　）

★2 ハルジオンにくらべ、タンポポなどせのひくい植物はどんな場所にはえていますか。その理由もかきましょう。（8点）

［　　　　　　　　　　］

3 すんでいる場所でからだの色がかわる生き物がいます。

(1) すんでいる場所で、からだの色がかわるものには○、かわらないものには×をつけましょう。（1つ4点）

① カマキリ（　　）　② アゲハ（　　）

③ アリ（　　）

(2) からだの色がかわるのは、なぜですか。次の中から正しいものを1つえらんで○をかきましょう。（4点）

①（　　）すむ場所の色にあわせて、身を守るため

②（　　）オス・メスですむ場所がかわるため

③（　　）気温によって色がかわるため

月　　日　名前　　　　/100点

4 次のこん虫の名前と食べ物とすむ場所を□からえらんでかきましょう。（1つ4点）

名　前	食べ物	すむ場所
①（　　　　）		
②（　　　　）		
③（　　　　）		
④（　　　　）		
⑤（　　　　）		

【名　前】 ショウリョウバッタ　モンシロチョウ　セミ　ナナホシテントウ　オオカマキリ
【食べ物】 草の葉（は）　アブラムシ　木のしる　花のみつ　小さい虫
【すむ場所】 花だんや野原　林　林や野原　野原　野原

草花を育てよう

たねから子葉へ

◆　なぞったり、色をぬったりしてイメージマップをつくりましょう
◆　子葉に色をぬりましょう

ヒマワリ

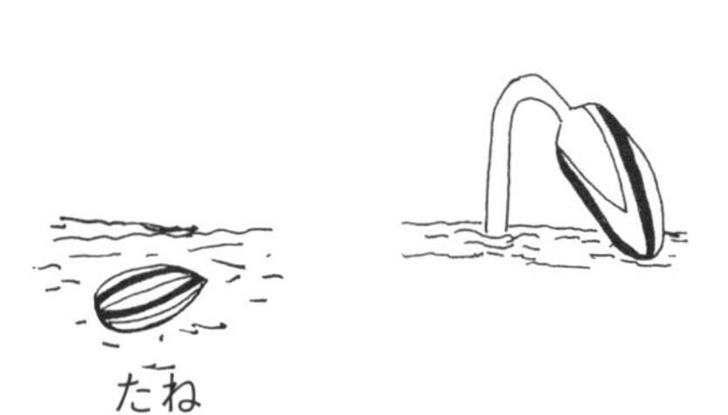

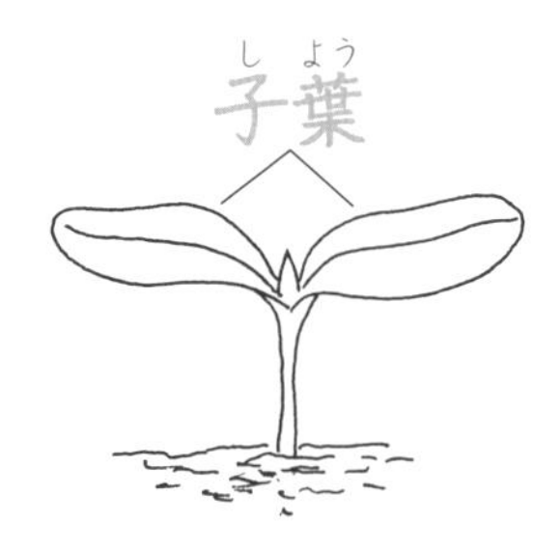

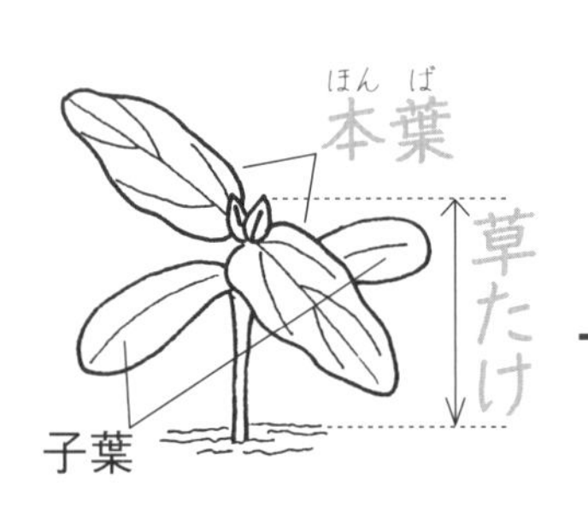

ホウセンカ

子葉

マリーゴールド

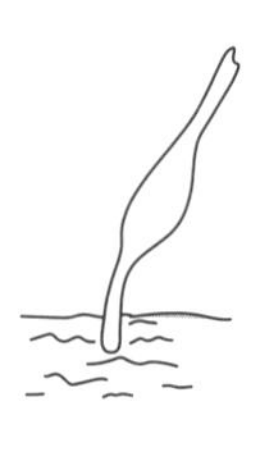

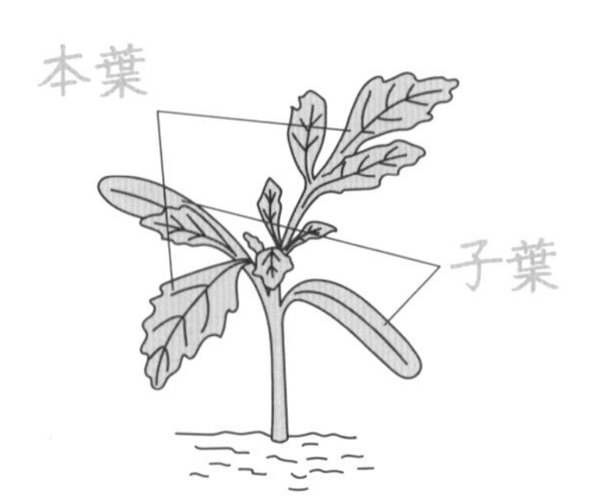

月　　日　名前

花から実へ

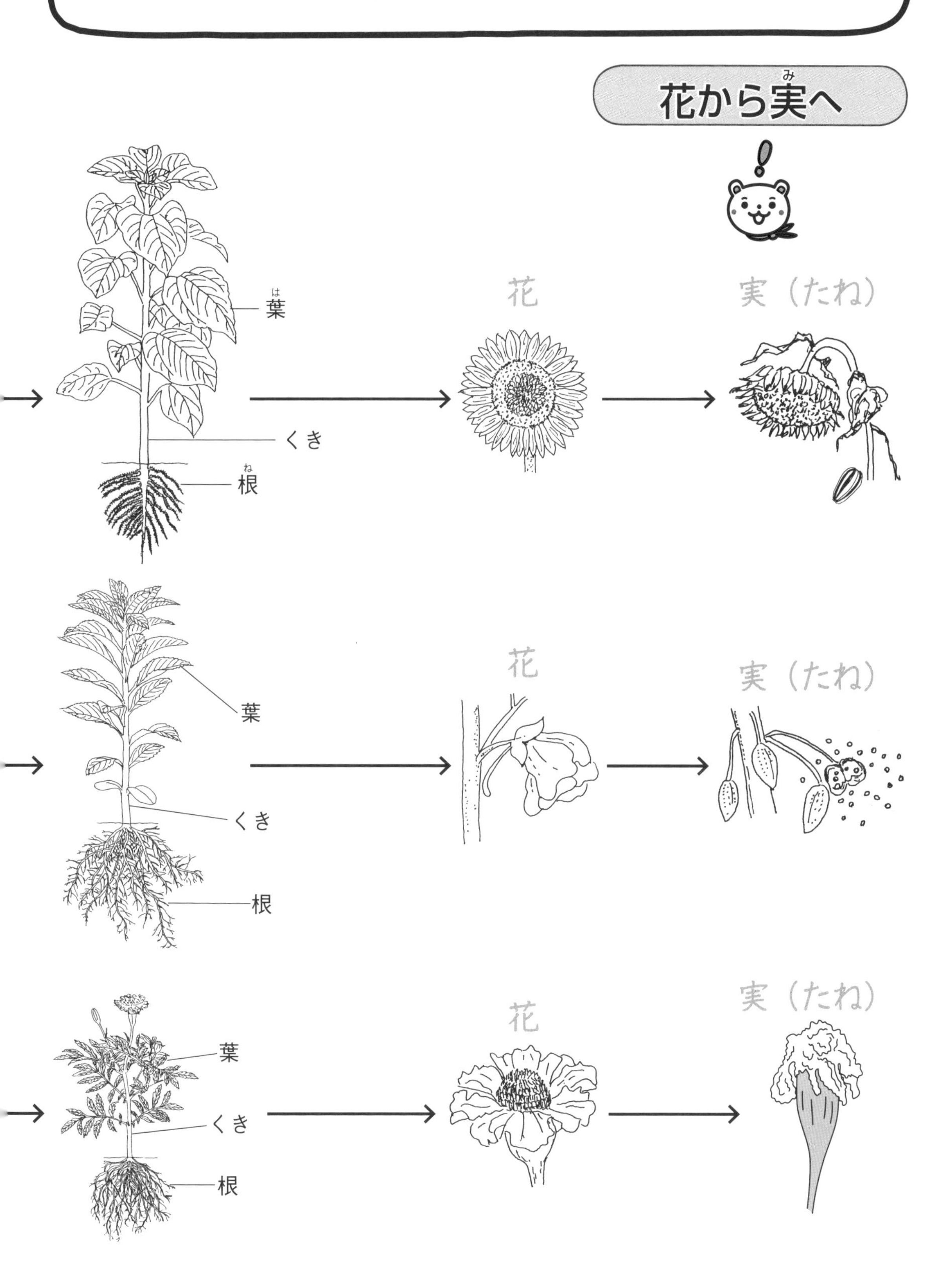

草花を育てよう

◆ なぞったり、色をぬったりしてイメージマップをつくりましょう

たねのまき方

① ビニールポットに土を入れて、たねをまく。

② 土をかけて、水をやる。
ホウセンカ（小さいたね）
たねをまき、土を少しかける。

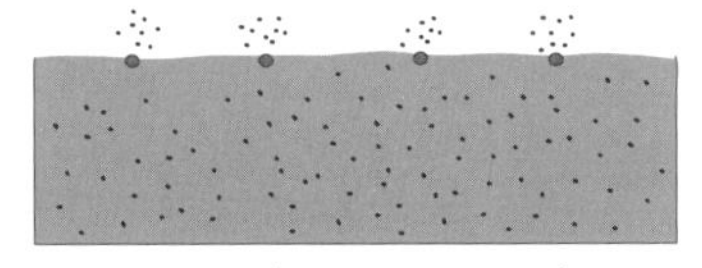

ヒマワリ（大きいたね）
指で土にあなをあけて、たねをまき、土をかける。

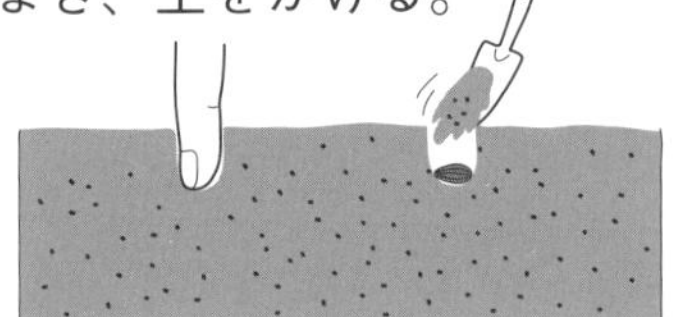

③ 土がかわかないように、ときどき水をやる。

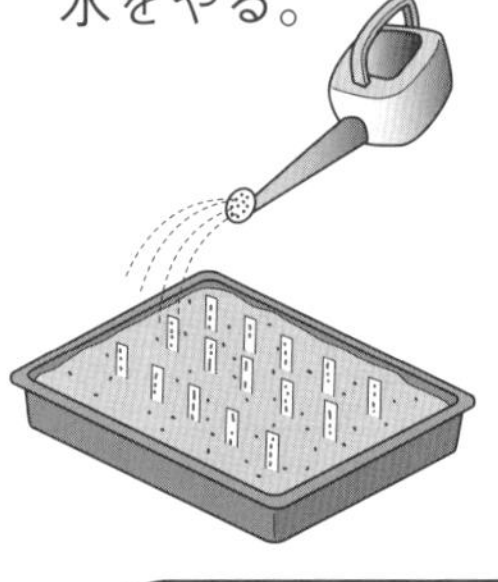

植物の名前
まいた日
自分の名前

記ろくカード

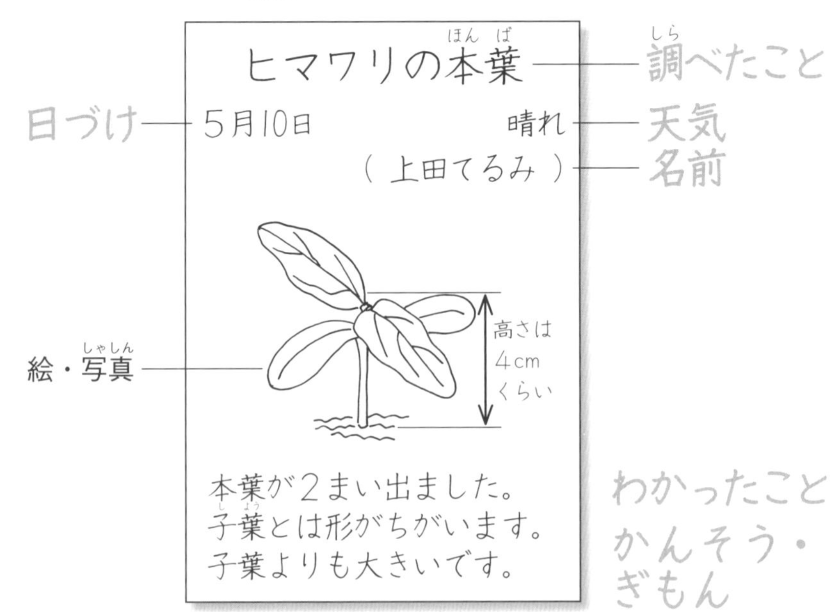

月　　日　名前

植物(しょくぶつ)のからだとつくり

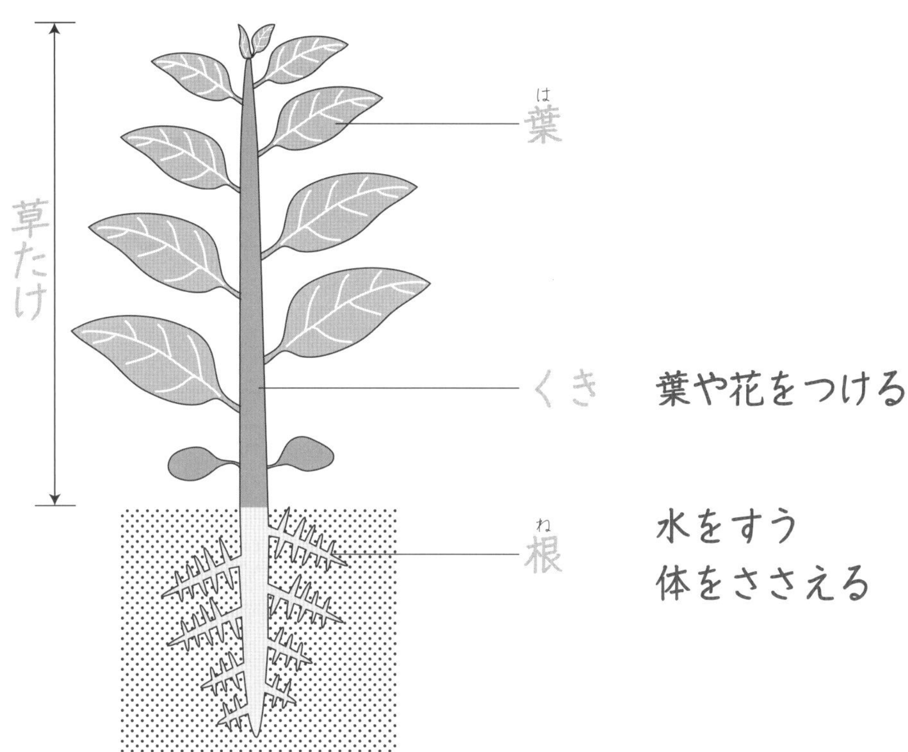

植(う)えかえのしかた

葉が4〜6まいになれば、花だんや大きい入れ物(もの)に植えかえます。

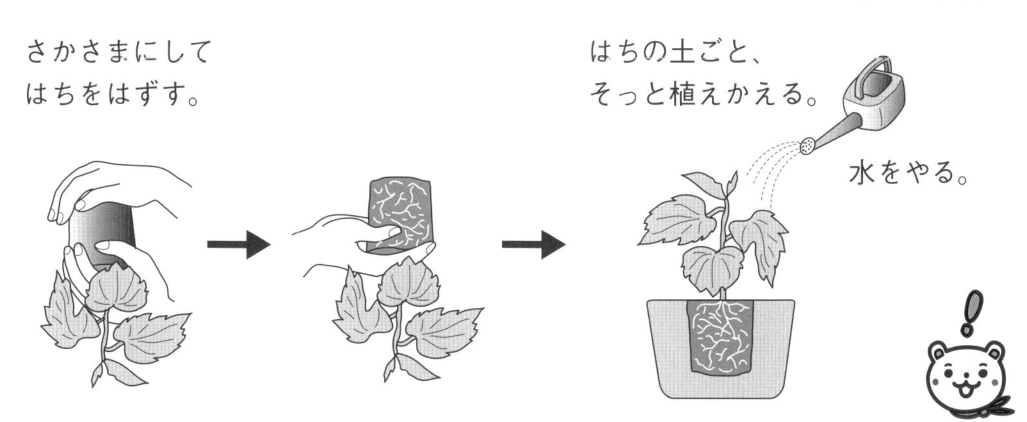

草花を育てよう ①

たねから子葉へ

1 図は、草花のたねです。たねの名前を[　　]からえらんでかきましょう。

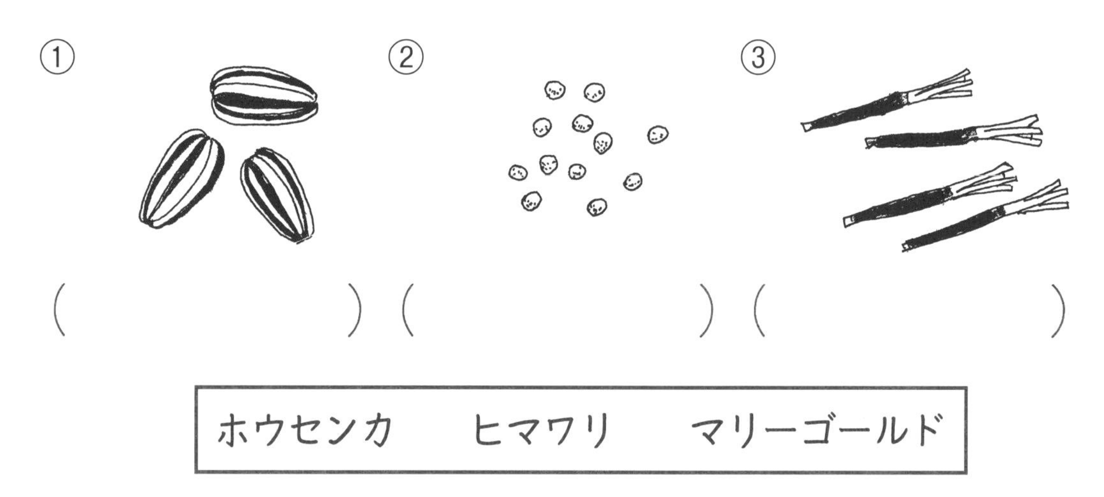

①（　　　　　　）②（　　　　　　）③（　　　　　　）

ホウセンカ	ヒマワリ	マリーゴールド

2 ホウセンカのたねをまきました。あとの問いに答えましょう。

(1) 正しいまき方に○をつけましょう。

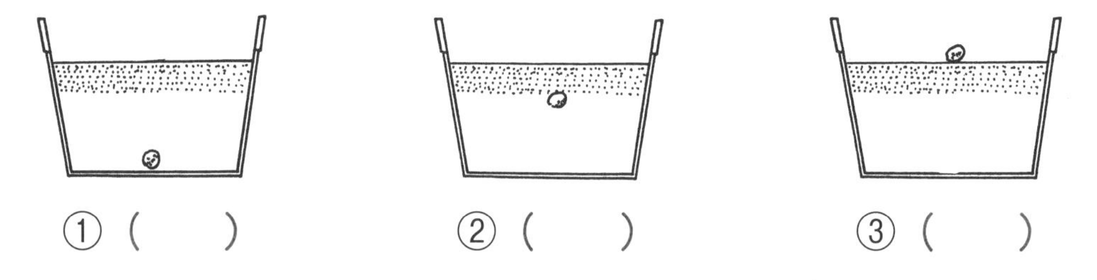

①（　　）　②（　　）　③（　　）

(2) たねまきのあと、下のようなふだを立てました。よいものを１つえらんで、○をつけましょう。

①（　　）　②（　　）　③（　　）

月　　日　名前

たねまきのようすから子葉が出るまでを学びます。ヒマワリ、ホウセンカ、マリーゴールドなどを調べます。

3　次の（　　）にあてはまる言葉を□からえらんでかきましょう。

花だんにたねをまきます。ヒマワリは、たねとたねの間を（①　　　）cmくらい、ホウセンカは、（②　　　）cmくらいはなしてまきます。

ヒマワリは、めが出たあと、大きく育つので、たねとたねの間を広くしてまきます。

たねをまくあなの深さは、（③　　　）cmです。

たねをまいたら軽く（④　　　）をかぶせ、土がかわかないように（⑤　　　）をかけます。

土	水	50	1～2	10

4　次の（　　）にあてはまる言葉を□からえらんでかきましょう。

(1)　ホウセンカのたねをまきました。
あのような葉が出ました。名前をかきましょう。

あ（　　　　　）

(2)　ヒマワリのめが出ました。

い～おの名前をかきましょう。

い（　　　　　）　う（　　　　　）
え（　　　　　）　お（　　　　　）

子葉（しよう）	子葉	本葉（ほんば）	根（ね）	くき

草花を育てよう ②

草花の育ちとつくり

1 次(つぎ)の文は、なえを植(う)えかえるときにすることをかいたものです。どのようなじゅんじょで行いますか。行うじゅんに、(　　)に数字をかきましょう。

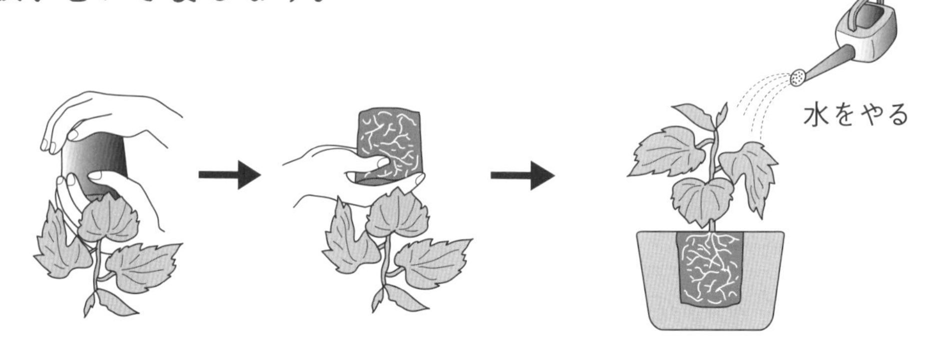
水をやる
さかさまにして
はちをはずす。
はちの土ごと、
そっと植えかえる。

① (　　) はちの土ごと、そっと植えかえる。

② (　　) 水をやる。

③ (　　) 花だんなどの土をたがやして、ひりょうをまぜる。

④ (　　) はちが入るくらいのあなをほる。

2 次の文のうち正しいものには○、まちがっているものには×をかきましょう。

ヒマワリ
ホウセンカ

① (　　) ヒマワリとホウセンカは同じ大きさで育(そだ)ちます。

② (　　) どちらにも葉(は)・くき・根(ね)があります。

③ (　　) 子葉(しよう)の数は2まいです。

④ (　　) 根の形は同じです。

⑤ (　　) 葉の形や大きさはちがいます。

月　　日　名前

植えかえからあと、どのように育つか調べましょう。葉の数がふえ、草たけものび、根もしっかりつきます。

3　植えかえのしかたについて、次の(　　)にあてはまる言葉(ことば)を□からえらんでかきましょう。

(1)　葉の数が(①　　　　)になったら、(②　　　　)や大きい入れ物(もの)に植えかえをします。これは、(③　　　　)がしっかり育つようにするためです。

植えかえる1週間ぐらい前に、(④　　　　)をたがやして(⑤　　　　)を入れます。植えかえたあとには、しっかり(⑥　　　　)をやります。

水	ひりょう	土	4～6まい	根	花だん

(2)　植物(しょくぶつ)の根のはたらきは(①　　　　)をすいあげることと植物のからだを(②　　　　)ことです。からだが大きく育つと、土の中の(③　　　　)もしっかりと育ちます。

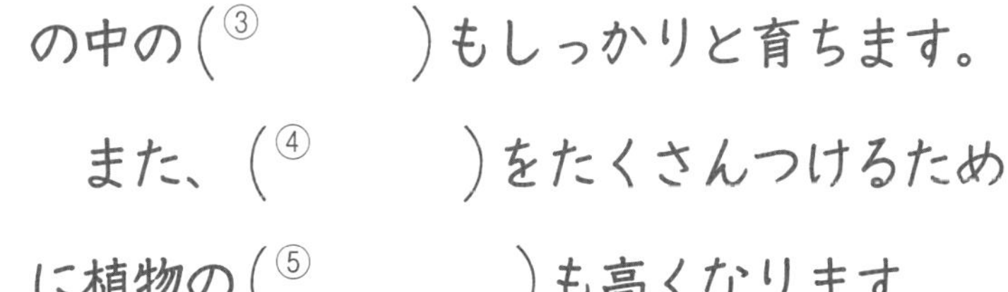

また、(④　　　　)をたくさんつけるために植物の(⑤　　　　)も高くなります。

草たけ	ささえる	葉	水	根

草花を育てよう ③

花から実へ

1 図は、マリーゴールド、ホウセンカ、ヒマワリの育(そだ)ち方をかいたものです。(　　)に名前をかきましょう。

① (　　　　　　　　　　)

② (　　　　　　　　　　)

③ (　　　　　　　　　　)

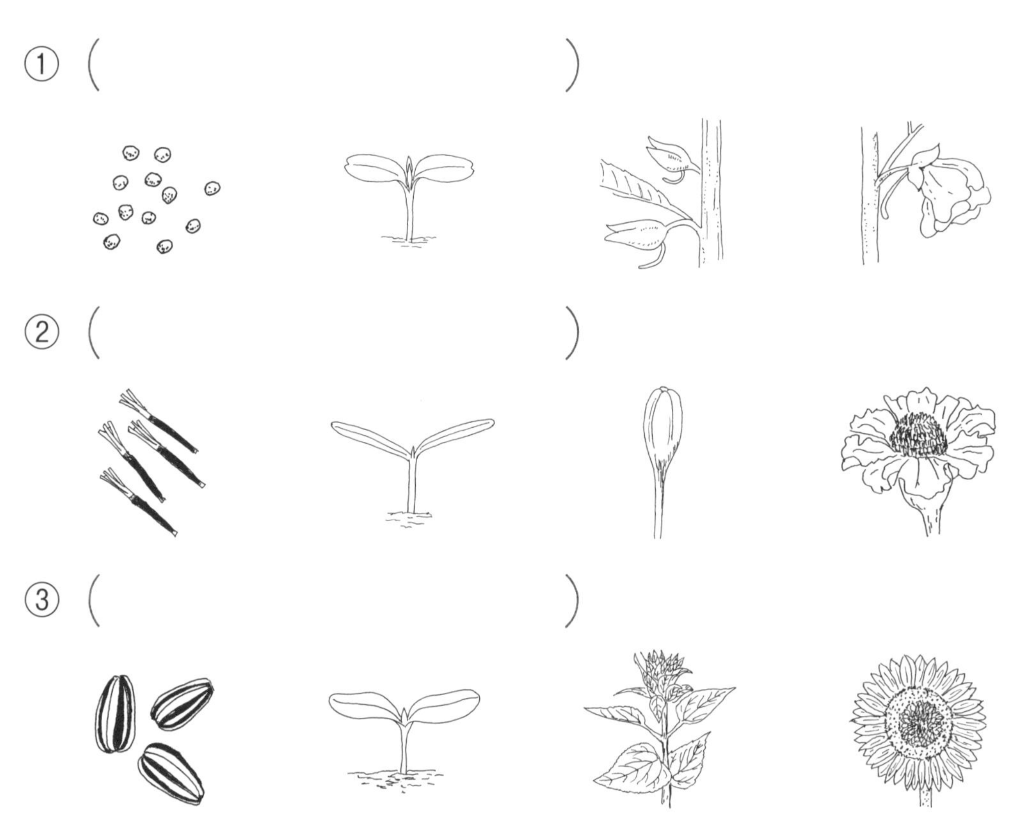

2 次(つぎ)の(　　)にあてはまる言葉(ことば)を□からえらんでかきましょう。

植物(しょくぶつ)は、たねをまくと、めが出て(①　　　)が開(ひら)きます。そのあと、本葉(ほんば)が出てきます。ぐんぐん育って、(②　　　)ができ、(③　　　)がさきます。そのあとに(④　　　)ができて、中には(⑤　　　)が入っています。

たね　　実(み)　　花　　つぼみ　　子葉(しよう)

月　日 名前

植物の一生やからだのつくりを学びます。

3 図は、ホウセンカのたねまきから実ができるまでのようすを表(あらわ)したものです。あとの問(と)いに答えましょう。

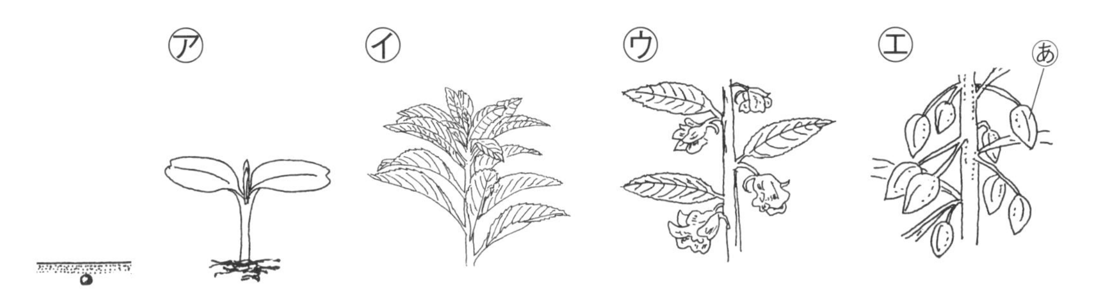

(1) 次の文は、ホウセンカの記ろくカードにかかれていたものです。㋐〜㋓のどのようすについてかいたものですか。記号(きごう)をかきましょう。

① めが出ました。子葉は２まいです。（　　）

② 花がさいたあとに実ができました。実をさわるとはじけておもしろいです。（　　）

③ 葉がたくさん出てきました。葉は細長くてぎざぎざしています。（　　）

④ 大きく育って赤い花がたくさんさきました。（　　）

(2) ６月14日と９月11日の記ろくカードがあります。それは上の図の㋑、㋓それぞれどちらのものですか。

６月14日（　　　）　９月11日（　　　）

(3) 図㋓のあの中には、何が入っていますか。

（　　）

草花を育てよう ④

花から実へ

1 図はホウセンカの育ち方を表しています。あとの問いに答えましょう。

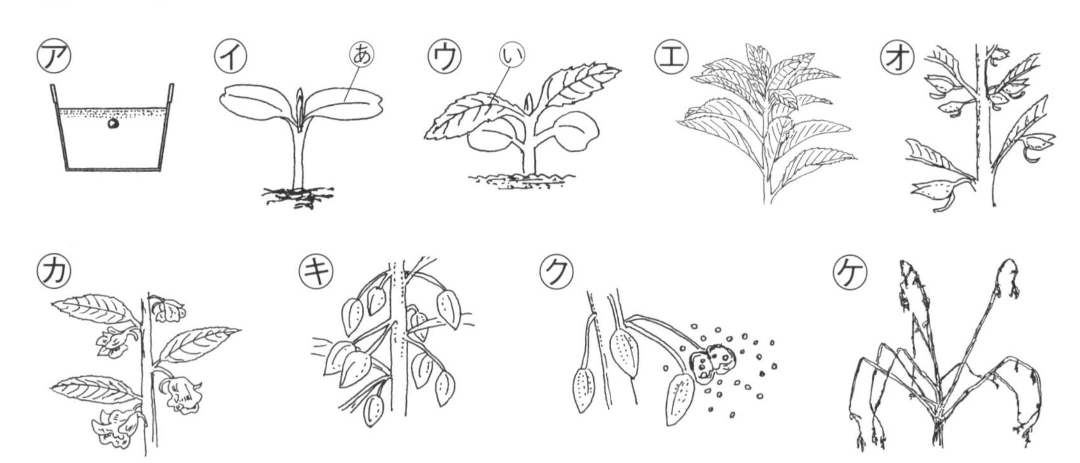

(1) 次の文は、どの図のことですか。(　　)に記号をかきましょう。

① (　　) 花びらがちって、実ができました。

② (　　) 花がさきました。

③ (　　) はじめての葉が開きました。

④ (　　) 実にさわるとたねがとび出しました。

⑤ (　　) 少し形のちがう葉が出てきました。

⑥ (　　) 葉のついているくきのあたりにつぼみができました。

⑦ (　　) 根、くき、葉が大きくなってきました。

⑧ (　　) 植え木ばちにたねをまきました。

⑨ (　　) すっかりかれてしまいました。

(2) 図のあといは、子葉ですか、本葉ですか。

あ (　　　　) い (　　　　)

植物の一生で、同じところ、ちがうところを学びます。

2 次の図はヒマワリの一生をかいた図です。
たねまきから、かれるまで正しいじゅんに記号でならべましょう。

3 ホウセンカとヒマワリの形や育ち方をくらべました。次の①～⑤で、ホウセンカとヒマワリが同じならば○を、ホウセンカとヒマワリがちがっていれば×をかきましょう。

①（　　）花や実の形。
②（　　）１つのたねからめが出て、葉がしげり、花をさかせること。
③（　　）できたたねの大きさや形。
④（　　）花は、さいたあと実になり、たくさんのたねをのこして、やがてかれること。
⑤（　　）はじめに子葉が開き、次に本葉が開くこと。

まとめテスト

草花を育てよう

1 次の文で、正しいものには○、まちがっているものには×をかきましょう。（1つ5点）

①（　　）たねをまいたら土をかぶせ、水をやります。

②（　　）土の中からたねがめを出すと、さいしょに子葉が出ます。

③（　　）土の中からめが出ると、さいしょに本葉が出ます。

④（　　）どの草花もたねの色、形、大きさは同じです。

⑤（　　）草花によって本葉の形はちがいます。

2 かんさつ記ろくを見て、あとの問いに答えましょう。（1つ5点）

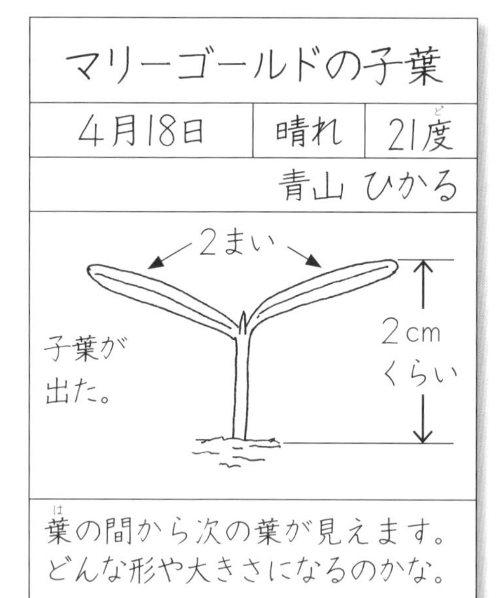

マリーゴールドの子葉
4月18日
晴れ
21度
青山 ひかる
2まい
2cm
くらい
子葉が
出た。
葉の間から次の葉が見えます。
どんな形や大きさになるのかな。

(1) 何のかんさつですか。
（　　　　　　　　）

(2) かんさつした日はいつですか。
（　　　　　　　　）

(3) かんさつしたのはだれですか。
（　　　　　　　　）

(4) 子葉は何まいですか。
（　　　　）

(5) 子葉までの高さは何cmくらいですか。（　　　　）

月　　　日　名前　　　　　　　　　　　　　　　　　／100点

3 右の図はホウセンカです。次の(　　)にあてはまる言葉を□からえらんでかきましょう。　(1つ5点)

図の葉㋐は(①　　　　)といい、葉㋑は(②　　　　)といいます。

めが出たころより(③　　　　)ものび、せが(④　　　　)なり、葉の(⑤　　　　)も多くなっています。

くき	本葉	高く	数	子葉

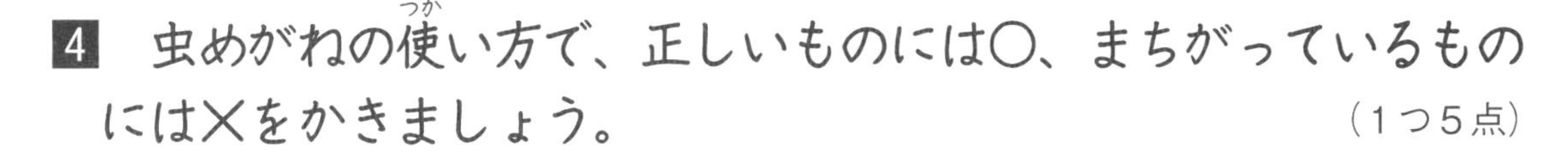

4 虫めがねの使い方で、正しいものには○、まちがっているものには×をかきましょう。　(1つ5点)

① (　　)　虫めがねを目に近づけ、手に持った花を動かして見ます。

② (　　)　手に持った花に、虫めがねを近づけて見ます。

③ (　　)　ぜったいに太陽を見てはいけません。

④ (　　)　虫めがねで太陽を見てもだいじょうぶです。

⑤ (　　)　動かせないものを見るときは、虫めがねを動かして見ます。

まとめテスト

草花を育てよう

1 かんさつ記ろくを見て、あとの問いに答えましょう。

㋐
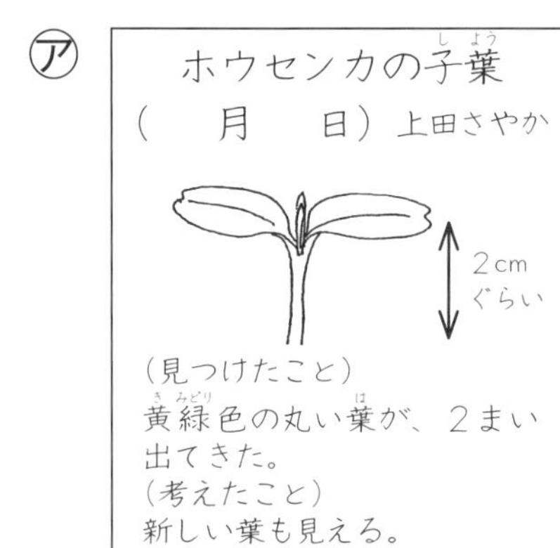

㋑
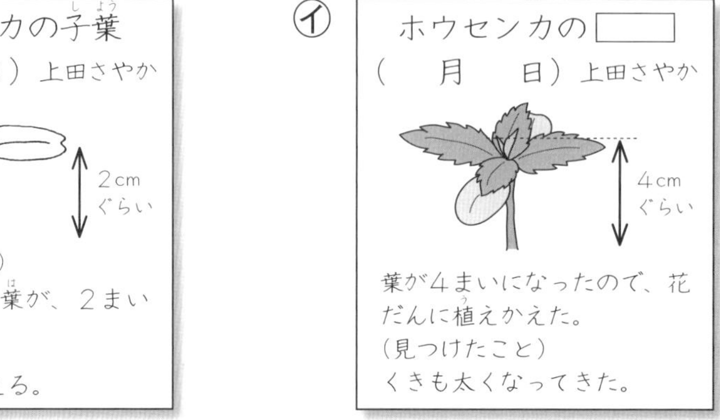

ホウセンカの
（　月　日）上田さやか
4cm
ぐらい
葉が4まいになったので、花だんに植えかえた。
（見つけたこと）
くきも太くなってきた。

㋒
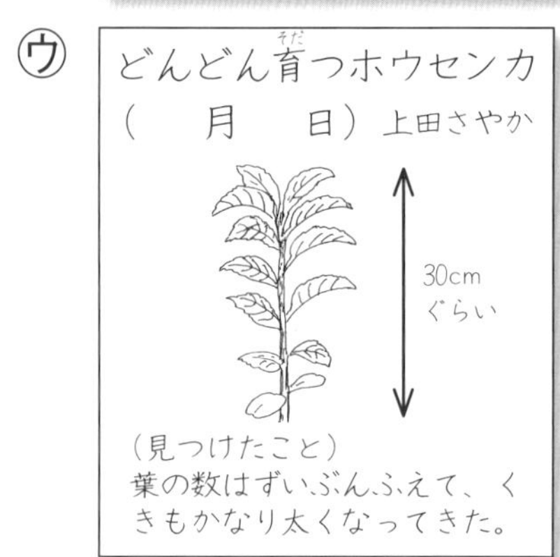

どんどん育つホウセンカ
（　月　日）上田さやか
30cm
ぐらい
（見つけたこと）
葉の数はずいぶんふえて、くきもかなり太くなってきた。

㋓
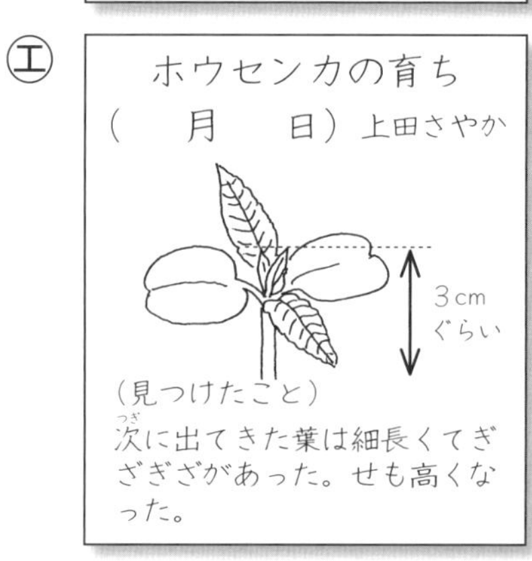

ホウセンカの育ち
（　月　日）上田さやか
3cm
ぐらい
（見つけたこと）
次に出てきた葉は細長くてぎざぎざがあった。せも高くなった。

(1) ㋐～㋓のかんさつした日はどれですか。（　　）に記号をかきましょう。（1つ5点）

4月27日（　　）　　5月4日（　　）

5月8日（　　）　　7月1日（　　）

(2) 右の図は、㋑、㋒の根を表したものです。（　　）に記号をかきましょう。（1つ5点）

①（　　）　　②（　　）

① ②

(3) ㋑の題名は何ですか。よい方に○をつけましょう。（10点）

①（　　）植えかえ　　②（　　）くき

月　　日　名前　　　　／100点

2 図を見て、あとの問いに答えましょう。（１つ５点）

(1) ホウセンカのからだは、根、くき、葉からできています。㋐～㋒はそれぞれ何ですか。

㋐（　　　　　　　　）

㋑（　　　　　　　　）

㋒（　　　　　　　　）

ホウセンカ

(2) 次の（　　）にあてはまる言葉を□からえらんでかきましょう。

どの植物もからだのつくりは、根、くき、葉で（①　　　）ですが、大きさや色や（②　　　）はさまざまです。㋒のはたらきは（③　　　）をすい上げることと、からだを（④　　　）ことです。これがしっかり育たないと、植物は（⑤　　　）なることができません。

大きく　　水　　ささえる　　形　　同じ

★**3** ヒマワリのたねをまくときには、たねとたねの間を50cmくらいはなし、広い目にあけて植えます。なぜでしょう。（20点）

［　　　　　　　　　　　　　　　　］

まとめテスト

草花を育てよう

1 図の(　　)にあてはまる言葉(ことば)を□からえらんでかきましょう。
(1つ5点)

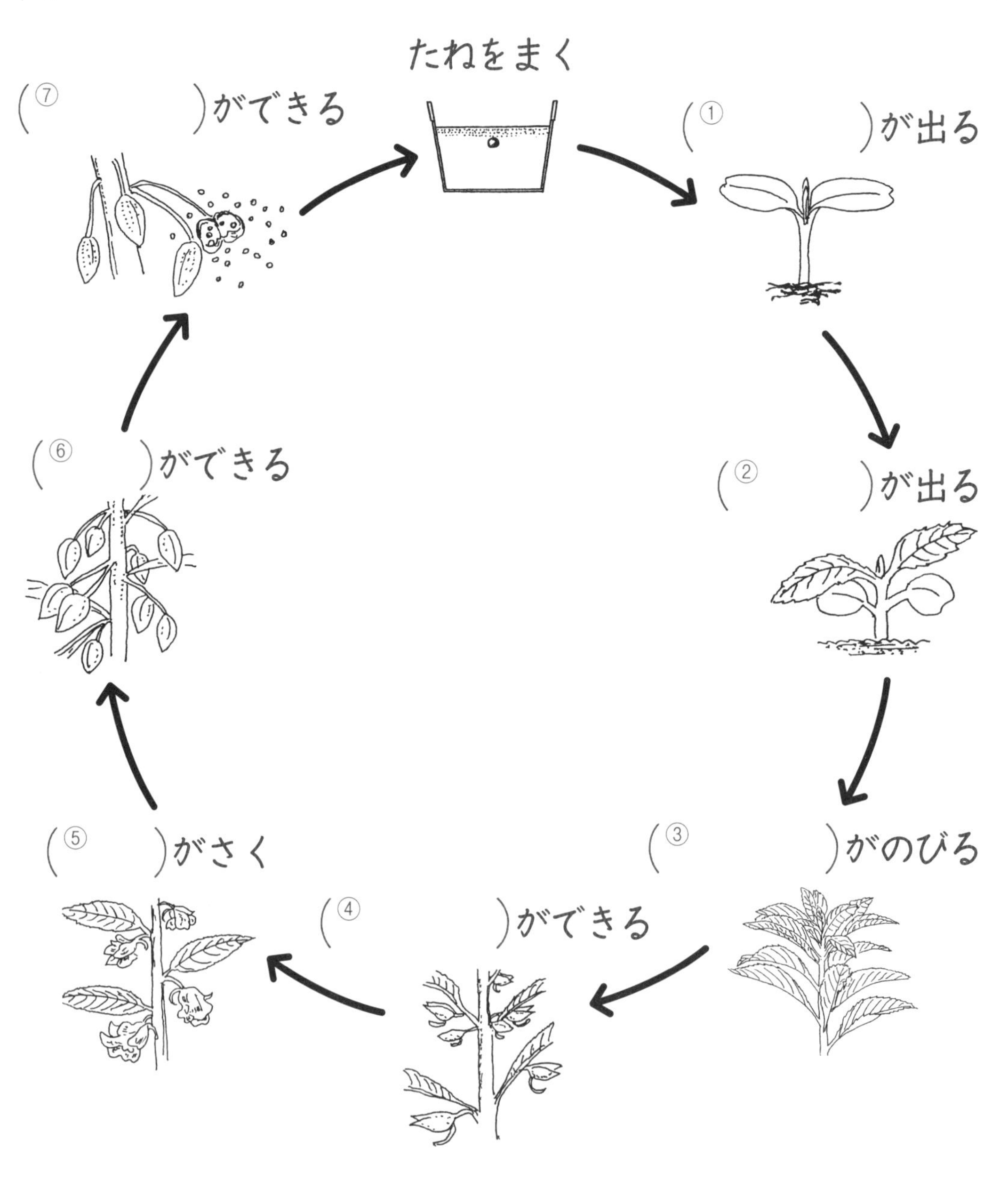

花	つぼみ	実(み)	草たけ	本葉(ほんば)	子葉(しよう)	たね

月　　日　名前　　　　　　　　　　　　　　　　　/100点

2 次の(　　)にあてはまる言葉を□からえらんでかきましょう。（1つ5点）

植物は、たねをまくと、めが出て(①　　　)が開きます。そのあとに本葉が出てきます。くきがのびて、葉がしげり(②　　　)がさきます。花がさいたあと、(③　　　)ができます。実の中には(④　　　)ができています。そして(⑤　　　)いきます。これが植物の一生です。

子葉　かれて　花　たね　実

3 花の名前・たね・花・実を線でむすびましょう。（線1本5点）

名前		たね			花
アサガオ	・	・	・	・	
マリーゴールド	・	・	・	・	
ホウセンカ	・	・	・	・	
ヒマワリ	・	・	・	・	

チョウを育てよう

チョウのからだ

◆ なぞったり、色をぬったりしてイメージマップをつくりましょう

モンシロチョウ　　アゲハ

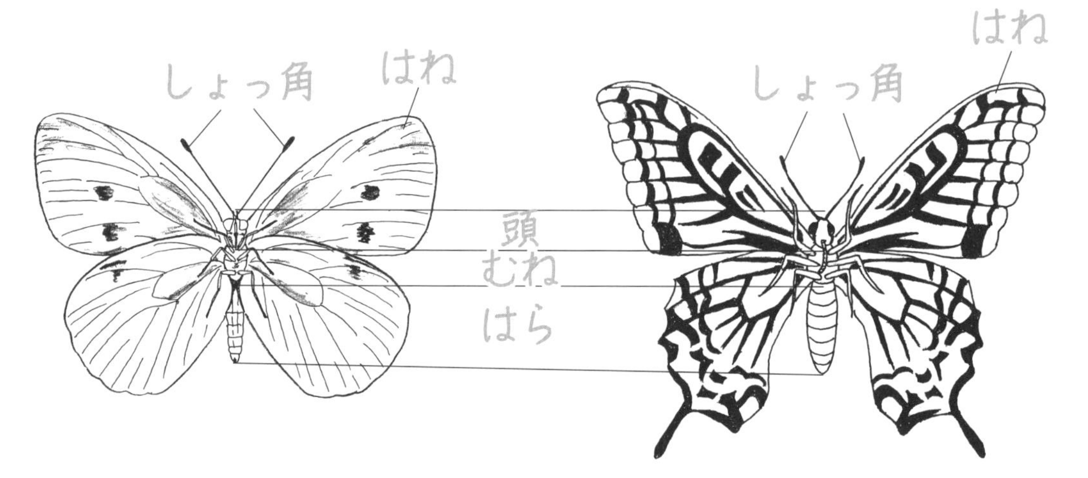

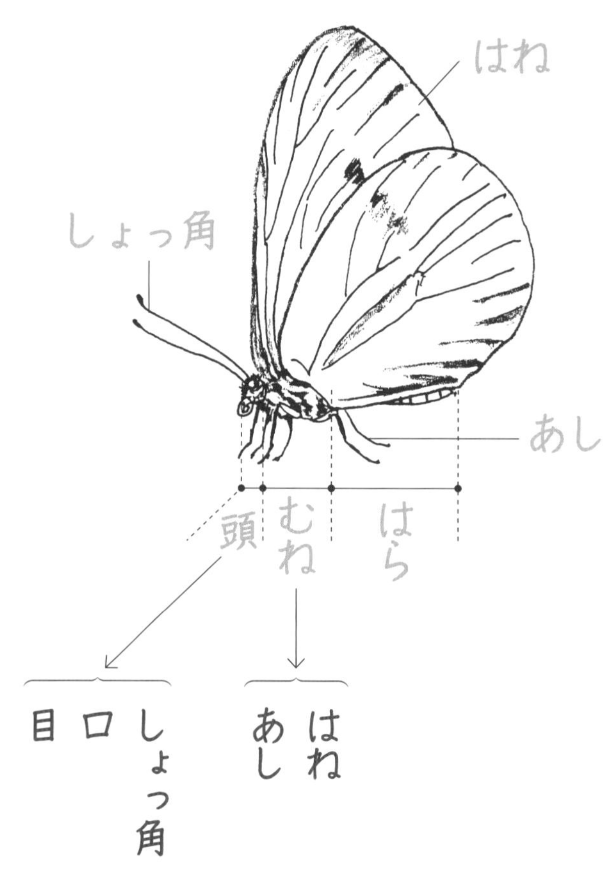

月　　日　名前

モンシロチョウの一生

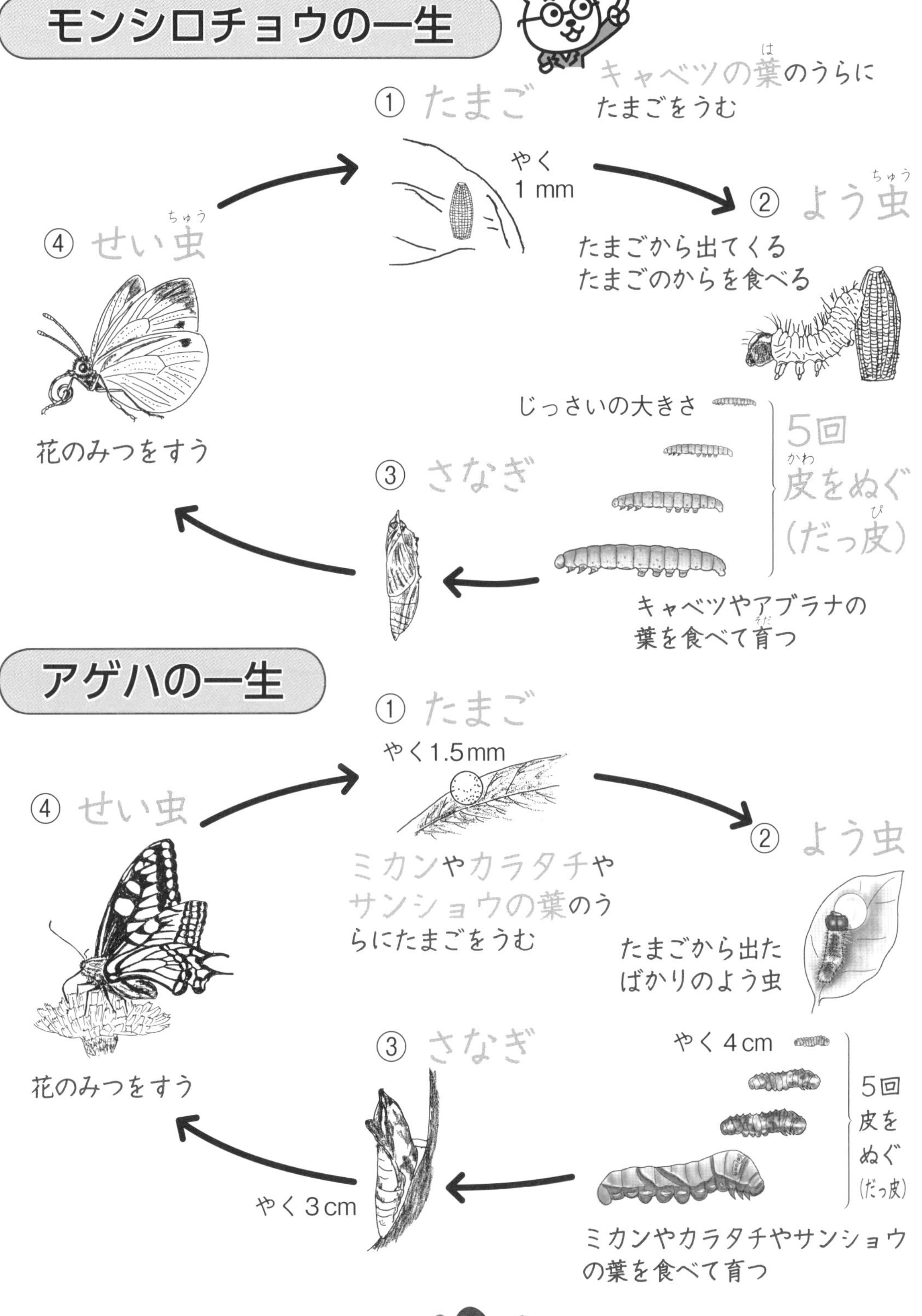

①たまご
キャベツの葉のうらに
たまごをうむ
やく
1 mm
②よう虫
たまごから出てくる
たまごのからを食べる
じっさいの大きさ
5回
皮をぬぐ
(だっ皮)
キャベツやアブラナの
葉を食べて育つ
③さなぎ
④せい虫
花のみつをすう

アゲハの一生

①たまご
やく1.5mm
ミカンやカラタチや
サンショウの葉のう
らにたまごをうむ
②よう虫
たまごから出た
ばかりのよう虫
やく4cm
5回
皮を
ぬぐ
(だっ皮)
ミカンやカラタチやサンショウ
の葉を食べて育つ
③さなぎ
やく3cm
④せい虫
花のみつをすう

チョウを育てよう ①

チョウのたまごと食べ物

1 次の(　　)にあてはまる言葉を□からえらんでかきましょう。

(1) モンシロチョウのたまごは、(①　　　)や(②　　　)の葉のうらで見つけられます。たまごの色は(③　　　)で(④　　　)形をしています。

黄色	細長い	キャベツ	アブラナ

(2) アゲハのたまごは、(①　　　)や(②　　　)や(③　　　)の木の葉をさがすと見つけられます。たまごの色は、(④　　　)で(⑤　　　)形をしています。

ミカン	サンショウ	カラタチ	黄色	丸い

(3) モンシロチョウのたまごから出てきたよう虫の色は(①　　　)で、はじめに(②　　　)のからを食べます。

食べ物の葉を(③　　　)ように食べて、からだの色は(④　　　)にかわります。

かじる	緑色	黄色	たまご

月　　日 名前

ポイント チョウのたまごの形や、かえってからのようすを学びます。

2 モンシロチョウとアゲハについて、答えましょう。

（　　　　　　　　）　（　　　　　　　　）

(1) ㋐、㋑の名前をかきましょう。

(2) ㋐、㋑のたまごの色は何色ですか。①～④からえらんで○をかきましょう。

① 青（　　）　② 黄（　　）
③ 緑（　　）　④ 白（　　）

(3) ㋐のチョウが、たまごをうみつけるものを、下から2つえらんで○をかきましょう。

①（　　）ヒマワリ　②（　　）スミレ
③（　　）キャベツ　④（　　）ホウセンカ
⑤（　　）アブラナ　⑥（　　）タンポポ

(4) ㋑のチョウが、たまごをうみつける木を、下から2つえらんで○をかきましょう。

①（　　）ミカン　②（　　）ヒマワリ
③（　　）カキ　④（　　）クリ
⑤（　　）サクラ　⑥（　　）サンショウ

チョウを育てよう ②

チョウの育ち方

1 モンシロチョウの図を見て、あとの問(と)いに答えましょう。

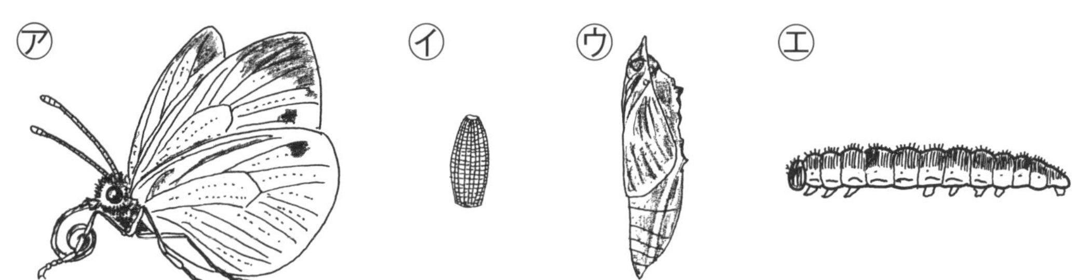

(1) ㋐～㋓のそれぞれの名前を□からえらんでかきましょう。

㋐（　　　　　）　　㋑（　　　　　）

㋒（　　　　　）　　㋓（　　　　　）

たまご　　せい虫　　よう虫　　さなぎ

(2) ㋐～㋓の育(そだ)つじゅんに、記号(きごう)でかきましょう。

（　　）→（　　）→（　　）→（　　）

(3) ㋐～㋓で食べ物(もの)を食べないときは、どのときですか。記号でかきましょう。　（　　）（　　）

(4) モンシロチョウのよう虫とせい虫の食べ物を□からえらんでかきましょう。

よう虫……（　　　　　　）の葉(は)、（　　　　　　）の葉

せい虫……（　　　）のみつ

花　　アブラナ　　キャベツ

月　　日 名前

モンシロチョウとアゲハのよう虫の育ち方を学びます。

2 アゲハの図を見て、あとの問いに答えましょう。

㋐　㋑　㋒　㋓

(1) ㋐～㋓のそれぞれの名前を□からえらんでかきましょう。

㋐（　　　　）　㋑（　　　　）

㋒（　　　　）　㋓（　　　　）

たまご　　せい虫　　よう虫　　さなぎ

(2) ㋐～㋓の育つじゅんに、記号でかきましょう。

（　　）→（　　）→（　　）→（　　）

(3) ㋐～㋓で食べ物を食べないときは、どのときですか。記号でかきましょう。　（　　）（　　）

(4) アゲハのよう虫とせい虫の食べ物を□からえらんでかきましょう。

よう虫……（　　　　）の葉、（　　　　）の葉

せい虫……（　　）のみつ

ミカン　　花　　サンショウ

チョウを育てよう ③

チョウの育ち方

1 図を見て、あとの問い[と]に答えましょう。

(1) 何をしていますか。よい方に○をかきましょう。

① (　　) 葉[は]を食べている。

② (　　) たまごをうみつけている。

(2) 図のようなことは、葉のどこでよく見られますか。よい方に○をかきましょう。

① (　　) 葉のおもて　　② (　　) 葉のうら

(3) モンシロチョウのたまごはどれですか。正しい方に○をかきましょう。

① (　　)　　② (　　)

(4) (　　)にあてはまる言葉[ことば]を□からえらんでかきましょう。

モンシロチョウのたまごがついている葉をとってきました。ようきの中に(①　　　)でしめらせた紙をしき、その上に(②　　　)ごとおきます。ようきのふたには、(③　　　)をあけておきます。

たまごからかえったよう虫は、はじめにたまごのからを食べます。そのあと、(④　　　　)などの葉を食べてからだの色が(⑤　　　)にかわります。

葉	水	あな	キャベツ	緑色[みどりいろ]

チョウのよう虫は、5回皮をぬいでさなぎになります。さなぎのときは食べ物はとりません。

2 モンシロチョウのよう虫が、右の図のようになりました。

(1) よう虫は、何をしていますか。次(つぎ)の中からえらびましょう。　（　　）

① からだが大きくなるので、皮(かわ)をぬいでいます。
② からだを大きくさせるため、皮をきています。
③ 自分の皮を食べようとしています。

(2) 何回かこのようなことをして、よう虫は大きくなります。何回しますか。次の中からえらびましょう。　（　　）

① 3回　② 4回　③ 5回

(3) 下の図のように、よう虫がからだに糸をかけて、さいごの皮をぬぐと何になりますか。次の中からえらびましょう。　（　　）

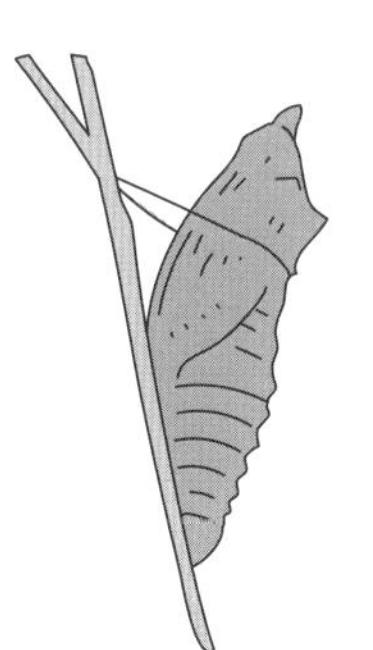

① たまご　② さなぎ　③ せい虫

(4) また、(3)のとき、何を食べますか。　（　　　　　　）

(5) (3)のあと、モンシロチョウは何になりますか。次の中からえらびましょう。　（　　）

① たまご　② さなぎ　③ せい虫

チョウを育てよう ④

からだのしくみ

1 モンシロチョウとアゲハについて、あとの問(と)いに答えましょう。

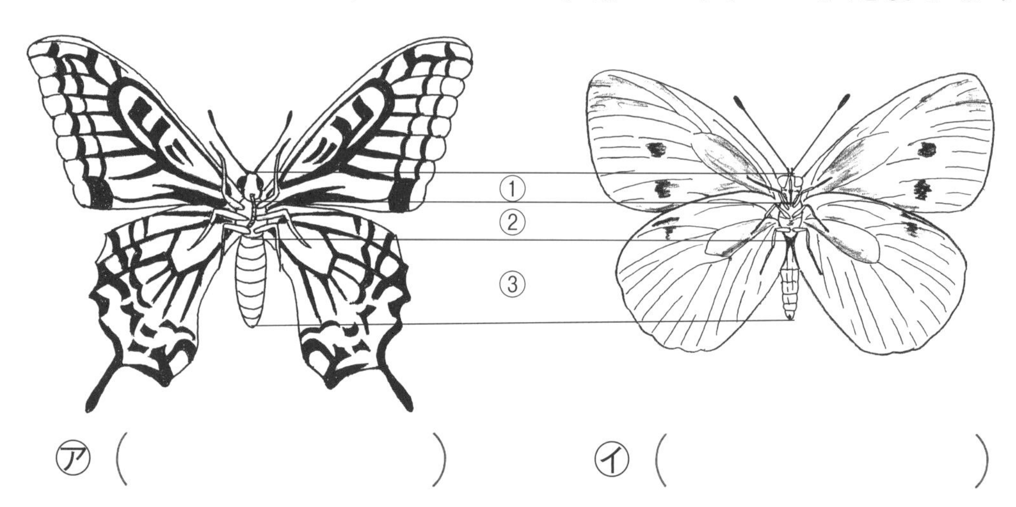

㋐（　　　　　　　　）　　㋑（　　　　　　　　）

(1) チョウの名前を㋐、㋑にかきましょう。

(2) ①〜③の部分(ぶぶん)の名前を□からえらんでかきましょう。

①（　　　　）②（　　　　）③（　　　　）

頭　はら　むね

(3) チョウのあしの数とはねの数をかきましょう。

あし（　　本）　はね（　　まい）

(4) チョウのあしやはねは、からだのどの部分についていますか。正しいものに○をかきましょう。

①（　）頭　②（　）むね　③（　）はら

(5) 頭の部分にあるものに○をかきましょう。

①（　）口　②（　）目
③（　）はね　④（　）しょっ角

月　　日　名前

チョウのせい虫のからだについて学びます。頭、むね、はらの３つの部分があります。

2 右のモンシロチョウの図を見て、あとの問いに答えましょう。

(1) 次の㋐～㋔はからだのどこをさしていますか。(　　)に記号をかきましょう。

口（　　）　あし（　　）

目（　　）　はね（　　）

しょっ角（　　）

(2) ㋐～㋔は、頭・むね・はらのどの部分についていますか。

㋐（　　　　）　㋑（　　　　）　㋒（　　　　）

㋓（　　　　）　㋔（　　　　）

3 右は、モンシロチョウのせい虫とよう虫の口の図です。あとの問いに答えましょう。

㋐　㋑

(1) どちらがせい虫かよう虫かを記号でかきましょう。

せい虫（　　）　よう虫（　　）

(2) ㋐、㋑の口は、すう口か、かむ口かをかきましょう。

㋐（　　　　）　㋑（　　　　）

(3) 食べ物は、キャベツの葉、花のみつのどちらですか。

せい虫（　　　　）　よう虫（　　　　）

まとめテスト

チョウを育てよう

1 次の(　　)にあてはまる言葉を□からえらんでかきましょう。（1つ5点）

(1) モンシロチョウのたまごは、(①　　　　)や(②　　　　)の葉のうらで見つけられます。たまごの色は(③　　　)で(④　　　　)形をしています。

黄色	細長い	キャベツ	アブラナ

(2) たまごから出てきたモンシロチョウのよう虫の色は(①　　　)で、はじめにたまごの(②　　　)を食べます。

キャベツの葉を(③　　　　)ように食べて、からだの色は(④　　　)にかわります。

かじる	緑色	黄色	から

(3) アゲハのたまごは、(①　　　　)や(②　　　　)や(③　　　　　)の木の葉をさがすと見つけられます。それらは、アゲハの(④　　　)のエサとなるからです。たまごの形は(⑤　　　)、色は(⑥　　　)です。

ミカン	サンショウ	カラタチ	黄色	よう虫	丸く

月　　日 名前　　　　　　　　　　　　　　　　　　　／100点

2 モンシロチョウの一生を、図のように表しました。あとの問いに答えましょう。（1つ5点）

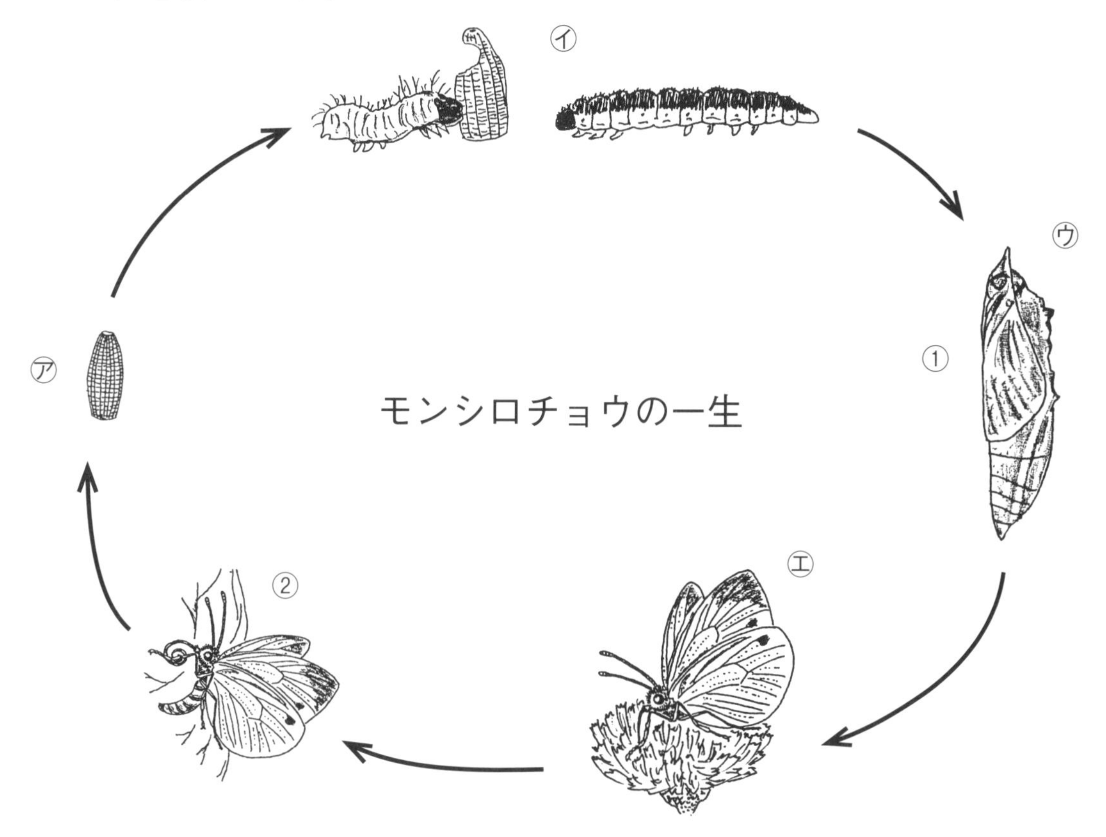

(1) ㋐〜㋓のそれぞれの名前は何ですか。

㋐（　　　　　　）　㋑（　　　　　　）

㋒（　　　　　　）　㋓（　　　　　　）

(2) 上の図の①、②について、次の問いに答えましょう。

①のとき、食べ物を食べますか。（　　　　　　）

②でたまごをうんでいます。たまごをうむのは、ミカンの葉ですか、それともキャベツの葉ですか。（　　　　　　）

まとめテスト

チョウを育てよう

1 図を見て、あとの問いに答えましょう。（1つ5点）

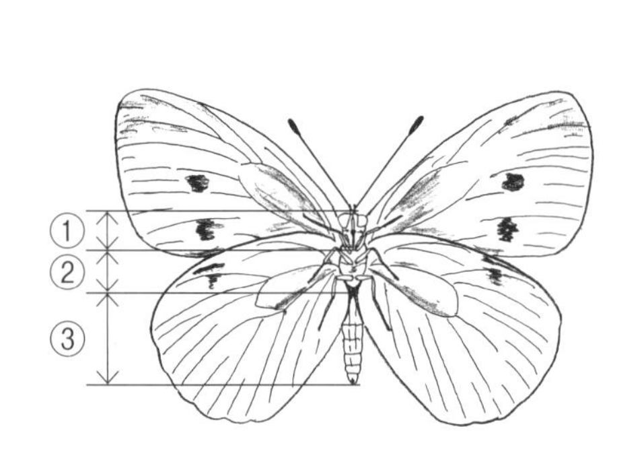

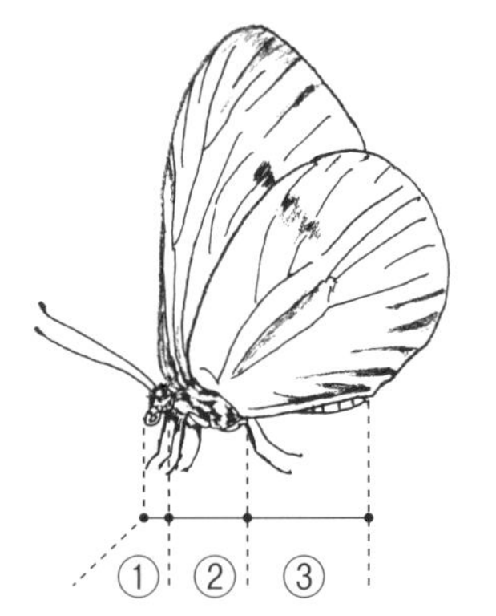

(1) ①～③の部分の名前をかきましょう。

① （　　　　　）　② （　　　　　）　③ （　　　　　）

(2) 口、目、しょっ角は、①～③のどこにありますか。（　　　）

(3) はねは、①～③のどの部分に何まいついていますか。

（　　　）の部分に（　　　まい）

(4) あしは、①～③のどの部分に何本ついていますか。

（　　　）の部分に（　　　本）

2 図の①、②は何のよう虫ですか。またそれらが見られる場所を□からえらんで記号で答えましょう。（1つ5点）

① （　　　　　　　）〔　　　,　　　〕

② （　　　　　　　）〔　　　,　　　〕

㋐ キャベツの葉　㋑ ミカンの木　㋒ カラタチの木
㋓ アブラナの葉

月　　日　名前

3 モンシロチョウを育(そだ)てます。次(つぎ)の(　　)にあてはまる言葉(ことば)を□からえらんでかきましょう。

（1つ5点）

(1) モンシロチョウの(①　　　)がついている葉をとってきます。

ようきの中に(②　　　)でしめらせた紙をしき、その上に(③　　　)ごとおきます。ようきのふたには、小さなあなをあけておきます。

葉　　水　　たまご

(2) たまごからかえったばかりのモンシロチョウのよう虫の色は黄色です。よう虫は、はじめに(①　　　　　)を食べます。そのあと、キャベツなどの葉を食べて、からだの色が、緑色(みどりいろ)にかわります。

よう虫は、からだの皮(かわ)を4回ぬいで大きくなります。さいごに(②　　　)目の皮をぬいで(③　　　　)になります。

さなぎがわれて、中からモンシロチョウのせい虫が出てきます。

5回　　さなぎ　　たまごのから

まとめテスト

チョウを育てよう

1 図を見て、あとの問(と)いに答えましょう。　（1つ5点）

(1) 次(つぎ)の部分(ぶぶん)は、それぞれ㋐〜㋔のどれですか。記号(きごう)で答えましょう。

㋐
㋑
㋒
㋓
㋔

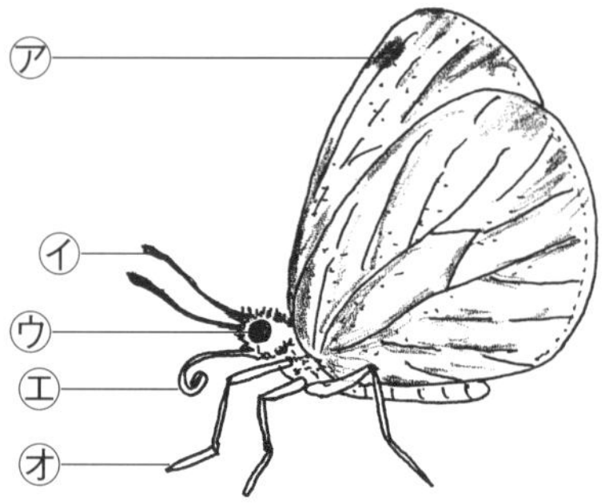

① 口（　　）　② あし（　　）

③ 目（　　）　④ はね（　　）

⑤ しょっ角（　　）

(2) ㋐〜㋔は、頭・むね・はらのどの部分についていますか。

㋐（　　　）　㋑（　　　）　㋒（　　　）

㋓（　　　）　㋔（　　　）

2 右の図は、モンシロチョウのせい虫とよう虫の口の図です。　（1つ5点）

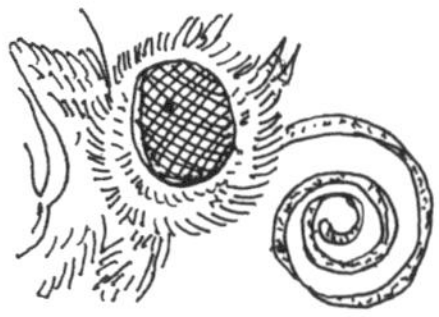

㋐
㋑ 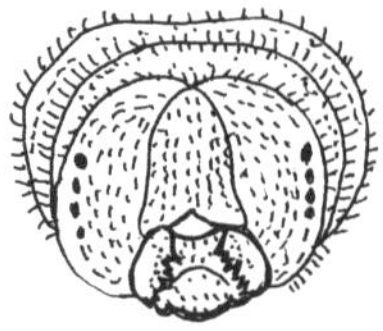

(1) どちらがせい虫かよう虫かを記号でかきましょう。

せい虫（　　）　　よう虫（　　）

(2) ㋐、㋑は、すう口か、かむ口かを答えましょう。

㋐（　　　）　　㋑（　　　）

(3) ㋐、㋑の食べ物(もの)は、キャベツの葉(は)、花のみつのどれですか。

せい虫（　　　　）　よう虫（　　　　）

月　　　日　名前　　　　　　／100点

3　モンシロチョウのよう虫が、図のようになりました。（1つ5点）

(1)　よう虫は、何をしていますか。次の中からえらびましょう。（　　）

①　からだが大きくなるので、皮（かわ）をぬいでいます。
②　からだを大きくさせるため、皮をきています。
③　自分の皮を食べようとしています。

(2)　よう虫が、からだに糸をかけて、さいごの皮をぬぐと何になりますか。次の中からえらびましょう。（　　）

①　たまご　　②　さなぎ　　③　せい虫

★4　下の図を見て、あとの問いに答えましょう。（1つ5点）

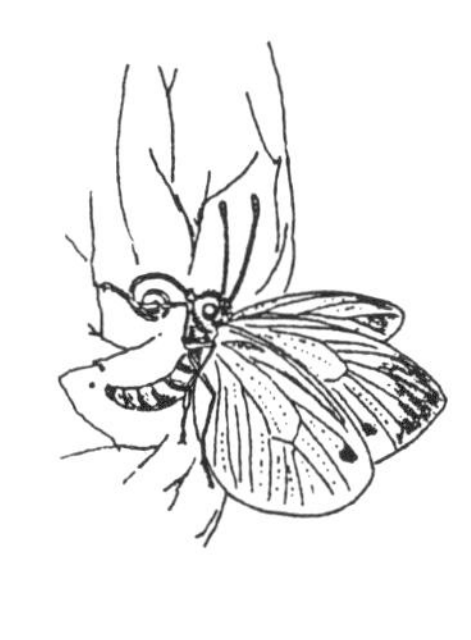

モンシロチョウがキャベツの葉のうらにたまごをうんでいます。

(1)　なぜキャベツの葉にたまごをうむのでしょう。

［　　　　　　　　　　］

(2)　なぜ、葉のうらにたまごをうむのでしょう。

［　　　　　　　　　　］

こん虫をさがそう

◆ なぞったり、色をぬったりしてイメージマップをつくりましょう

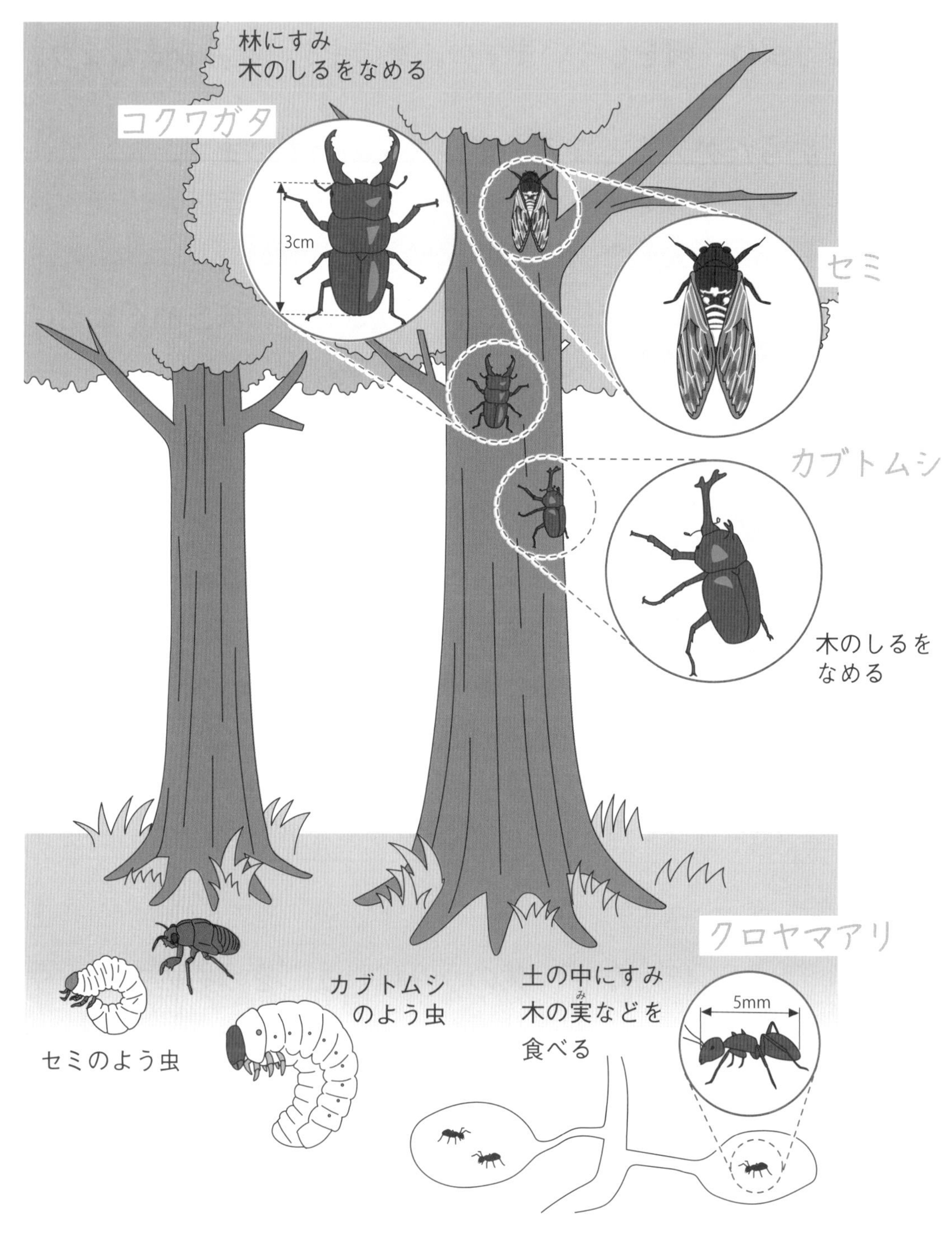

月　　日 名前

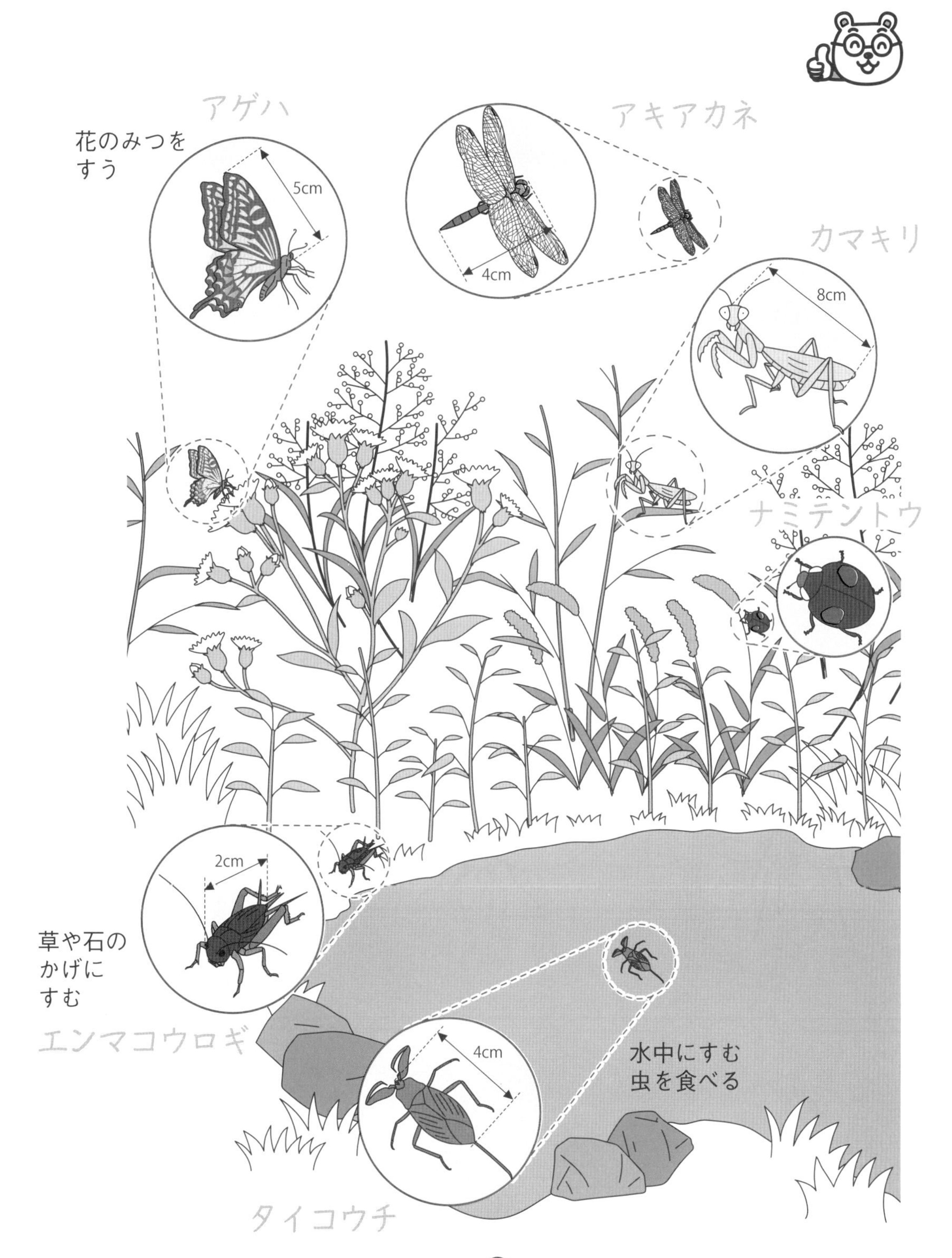

アゲハ
花のみつをすう
5cm
アキアカネ
4cm
カマキリ
8cm
ナミテントウ
2cm
草や石のかげにすむ
エンマコウロギ
4cm
水中にすむ虫を食べる
タイコウチ

こん虫をさがそう

◆ なぞったり色をぬったりしてイメージマップをつくりましょう

こん虫のからだ

頭・むね・はらの3部分（ぶぶん）
あし（6本）
があるｓ。

シ ョ ウリョウバッタ　　アキアカネ

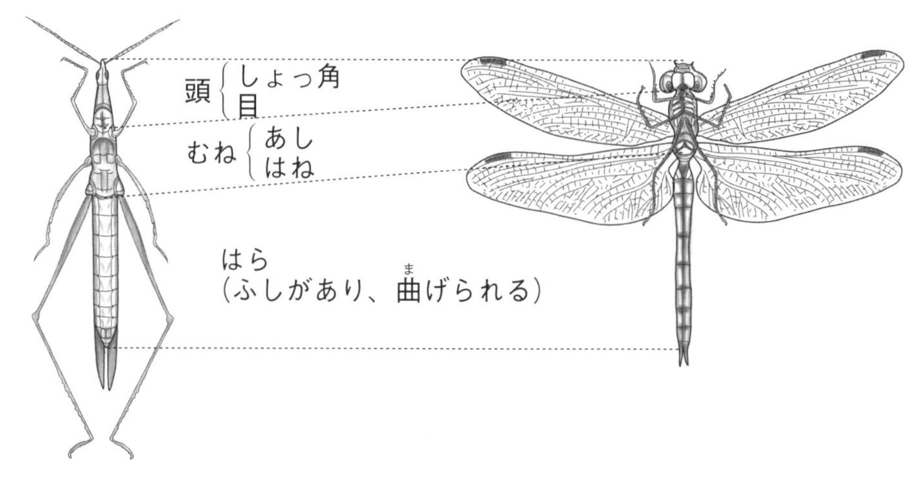

こん虫のからだ　3つのかた

ハチがた　　ハエがた　　アリがた

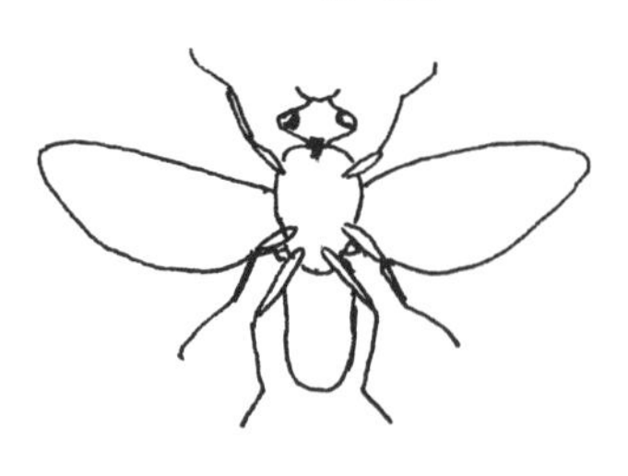

はね　4まい　　はね　2まい　　はね　なし

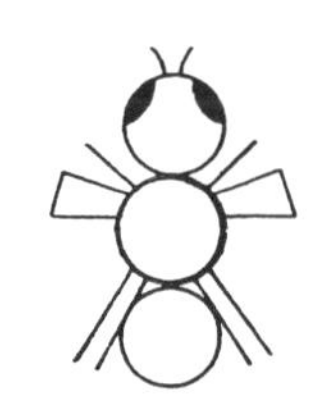

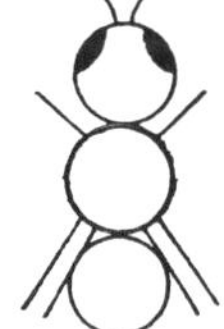

月　　日 名前

こん虫の口

（すう）

セミ　チョウ

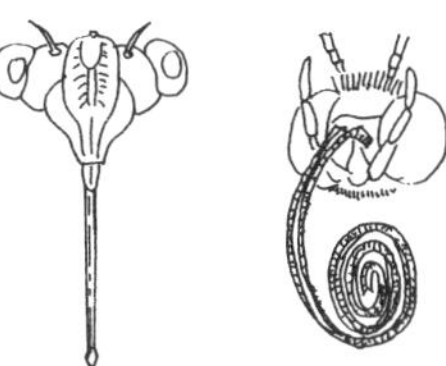

花のみつ
木のしる

（かむ）

トンボ　バッタ　カマキリ

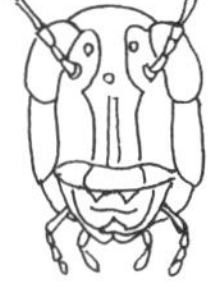

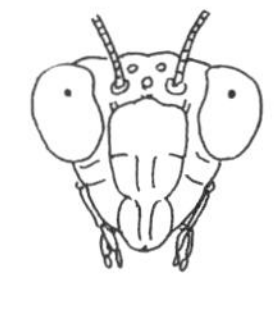

いろいろな虫、草や葉

（なめる）

ハエ　カブトムシ

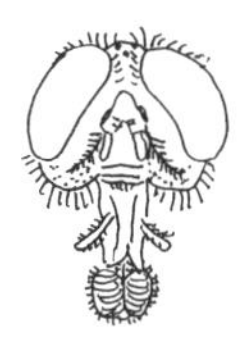

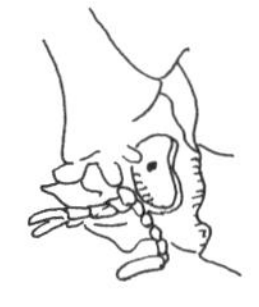

みつ、木のしる
くだもの

こん虫のせい長

モンシロチョウ：たまご → よう虫 → さなぎ → せい虫

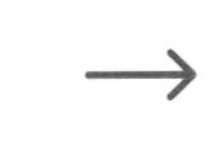

ショウリョウバッタ：たまご → よう虫 → せい虫（さなぎにならない）

アキアカネ：たまご → よう虫（ヤゴ） → せい虫（さなぎにならない）

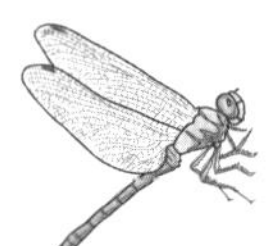

こん虫でないもの

クモ　ダンゴムシ　ムカデ

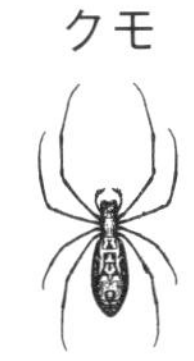

あし　8本　あし　14本　あし　多い

こん虫をさがそう ①

こん虫のすみか

1 次(つぎ)の(　　)にあてはまる言葉(ことば)を□からえらんでかきましょう。

(1) こん虫のからだの(①　　)や(②　　)や大きさは、しゅるいによってちがい、すむところや(③　　　)もちがいます。

色	食べ物(もの)	形

(2) (①　　　　)を見つけました。(①)は(②　　　)にすんでいます。食べ物は(③　　　　)です。

木のしる	林	コクワガタ

(3) (①　　　)を見つけました。(①)は(②　　)にすんでいます。(③　　　　)をすいます。

アゲハ	花のみつ	野原

(4) (①　　　　　)を見つけました。(①)は(②　　　)や石のかげにすんでいます。草やほかの(③　　　)を食べています。

草	エンマコオロギ	虫

月　　日　名前

こん虫のすんでいるところは、こん虫によってさまざまです。林の中や草原、土の中、水の中などです。

2 こん虫には水の中や、土の中にすむものもいます。次の(　　)にあてはまる言葉を□からえらんでかきましょう。

(1) (①　　　)の中でタイコウチを見つけました。大きさはやく(②　　　)ぐらいで、こん虫をつかまえて食べます。からだの色は(③　　　)をしています。

水　　4cm　　こげ茶色

(2) (①　　　)の中でクロヤマアリを見つけました。大きさはやく(②　　　)ぐらいで、虫の死(し)がいや小さい虫などを食べています。からだの色は(③　　　)です。

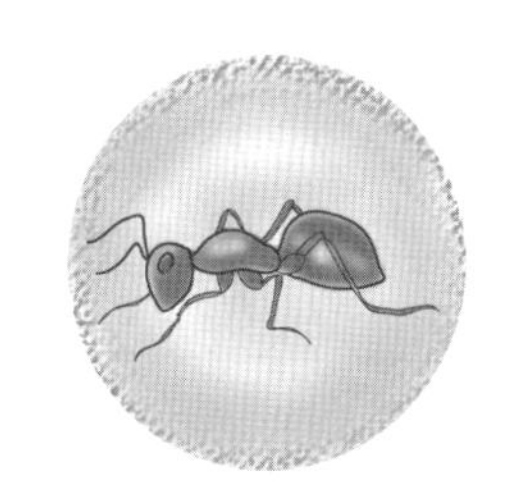

土　　5mm　　黒色

(3) こん虫の中には、ほかのこん虫をつかまえて食べるものもあります。

ナミテントウは、(①　　　　　)を食べます。また、(②　　　　　)は、バッタなど小さい虫をつかまえて食べます。

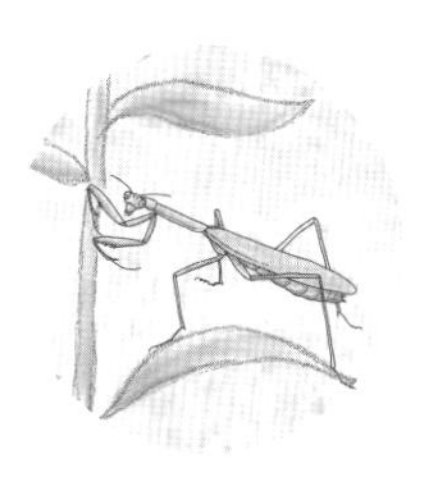

アブラムシ　　オオカマキリ

こん虫をさがそう ②

こん虫のからだ

1 次の(　　)にあてはまる言葉を□からえらんでかきましょう。

(1) こん虫のからだは(①　　　)、むね、(②　　　)の3つの部分からできています。あしの数は(③　　　)で、からだの(④　　　)の部分についています。

頭	むね	はら	6本

(2) トンボにははねが(①　　　)ありますが、ハエのようにははねが(②　　　)のこん虫や、アリのようにはねが(③　　　)こん虫もいます。

ない	2まい	4まい

(3) 頭には、目や(①　　　)や(②　　　)がついていて、口は(③　　　)によりいろいろな形があります。

しょっ角	口	食べ物

(4) クモのからだは(①　　)つに分かれていて、あしは(②　　　)あります。クモは(③　　　)のなかまではありません。

こん虫	2	8本

クモ

こん虫のからだのつくりを学びます。こん虫は、頭、むね、はらの３つの部分があり、あしは６本です。

2　図を見て、あとの問いに答えましょう。

(1)　アキアカネのしょっ角、目、口はどれですか。図の記号をかきましょう。

しょっ角（　　）

目（　　）

口（　　）

(2)　こん虫の目やしょっ角は、どのようなことに役立っていますか。次の㋐～㋒から１つえらびましょう。（　　）

㋐　えさをはさむのに役立っている。

㋑　まわりのようすを知るのに役立っている。

㋒　からだをささえるのに役立っている。

3　図は、こん虫の口を表したものです。①～③はどのこん虫のどんな口ですか。□からえらんでかきましょう。

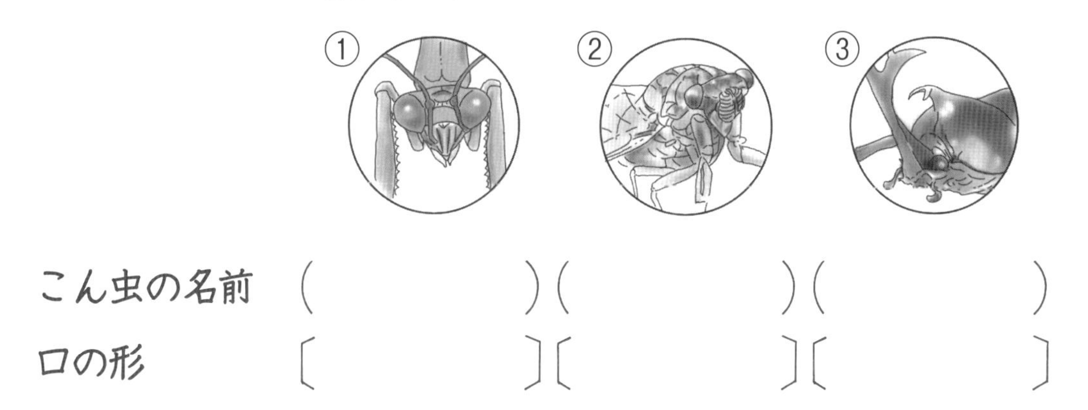

	①	②	③
こん虫の名前	（　）	（　）	（　）
口の形	〔　〕	〔　〕	〔　〕

カブトムシ	セミ	カマキリ
すう口	かむ口	なめる口

こん虫をさがそう ③

こん虫の育ち方

1 次(つぎ)の(　　)にあてはまる言葉(ことば)を□からえらんでかきましょう。

(1) カブトムシは、たまごを(①　　　　　　)のまじった土の中にうみつけます。たまごがかえると(②　　　　　)になり、(②)は土にまじった落(お)ち葉(ば)や(③　　　　　　)などを食べて大きくなります。

かれた木	くさった葉(は)	よう虫

(2) よう虫は、はじめ(①　　　　)色をしていますが、何度(なんど)か(②　　　　　)、さなぎになります。さなぎは、白色からだいだい色、茶色と色がかわり、やがて(③　　　　)色になります。(③)色になったさなぎは、からがわれて中から(④　　　　　)が出てきます。カブトムシの一生は(⑤　　　　　)の一生ににています。

チョウ	せい虫	
黒	白	皮(かわ)をぬぎ

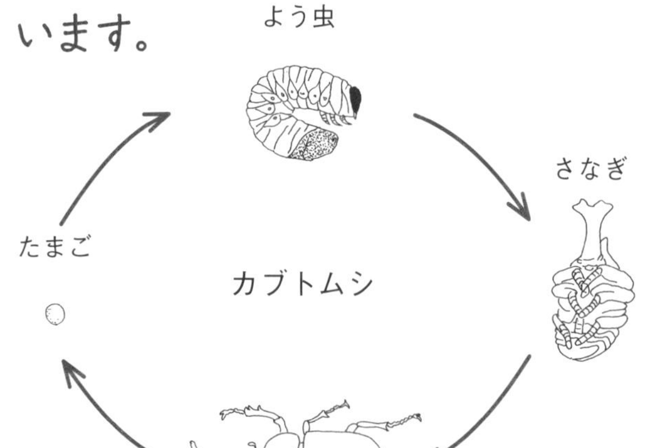

月　　日 名前

こん虫にはカブトムシのようにさなぎになるものや、コオロギのようにさなぎにならないものがあります。

2 次の(　　)にあてはまる言葉を□からえらんでかきましょう。

(1) 秋の終(お)わりに、(①　　　)の中にうみつけられたコオロギのたまごは、冬をこします。次の年の(②　　　　　)ごろに(③　　　　)になります。

よう虫になったばかりのコオロギは、はねが短(みじか)く小さいですが、(④　　　　)とよくにた形をしています。

何回か(⑤　　　　　　　)、夏の終わりごろ、せい虫になります。

夏のはじめ　　土
よう虫　　皮をぬいで
せい虫

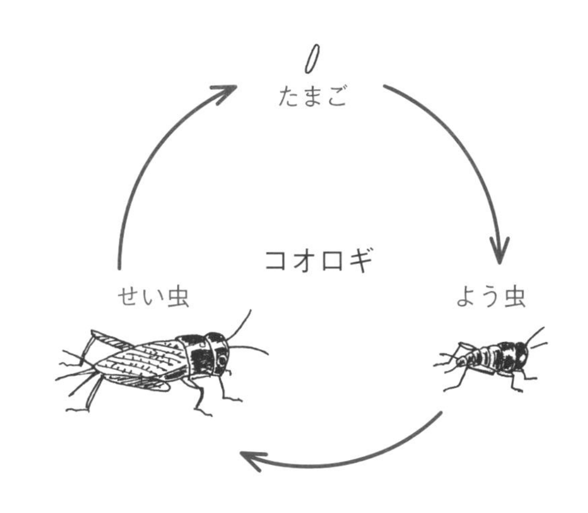

3 次の虫の中で、カブトムシの一生ににたこん虫に◎、コオロギの一生ににたこん虫に○、あてはまらないものに×をかきましょう。

(　　) アゲハ　(　　) クモ　(　　) カマキリ
(　　) ダンゴムシ　(　　) トンボ　(　　) クワガタ

こん虫をさがそう ④

こん虫の育ち方

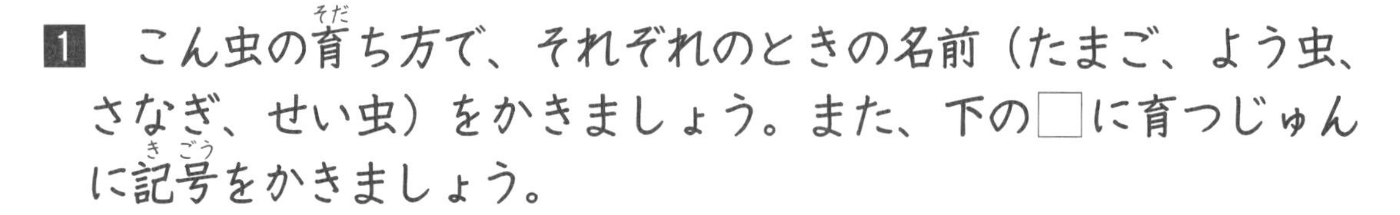

1　こん虫の育ち方で、それぞれのときの名前（たまご、よう虫、さなぎ、せい虫）をかきましょう。また、下の□に育つじゅんに記号をかきましょう。

(1)　カブトムシ

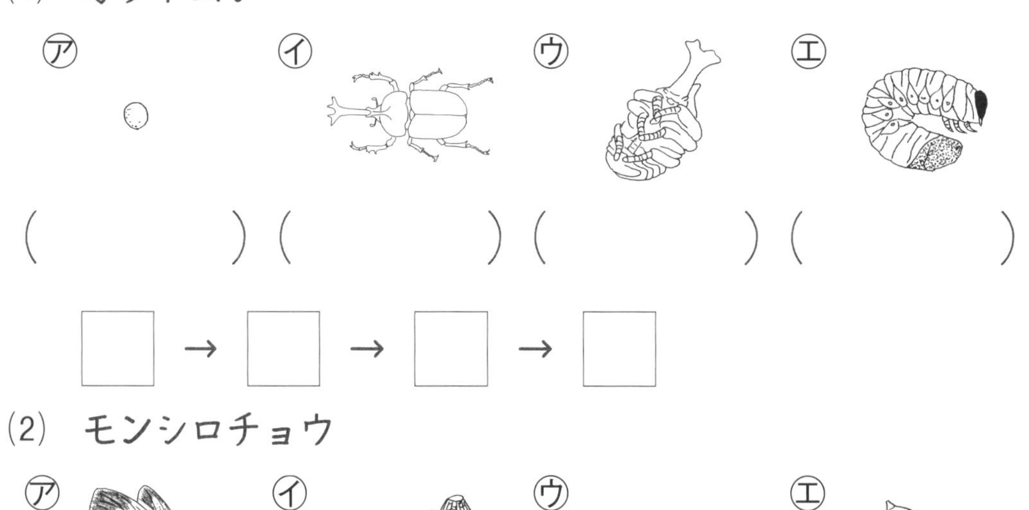

(2)　モンシロチョウ

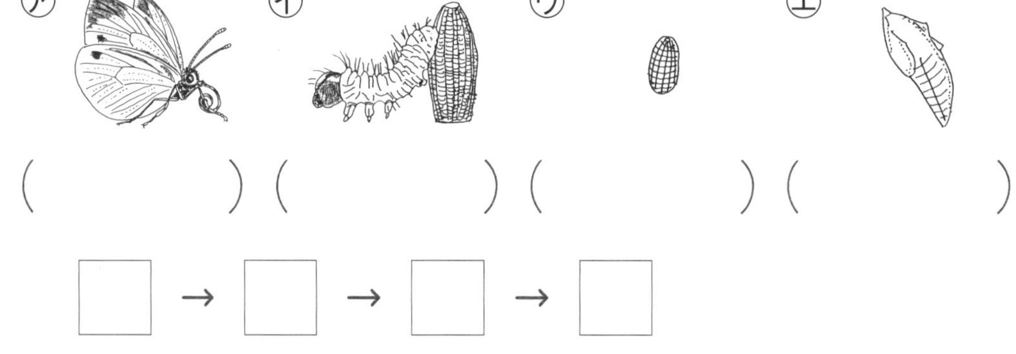

(3)　アキアカネ

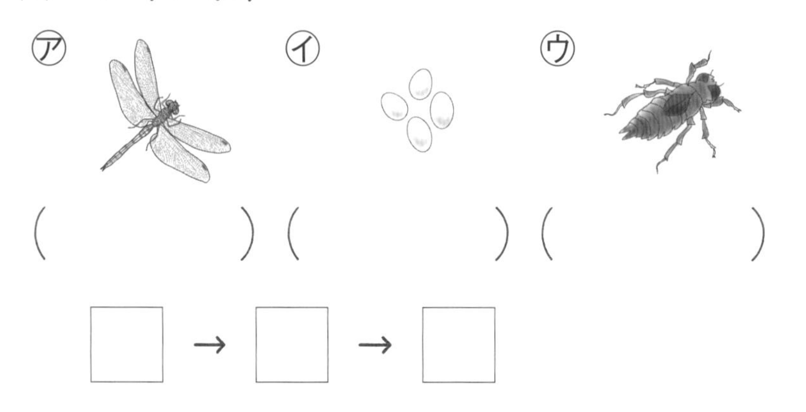

月　　日 名前

トンボのよう虫は水中で生活して、水上にあがりトンボのせい虫になります。このときさなぎにはなりません。

2 次(つぎ)の図は、こん虫のよう虫とせい虫を表(あらわ)したものです。こん虫の名前とせい虫のときの食べ物(もの)を□からえらんで(　　)にかきましょう。

①	②	③
(　　　　)	(　　　　)	(　　　　)
(　　　　)	(　　　　)	(　　　　)

モンシロチョウ　　アブラゼミ　　トノサマバッタ
草や葉(は)　　木のしる　　花のみつ

3 次の文で、正しいものには○、まちがっているものには×をかきましょう。

① (　　) アゲハは、さなぎになってからせい虫になります。
② (　　) アキアカネは、たまごを水の中にうみます。
③ (　　) トノサマバッタは、さなぎになってからせい虫になります。
④ (　　) セミは、さなぎにならずにせい虫になります。
⑤ (　　) アゲハのよう虫は、キャベツの葉を食べます。

まとめテスト

こん虫をさがそう

1 次(つぎ)の(　　)にあてはまる言葉(ことば)を□からえらんでかきましょう。（1つ5点）

こん虫のからだは(①　　　)、むね、(②　　　)の3つの部分(ぶぶん)からできています。あしの数は(③　　　)で、からだの(④　　　)の部分についています。

カブトムシには、はねが(⑤　　　)あります。外がわの(⑥　　　)の中にとぶための(⑦　　　)がかくれています。また、ハエのようにはねが(⑧　　　)のこん虫や、アリのようにはねが(⑨　　　)こん虫もいます。

はら	むね	頭	6本	かたいはね
2まい	4まい	ない	うすいはね	

2 こん虫のすみかを□からえらんで答えましょう。（1つ5点）

① トノサマバッタ　② クワガタ　③ ハナアブ

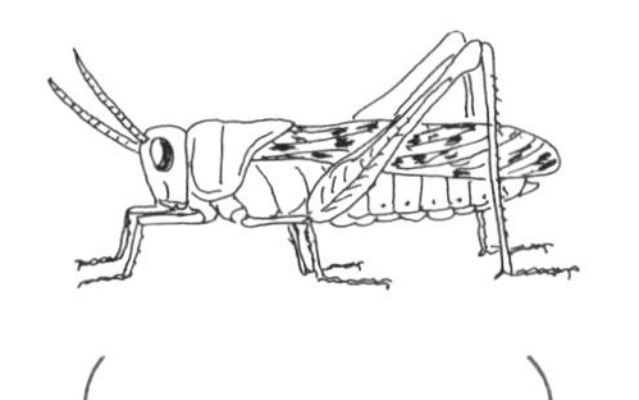

(　　　)　(　　　)　(　　　)

花だん	林	草むら

月　　　日　名前　　　　　　　　　　　　／100点

3 あとの問(と)いに答えましょう。

(1) 次のこん虫の育(そだ)ち方で、それぞれのときの名前をかき、下の□に育つじゅんに記号(きごう)をかきましょう。（①、②それぞれ16点）

① アゲハ

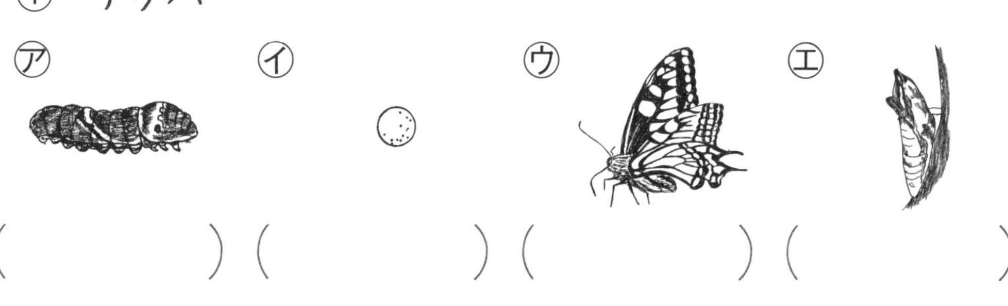

（　　　）（　　　）（　　　）（　　　）

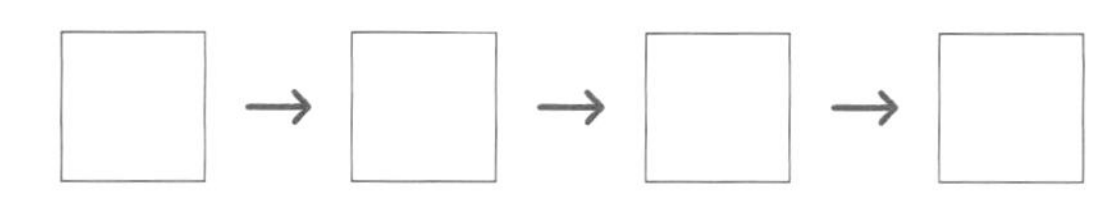

② ショウリョウバッタ

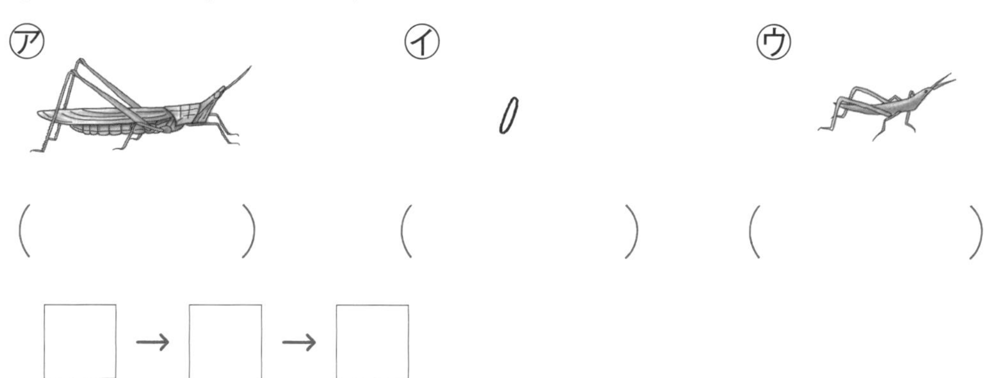

(2) 次のこん虫の育ち方がアゲハがたであれば①、ショウリョウバッタがたであれば②を（　　）にかきましょう。（1つ2点）

㋐（　　）コオロギ　　㋑（　　）トノサマバッタ

㋒（　　）モンシロチョウ　　㋓（　　）カブトムシ

まとめテスト

こん虫をさがそう

1 図を見て、あとの問(と)いに答えましょう。 （1つ5点）

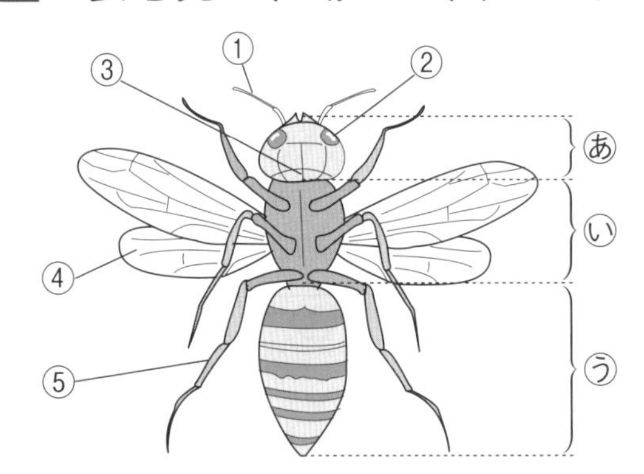

(1) あ、い、うの部分(ぶぶん)の名前は何ですか。

あ（　　　　　　）

い（　　　　　　）

う（　　　　　　）

(2) ①～⑤の名前を□からえらんでかきましょう。

①（　　　　　　）②（　　　　　　）③（　　　　　　）

④（　　　　　　）⑤（　　　　　　）

はね　あし　しょっ角　目　口

2 次(つぎ)の生き物(もの)で、こん虫に○をかきましょう。 （1つ6点）

㋐ クワガタムシ

□

㋑ アリ

□

㋒ カタツムリ

□

㋓ ダンゴムシ

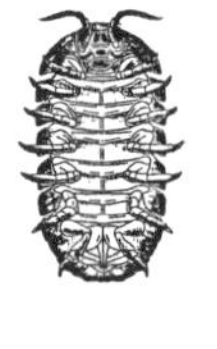

□

㋔ クモ

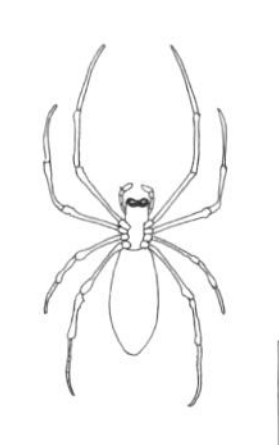

□

㋕ ザリガニ

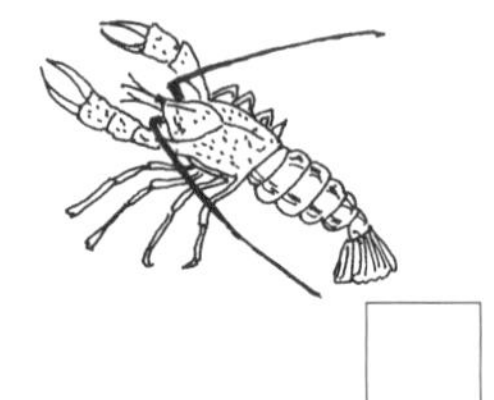

□

㋖ コオロギ

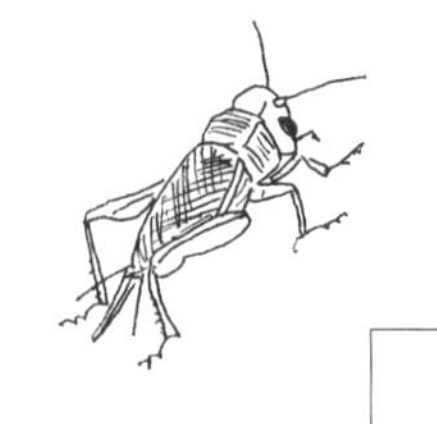

□

㋗ ムカデ

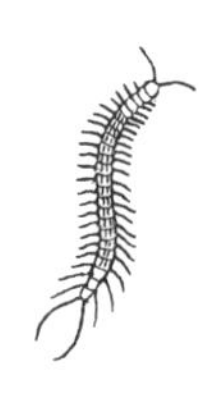

□

月　　日　名前　　　　／100点

3 次の図は、こん虫の口を表(あらわ)しています。すう口、なめる口、かむ口の3つに分けます。

(1) 口の形を分け、記号(きごう)をかきましょう。（1つ4点）

㋐ チョウ

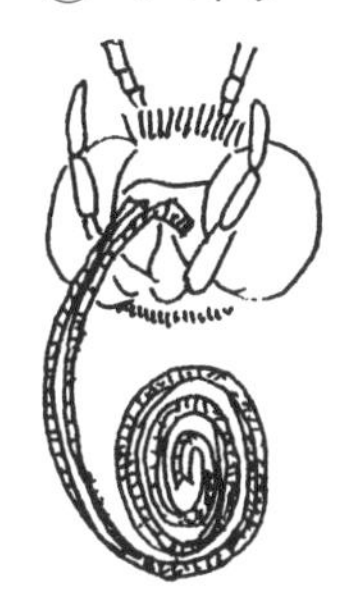

㋑ カマキリ

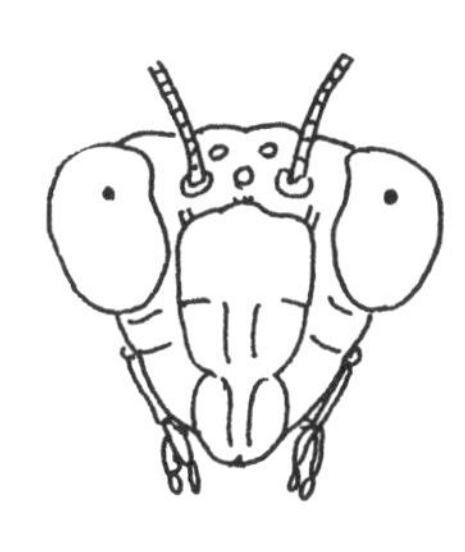

㋒ カブトムシ

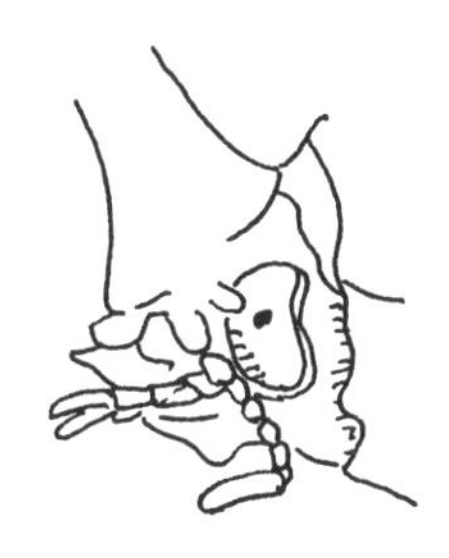

㋓ セミ

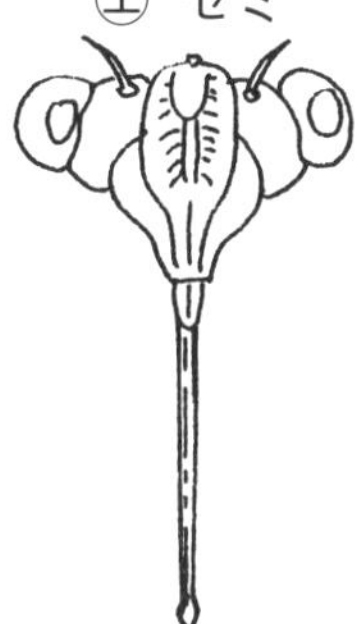

㋔ カミキリムシ

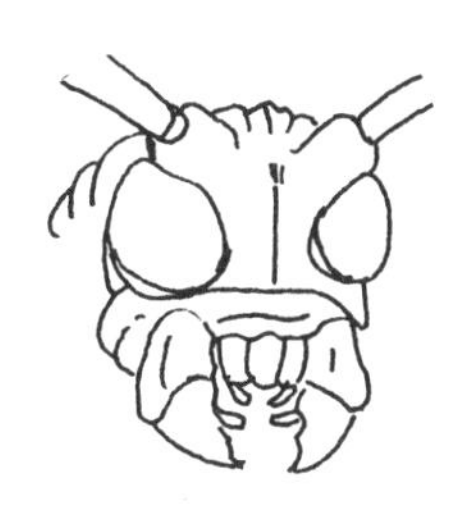

㋕ ハエ

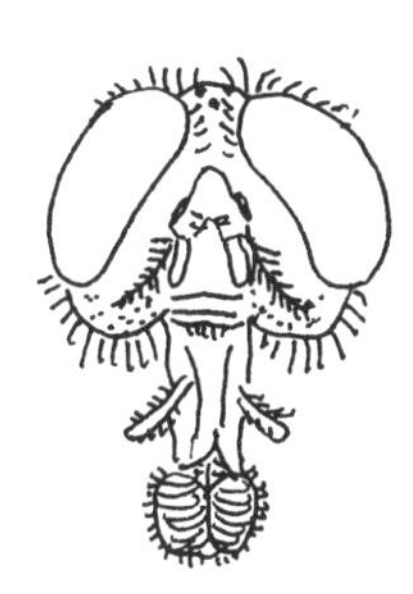

① すう（　　　　　）　② なめる（　　　　　）

③ かむ（　　　　　）

(2) ㋐、㋑、㋒の口のこん虫の食べ物を□からえらんでかきましょう。（1つ6点）

㋐（　　　　　）　㋑（　　　　　）

㋒（　　　　　）

木のしる　小さい虫　花のみつ

まとめテスト

こん虫をさがそう

1 次のこん虫について、名前と食べ物を□からえらんでかきましょう。（1つ5点）

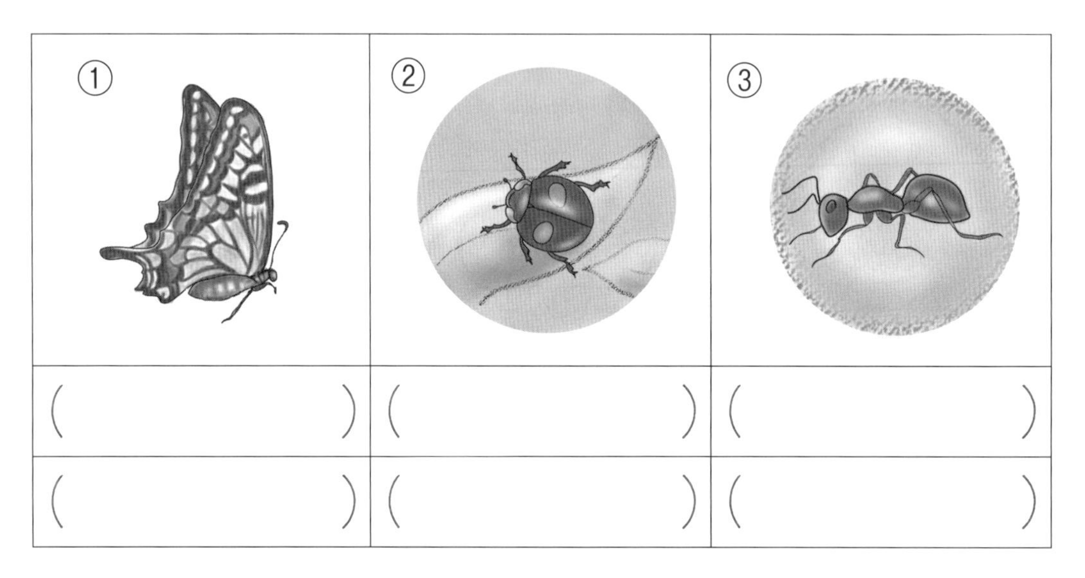

クロヤマアリ	ナミテントウ	アゲハ
花のみつ	虫や木の実	アブラムシ

2 次の（　　）にあてはまる言葉を□からえらんでかきましょう。（1つ5点）

こん虫の（①　　　）や（②　　　　）は、（③　　　　）をさがしたり（④　　　）を感じたりするはたらきをしています。また、まわりのようすを知るはたらきをします。

食べ物	しょっ角	目	きけん

月　　日　名前　　　　／100点

3　次の文は、カマキリ、クワガタ、バッタについてかいています。それぞれ、下から２つずつえらびましょう。（１つ５点）

① カマキリ（　　）（　　）

② クワガタ（　　）（　　）

③ バッタ（　　）（　　）

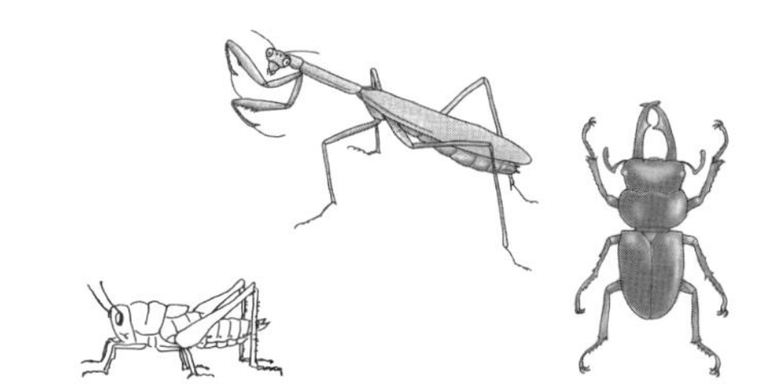

㋐ えものをかみくだくときに使(つか)う、とがった口があります。

㋑ 草をかみくだくことのできるじょうぶな口があります。

㋒ たたかうときに使う、大きなつののようなあごがあります。

㋓ 木をしっかりつかめるあしがあります。

㋔ 力強くジャンプができる、太くて長いあしがあります。

㋕ しっかりとえものをつかまえられる、かまのような前あしがあります。

★4　クモはこん虫ではありません。
どんなところがこん虫とはちがうのでしょう。２つかきましょう。（20点）

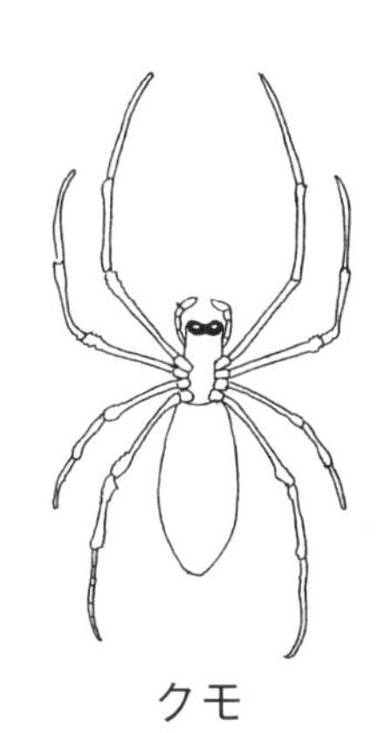
クモ

［　　　　　　　　　　］

かげと太陽

◆ なぞったり、色をぬったりしてイメージマップをつくりましょう

太陽の動き

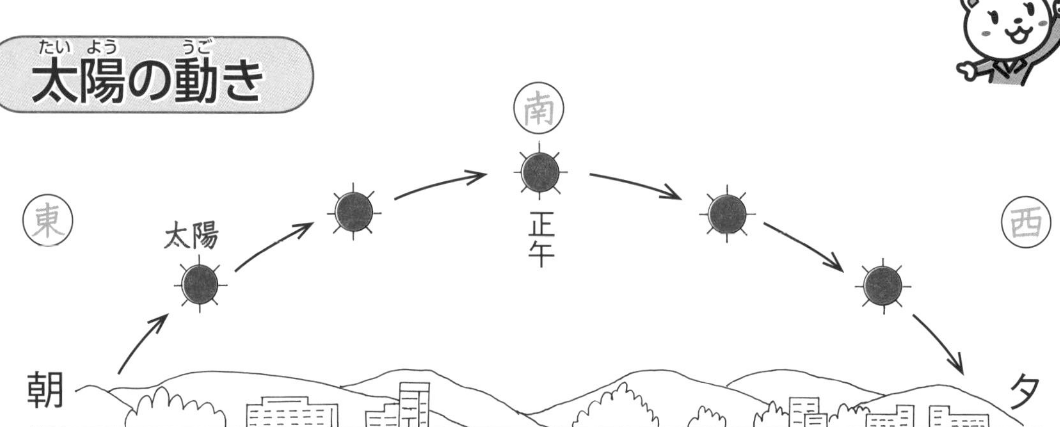

ぼう

かげ

午後　正午　午前

北

かんさつ道具

方いじしん

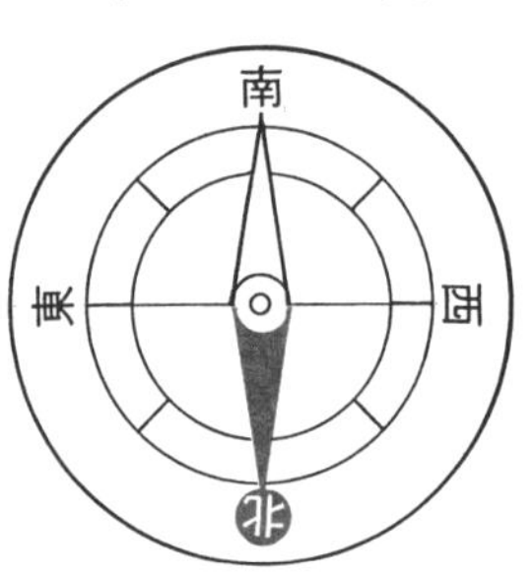

ケースを回して、色のついたはりの先と北とをあわす。

しゃ光板

太陽の光はまぶしいのでしゃ光板をとおしてかんさつします。

かげのでき方

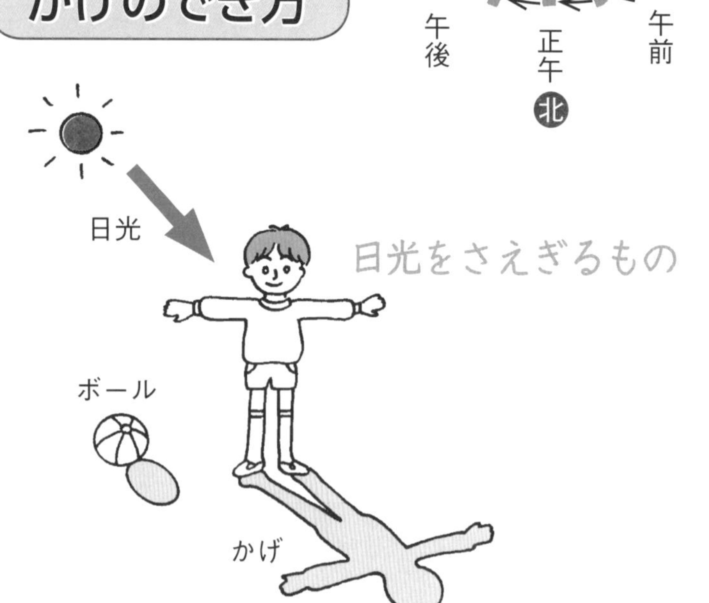

太陽の反対がわ
どれも同じむき

月　　日　名前

日なたと日かげ

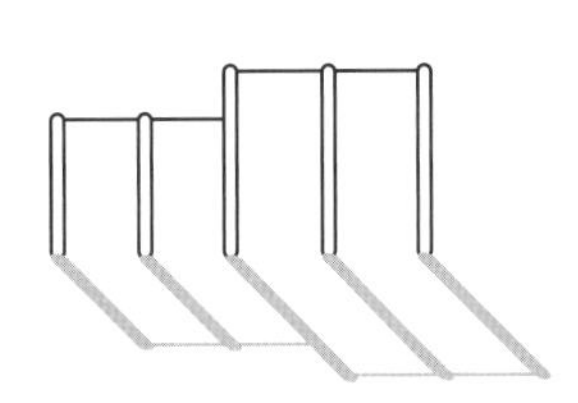

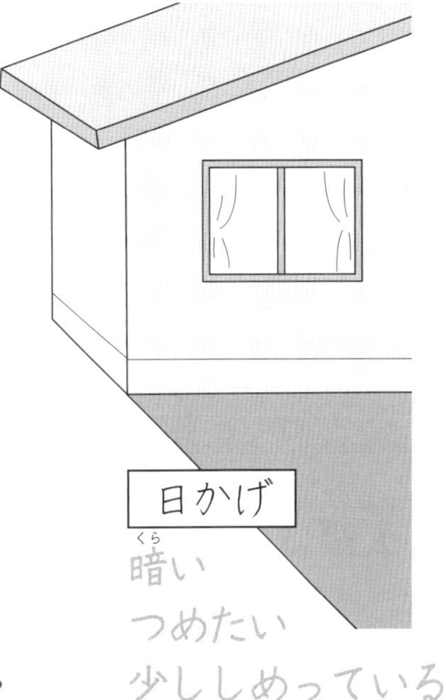

日なた		日かげ
明るい	〈明るさ〉	暗（くら）い
あたたかい	〈地面（じめん）の温度（おんど）〉	つめたい
かわいている	〈地面のしめりぐあい〉	少ししめっている

地面の温度のはかり方

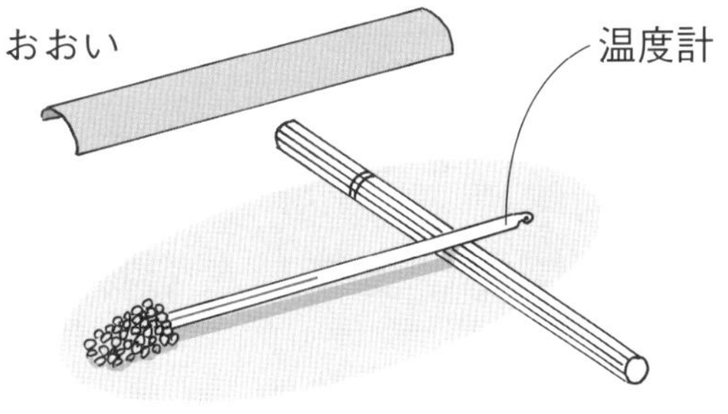

えきだめを少しうめる

温度計（おんどけい）と目を直角にして読む。

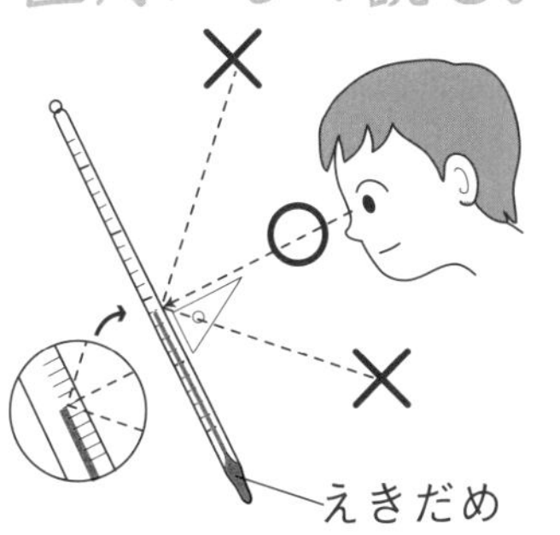

近い方の目もりを読む。

下の目もりを読み、「12℃」とかく。

上の目もりを読み、「13℃」とかく。

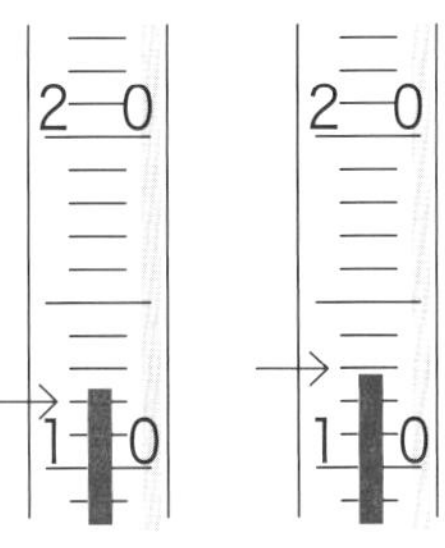

かげと太陽 ①

かげのでき方

1 次の(　　)にあてはまる言葉を□からえらんでかきましょう。

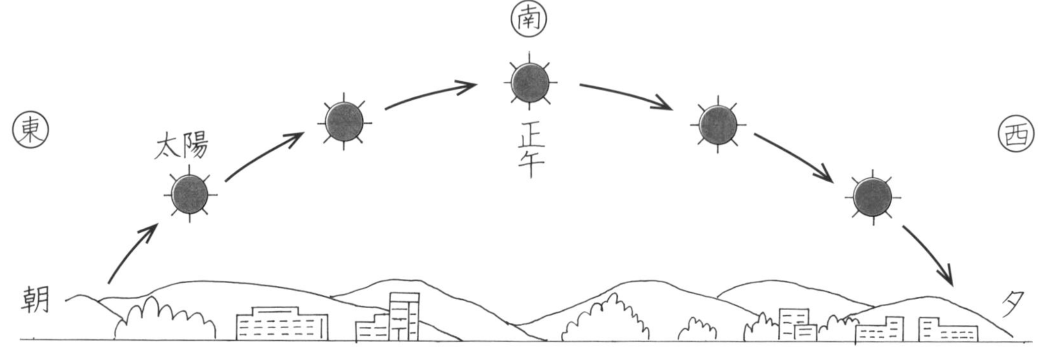

(1) 太陽は(①　　　)から出て(②　　　)の高いところを通り、(③　　　)にしずみます。(④　　　)が動くとかげの向きもかわります。

太陽	西	東	南

(2) かげは、(①　　　)をさえぎるものがあると太陽の(②　　　　)にできます。人や物が動くとかげも(③　　　)ます。

日時計は、太陽が動くと(④　　　)の向きがかわることをりようしたものです。かげの向きで(⑤　　　)を読みとります。

かげ	動き	時こく	日光	反対がわ

太陽の向きと、かげのでき方を調べます。また、方いじしんについても学びます。

2 次の(　　)にあてはまる言葉を□からえらんでかきましょう。

この道具の名前は、(①　　　　　)といいます。これを手に持って、(②　　　　)の動きが止まると、はりは北と(③　　　　)をさします。

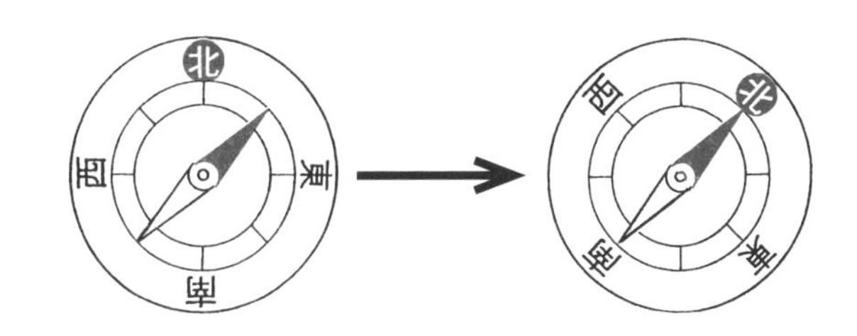

色をぬってある方が、(④　　　　)です。文字ばんをゆっくり(⑤　　　　)て、北にあわせるとほかの(⑥　　　　)もわかります。

方い	方いじしん	北	南	回し	はり

3 方いじしんのはりが次の図のように止まりました。それぞれの方い（東・西・南・北）をかきましょう。

①

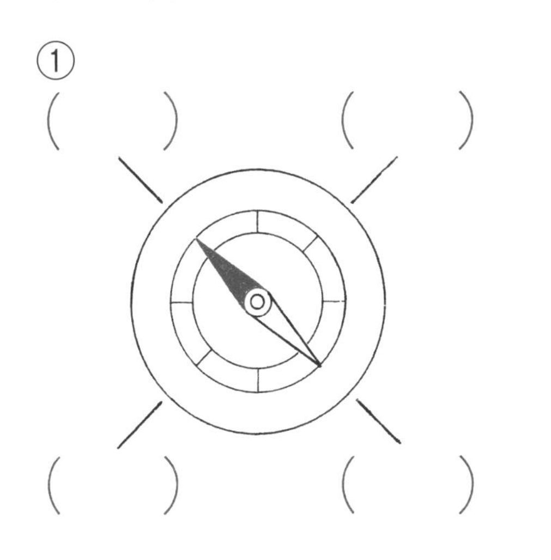

②

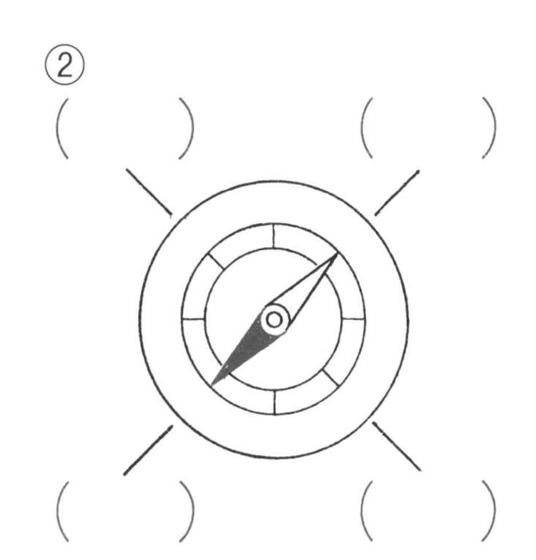

かげと太陽 ②

かげのでき方

1 日なたにできるかげの向きについて、あとの問いに答えましょう。

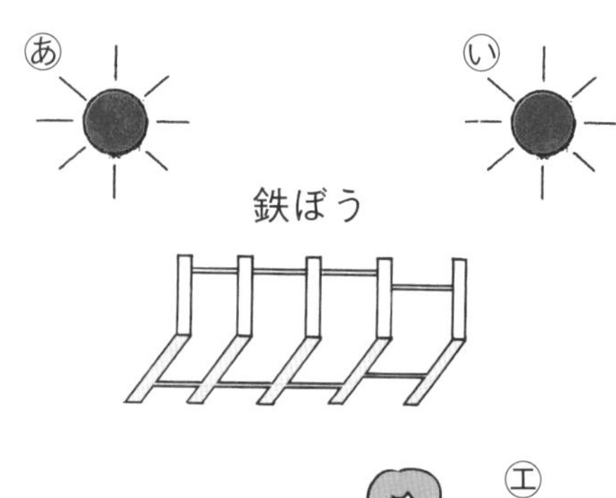

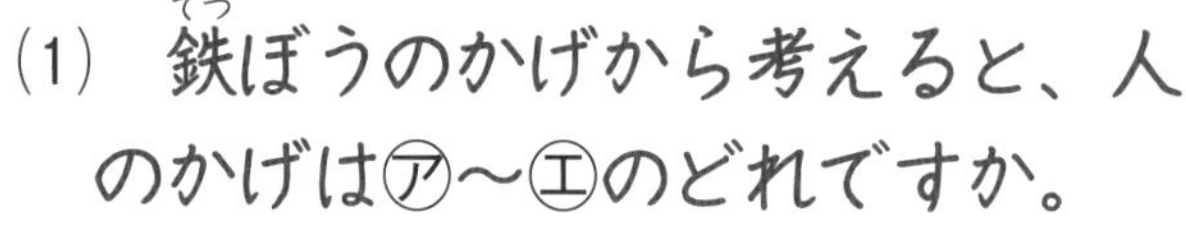

(1) 鉄ぼうのかげから考えると、人のかげはア～エのどれですか。

(　　)

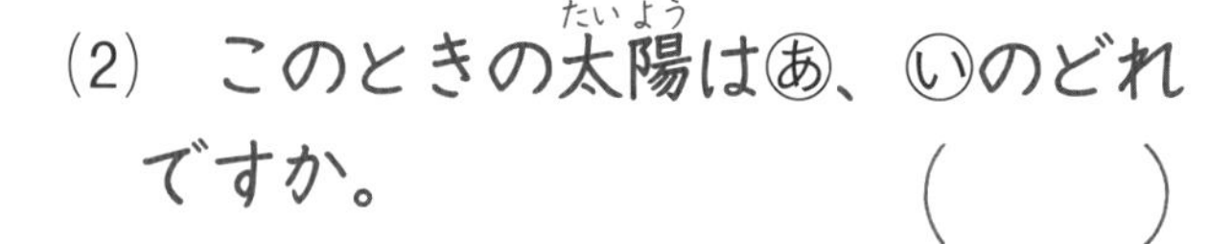

(2) このときの太陽はあ、いのどれですか。　(　　)

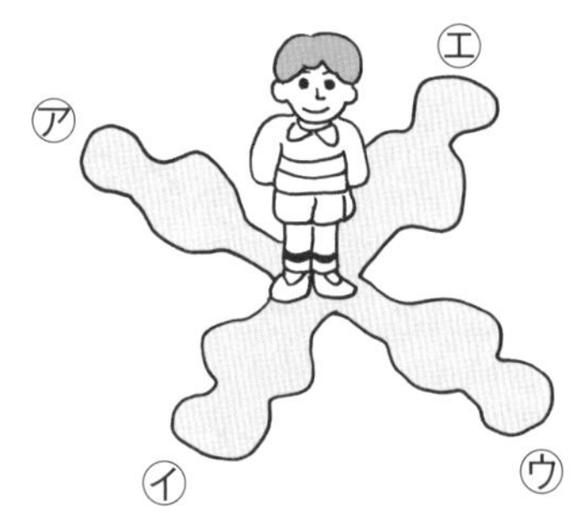

2 かげふみあそびの絵を見て、あとの問いに答えましょう。

(1) かげの向きが正しくない人が2人います。何番と何番ですか。

(　　)(　　)

(2) かげのできない人が2人います。何番と何番ですか。

(　　)(　　)

(3) 木のかげは、このあとア、イのどちらへ動きますか。　(　　)

月　日 名前

ポイント
太陽は東からのぼり、南の空を通って、西にしずみます。
太陽によってできるかげは、西から東へとうつります。

3 太陽の動きとかげの動きを調べています。あとの問いに答えましょう。

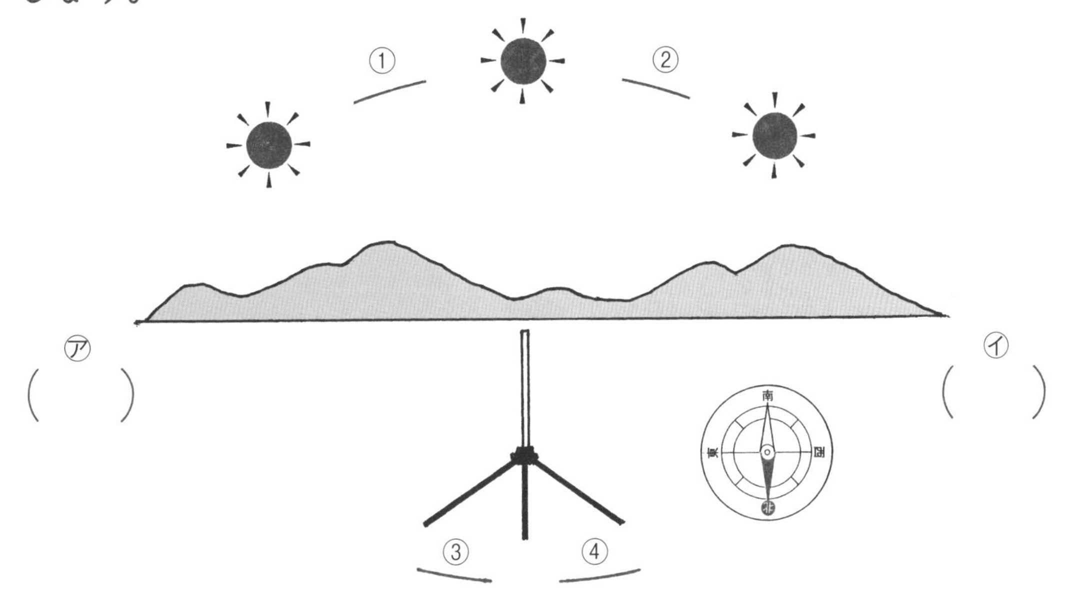

(1) 太陽の動き①、②の――に矢じるしをかきましょう。

(2) かげの動き③、④の――に矢じるしをかきましょう。

(3) ㋐、㋑の方いを(　　)にかきましょう。

4 お昼の12時ごろ太陽に向かって立ちました。そのときの方い（東西南北）を(　　)にかきましょう。

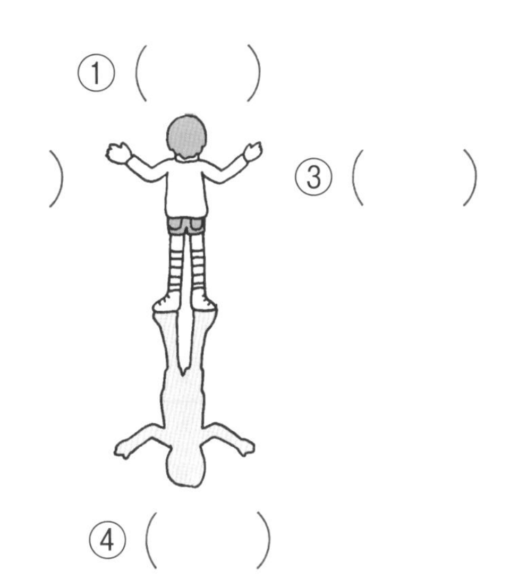

かげと太陽 ③

日なたと日かげ

1 図のように、日なたと日かげの地面のようすを調べました。

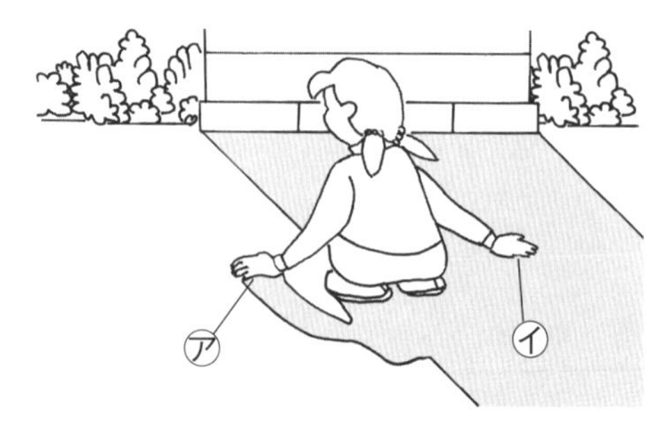

(1) 手を使って地面のあたたかさをくらべました。㋐と㋑とどちらの地面があたたかいですか。

(　　　　　　　　)

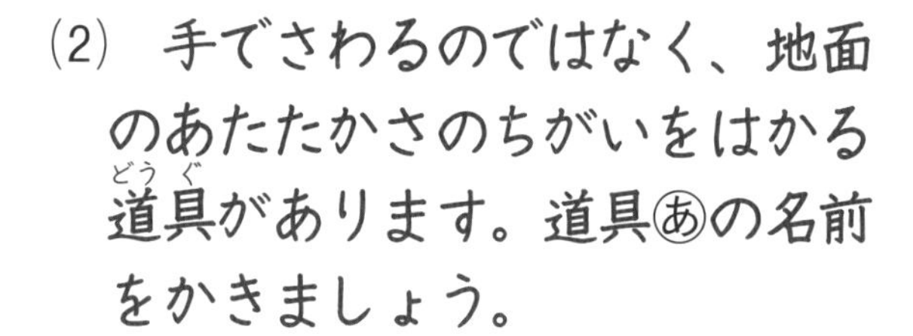

(2) 手でさわるのではなく、地面のあたたかさのちがいをはかる道具があります。道具㋐の名前をかきましょう。

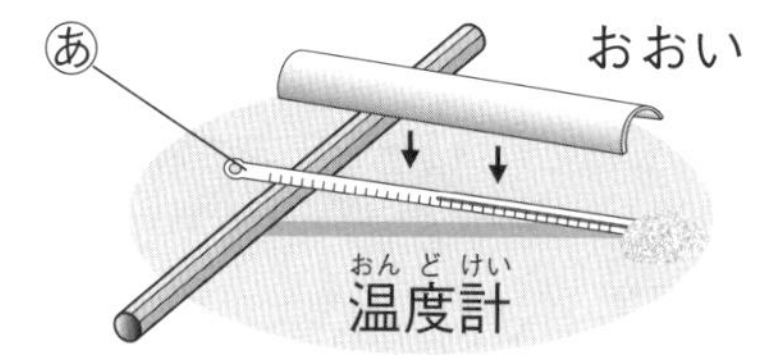

(　　　　　　　　)

(3) 日なたと日かげの地面のようすを表にまとめます。①〜④にあてはまる言葉を□からえらんでかきましょう。

	日なた	日かげ
明るさ	①	②
あたたかさ	③	つめたい
しめりぐあい	かわいている	④

明るい　暗い　あたたかい　少ししめっている

日なたと日かげの温度を調べます。日なたは、明るくあたたかですが、日かげは、暗くしめった感じがします。

2 次の(　　)にあてはまる言葉を□からえらんでかきましょう。

(1) 日なたの地面の方が、日かげの地面より温度は(①　　　)なります。

これは(②　　　)の地面の方が(③　　　)によってあたためられるからです。

(2) 日かげは(①　　　)がさえぎられるので、明るさは日なたよりも(②　　　)なります。また、日かげは(③　　　)感じられます。

日光　暗く　すずしく

3 温度計の目もりを正しく読むには、㋐、㋑、㋒のどこから見るのがよいですか。記号でかきましょう。　(　　　)

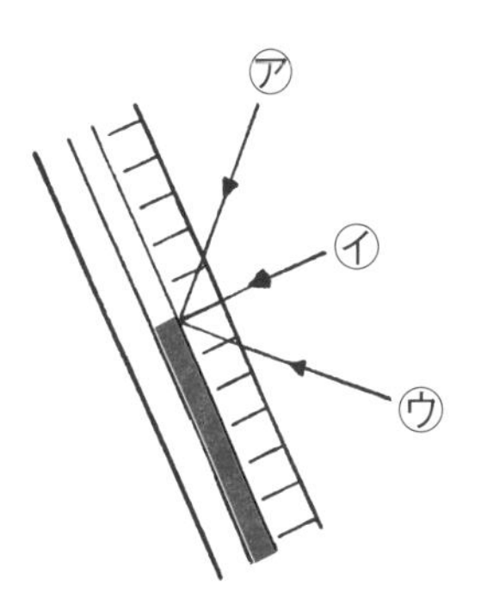

かげと太陽 ④
日なたと日かげ

1 図のように、㋐、㋑、㋒に水を同じりょうだけまきました。

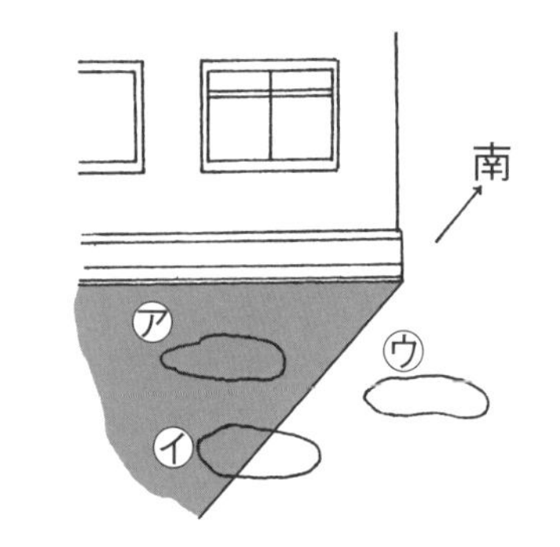

(1) まいた水が速(はや)くかわくじゅんに、記号(きごう)をかきましょう。

(　　)→(　　)→(　　)

(2) ㋐と㋒では、どちらの地面(じめん)の温度(おんど)が高いですか。

(　　)

(3) ㋑の場所(ばしょ)の、これからの日のあたり方はどうなりますか。①〜③からえらんで○をかきましょう。

① (　　) 全部太陽(ぜんぶたいよう)があたるようになります。

② (　　) 全部太陽があたらなくなります。

③ (　　) 太陽のあたりかたはかわりません。

2 温度計で地面の温度をはかります。次(つぎ)の文で正しいものには○、まちがっているものには×をかきましょう。

① (　　) 地面を少しほって、えきだめを入れ、土をかぶせます。

② (　　) 地面の温度をはかるから、温度計に太陽があたってもかまいません。

③ (　　) 温度計のえきの先が、20より21の方に近いときは、21℃と読みます。

日なたと日かげで、水のかわく速さは、あたたかい日なたの方が日かげより速くなります。

3　日なたと日かげの地面の温度を右のように記ろくしました。
（　　）にあてはまる言葉(ことば)を□からえらんでかきましょう。

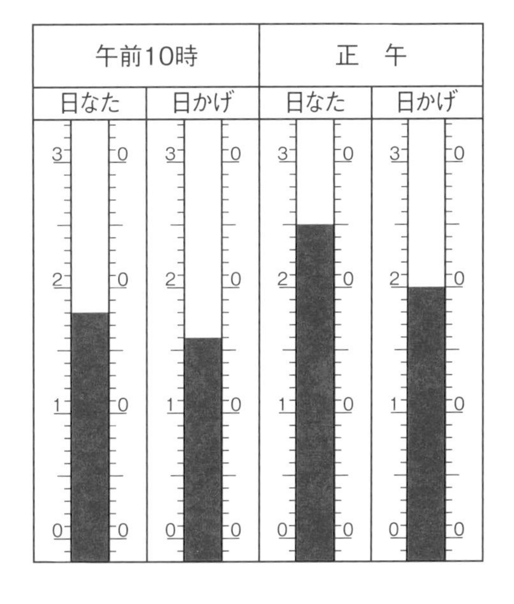

(1)（①　　　　）を使(つか)って午前（②　　　）と、（③　　　）の地面の温度を記ろくしました。

正午　　10時　　温度計

(2)　午前10時の日なたの温度は（①　　　）、日かげの温度は（②　　　）です。

正午の（③　　　　）の温度は25℃、（④　　　　）の温度は20℃です。

地面は（⑤　　　）によってあたためられるから、日なたの方が日かげよりも地面の温度が（⑥　　　）なります。

高く　　日かげ　　日なた　　16℃　　18℃　　日光

4　太陽の光はまぶしいので、右の図のような道具(どうぐ)を使って見ます。道具の名前をえらびましょう。

① 方いじしん　② しゃ光板(こうばん)　（　　）

まとめテスト

かげと太陽

1 次(つぎ)の図を見て、あとの問(と)いに答えましょう。 (1つ5点)

⑴ 午前7時のかげは、㋐～㋔のどれですか。

( )

⑵ 午後3時のかげは、㋐～㋔のどれですか。

( )

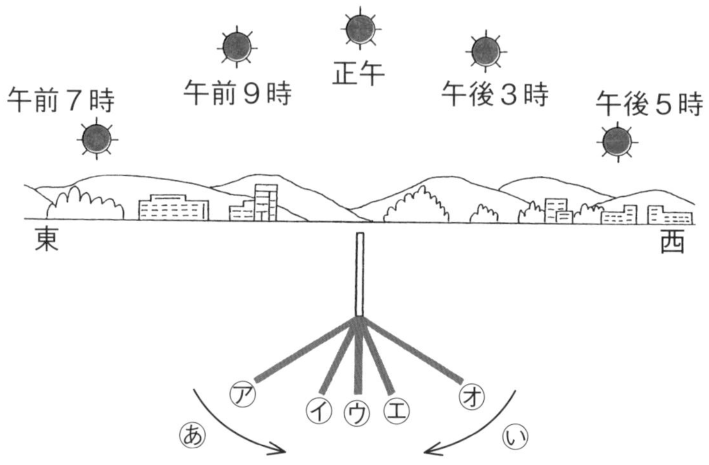

⑶ 太陽(たいよう)が動(うご)くと、かげはあ、いのどちらに動きますか。

( )

⑷ ㋐～㋔のかげについて、正しいものには○、まちがっているものには×をかきましょう。

① ( ) かげの長さは、動くにつれて長くなります。

② ( ) かげの長さは、1日中かわりません。

③ ( ) かげの長さは、朝夕は長く、お昼ごろは短(みじか)くなります。

④ ( ) 正午のかげは、北の方向(ほうこう)にできます。

⑤ ( ) かげの動きは、午前中は速(はや)く午後はおそくなります。

⑥ ( ) 夜は、太陽がしずむから太陽の光によるかげはできません。

月　　日 名前　　　　／100点

2 図は午前９時の鉄(てつ)ぼうのかげのようすです。（１つ５点）

⑴ このときの太陽は①、②のどちらのいちですか。

（　　）

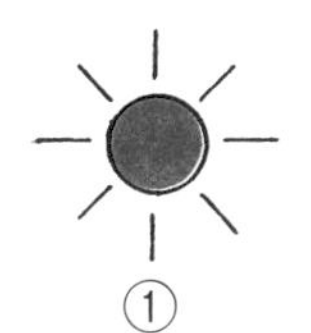

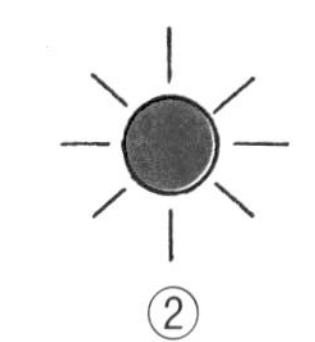

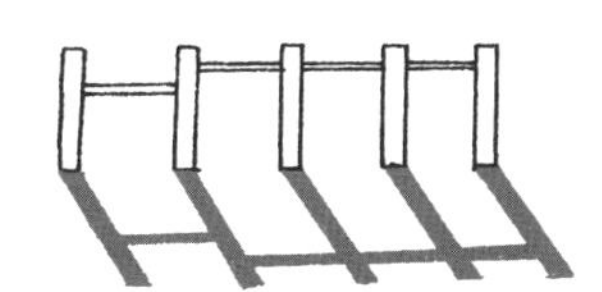

⑵ 正午になると、かげはどうなりますか。正しいものには○、まちがっているものには×をかきましょう。

①（　　）午前９時にくらべかげは長くなっています。

②（　　）午前９時にくらべかげは短くなっています。

③（　　）午前９時にくらべかげの向(む)きがかわっています。

④（　　）午前９時にくらべかげの向きはかわりません。

3 太陽と太陽によってできるかげについて、正しいものには○、まちがっているものには×をかきましょう。（１つ５点）

①（　　）校しゃのかげの中に入ってもかげができます。

②（　　）かげは、太陽に向かって反対(はんたい)がわにできます。

③（　　）同じ木のかげは、太陽の動く方向へ動いていきます。

④（　　）太陽は東から西へ、かげは西から東へ動いていきます。

⑤（　　）地面(じめん)においたボールのかげは、正しい円の形です。

⑥（　　）電線がゆれると、電線のかげも動きます。

まとめテスト

かげと太陽

1 図のように、日なたと日かげの地面のあたたかさのちがいを、手でさわってくらべます。（1つ5点）

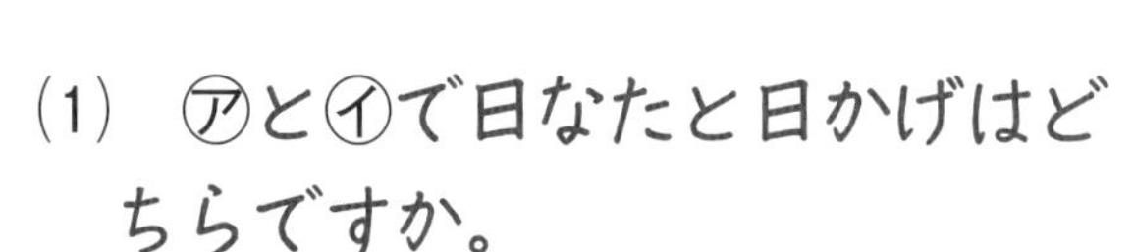

(1) アとイで日なたと日かげはどちらですか。

ア（　　　　　　）　イ（　　　　　　）

(2) 地面があたたかいのは、アかイのどちらですか。（　　）

(3) 図は午前10時のかげです。時間がたつとイは、日なたになりますか。それとも日かげのままですか。（　　　　　　）

2 かげと太陽を調べるのに、右のような道具を使います。（1つ5点）

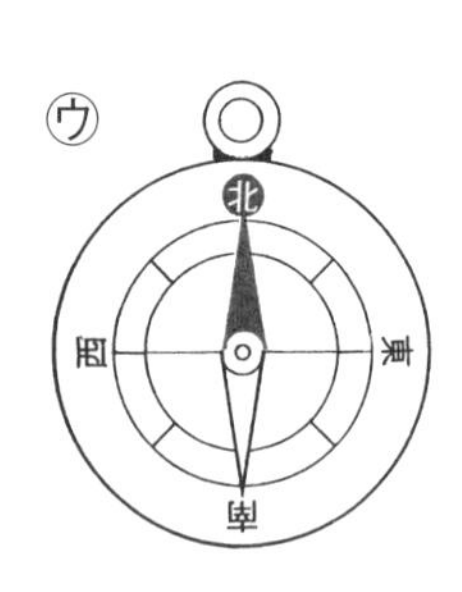

(1) ア〜ウの名前をかきましょう。

ア（　　　　　　　　）

イ（　　　　　　　　）

ウ（　　　　　　　　）

(2) ア〜ウの道具の使い方はどれですか。

① （　　）太陽を見るときに使います。

② （　　）方いを調べるときに使います。

③ （　　）もののあたたかさをはかるときに使います。

月　　日　名前　　　　　　　　　　　　/100点

3 図は、午前10時と正午にはかった、日なたと日かげの地面の温度（おんど）です。次（つぎ）の時こくの温度をかきましょう。　（1つ5点）

午前10時		正午	
日なた	日かげ	日なた	日かげ

30
20
10
0

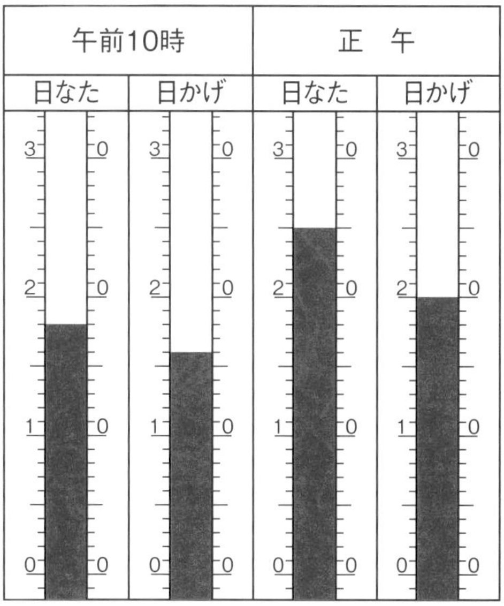

① 午前10時の日なた　（　　　）

② 午前10時の日かげ　（　　　）

③ 正午の日なた　（　　　）

④ 正午の日かげ　（　　　）

4 次の文で、日なたのことには○、日かげのことには×をかきましょう。　（1つ5点）

①（　　）まぶしくて明るいです。

②（　　）地面に自分のかげができません。

③（　　）地面にさわると、しめっぽくつめたく感（かん）じます。

④（　　）地面に自分のかげができます。

⑤（　　）夜にふった雨が速（はや）くかわきました。

⑥（　　）日ざしの強いときは、ここがすずしいです。

まとめテスト

かげと太陽

1 次の方いじしんを見て、（　　）に東、西、南、北をかきましょう。（1つ5点）

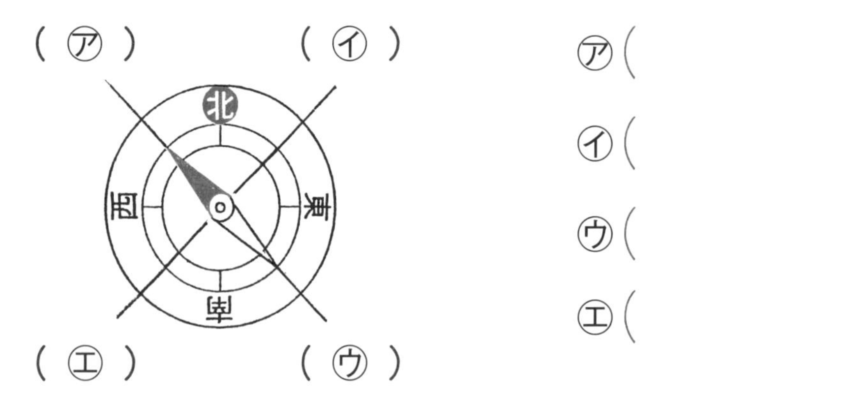

2 晴れた日の午前9時と正午に、日なたと日かげの地面の温度をはかりました。（1つ10点）

(1) あといでは、どちらがあたたかいですか。（　　）

(2) ぬれている地面は、あといのどちらが速くかわきますか。（　　）

(3) あといのどちらが日なたですか。（　　）

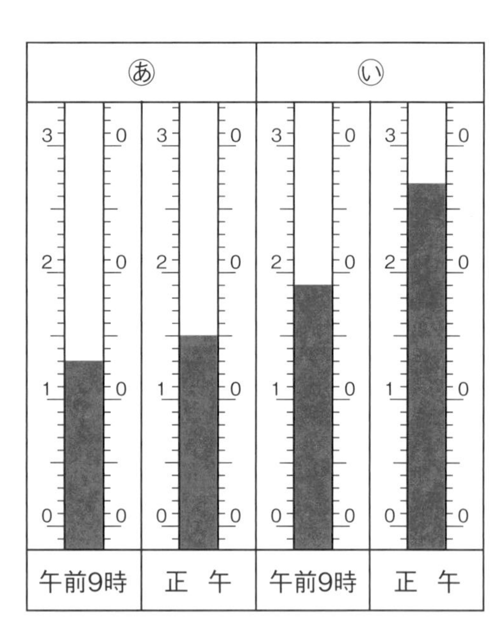

月　　日 名前　　　　　　　　　　　　　　　　　　/100点

3 図のように、㋐、㋑、㋒に水を同じりょうだけまきました。

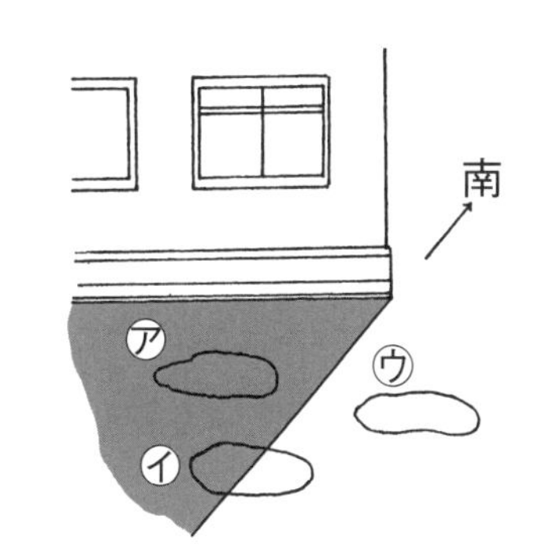

(1) まいた水が速くかわくじゅんに、記号(きごう)をかきましょう。（全部で10点）

（　　）→（　　）→（　　）

(2) ㋐と㋒では、どちらの地面の温度が高いですか。（10点）

（　　）

(3) ㋑の場所(ばしょ)の、これからの日のあたり方はどうなりますか。①～③からえらんで○をかきましょう。（10点）

①（　　）全部太陽(ぜんぶたいよう)があたるようになります。

②（　　）全部太陽があたらなくなります。

③（　　）太陽のあたりかたはかわりません。

4 図は午前10時の鉄(てつ)ぼうのかげです。あとの問(と)いに答えましょう。

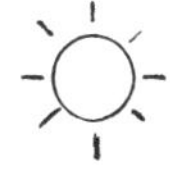

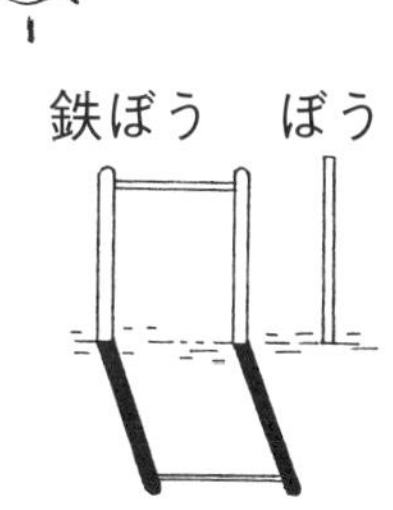

(1) ぼうのかげを、図にかきましょう。（5点）

★(2) 午後3時になったときの、鉄ぼうとぼうのかげをかきましょう。（絵5点、わけ10点）
また、かげが動いたわけをかきましょう。

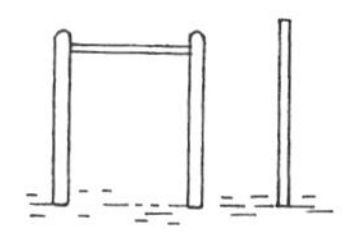

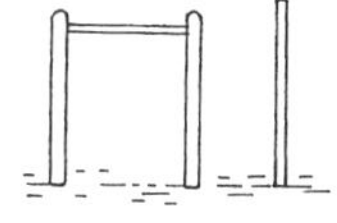

[　　　　　　　　　　　　　　　　]

光のせいしつ

◆ なぞったり、色をぬったりしてイメージマップをつくりましょう

光の進み方（すす）

光はまっすぐ進む

光はかがみではね返る（かえ）

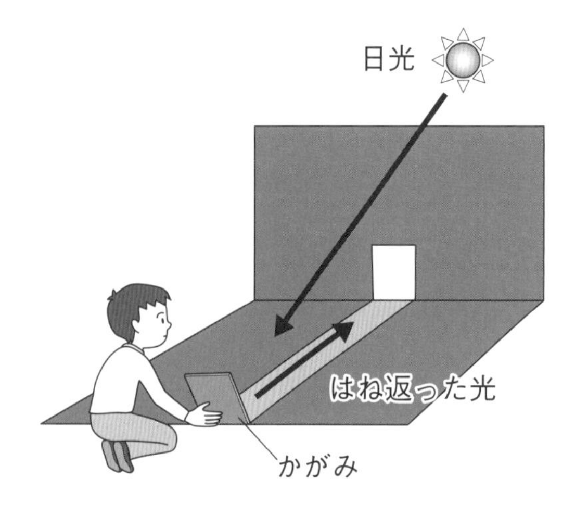

はね返った光も
まっすぐ進む

光のリレー

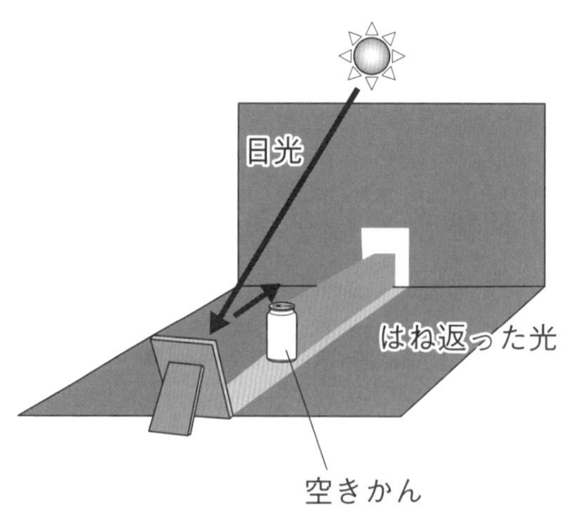

光をさえぎると
かげもまっすぐになる

月　　日　名前

日光を集める　かがみで集める

かがみをふやす

いっそう明るい
いっそうあたたかい

◆　色をぬりましょう

かがみ１まい分の明るさ（黄）

かがみ２まい分の明るさ（だいだい）

かがみ３まい分の明るさ（赤）

虫めがねで集める

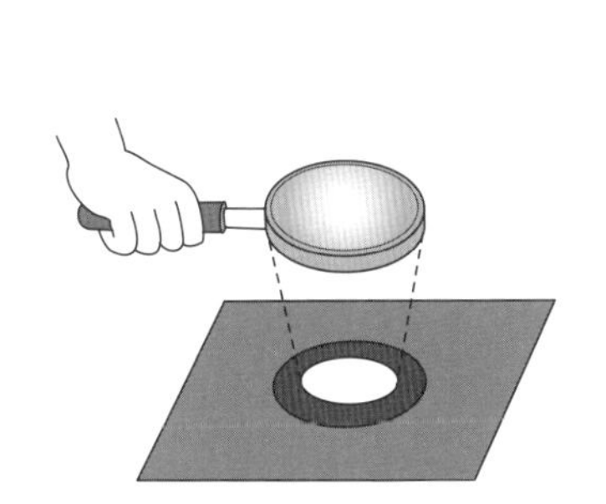

明るい
あたたかい

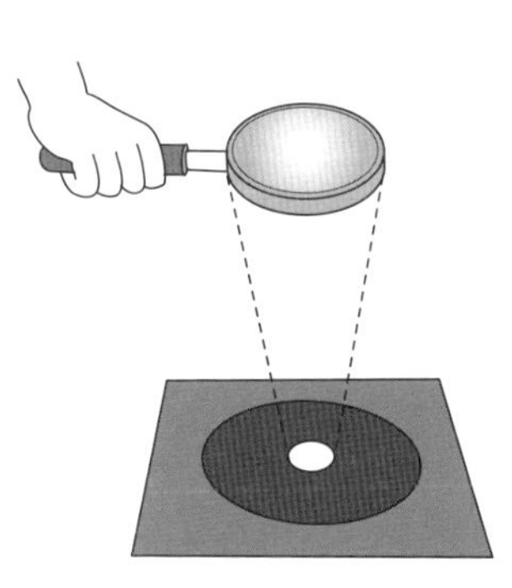

まぶしい
あつい

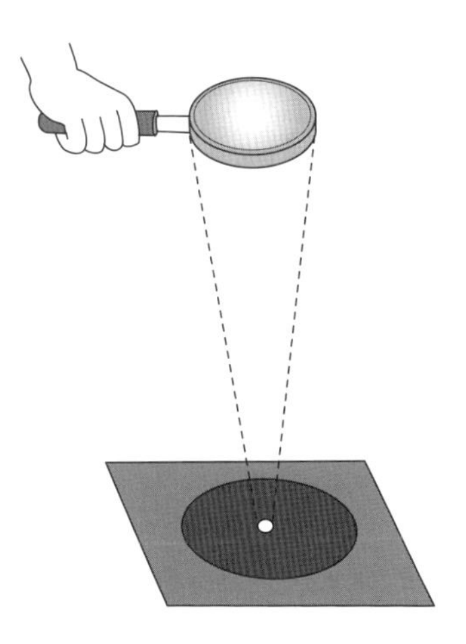

たいへんまぶしい
たいへんあつい
黒い紙をこがす

注意　虫めがねで太陽を見てはいけません。
虫めがねで集めた光を人にあててはいけません。

光のせいしつ ①

まっすぐ進む

1 かがみで日光をはね返して、かべにうつします。次の(　　)にあてはまる言葉を□からえらんでかきましょう。

かがみで(①　　　)をはね返すことができ、その光はまっすぐ進みます。そして光のあたったところは(②　　　)なります。

太陽を直せつ見ると(③　　　)をいためます。だから、はね返った光を、人の(④　　　)にあててはいけません。

丸いかがみで日光をはね返すと(⑤　　　)く、四角いかがみなら(⑥　　　)く、三角のかがみなら(⑦　　　)にうつります。

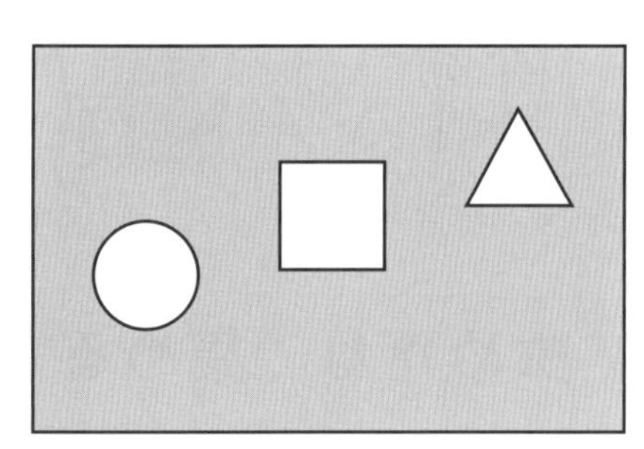

目	顔	日光	明るく	四角	三角	丸

2 図を見て、あとの問いに答えましょう。

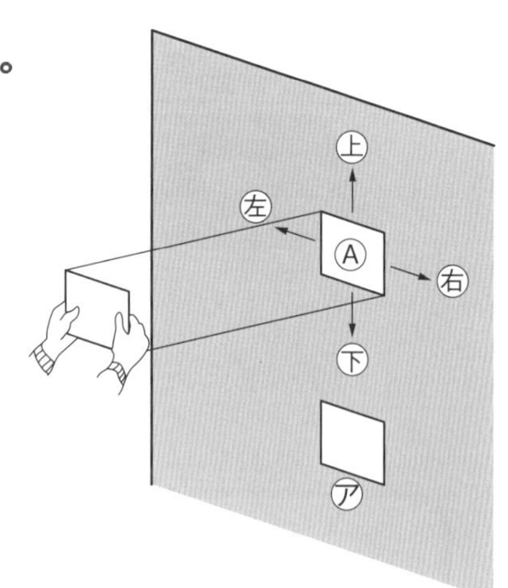

(1) かがみを上にかたむけると、Ⓐはどの方向に動きますか。　(　　)

(2) かがみを右にかたむけると、Ⓐはどの方向に動きますか。　(　　)

(3) Ⓐを㋐のところに動かすには、かがみをどちらへかたむけますか。

(　　)

かがみではね返した光は、どのように進むか学びます。

3 光の通り道にかんをおきました。かんは光を通さないのでかげができます。

①～③の図で正しいのはどれですか。正しいものに○をかきましょう。

①（　　　）
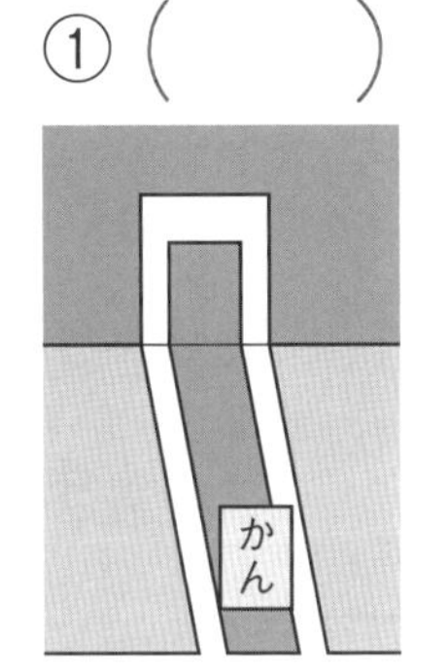

②（　　　）
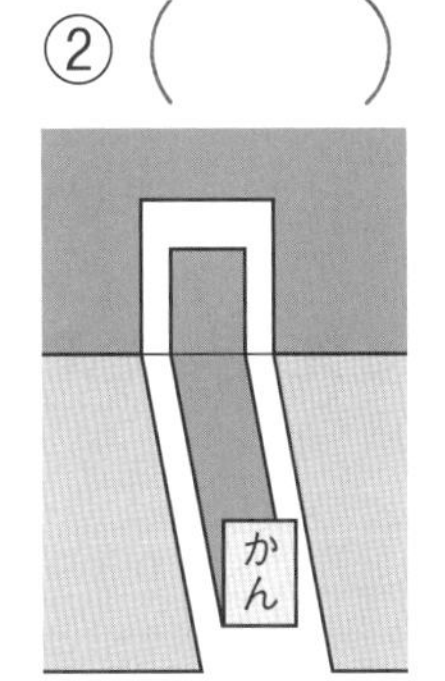

③（　　　）
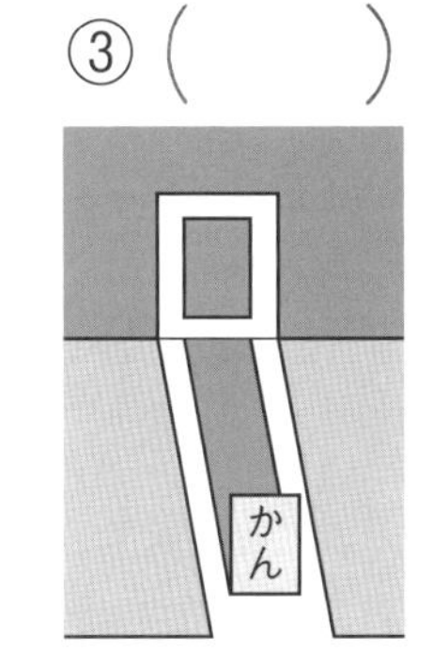

4 右の図のように、かがみを使って、光をはね返しています。次の（　　）にあてはまる言葉を□からえらんでかきましょう。

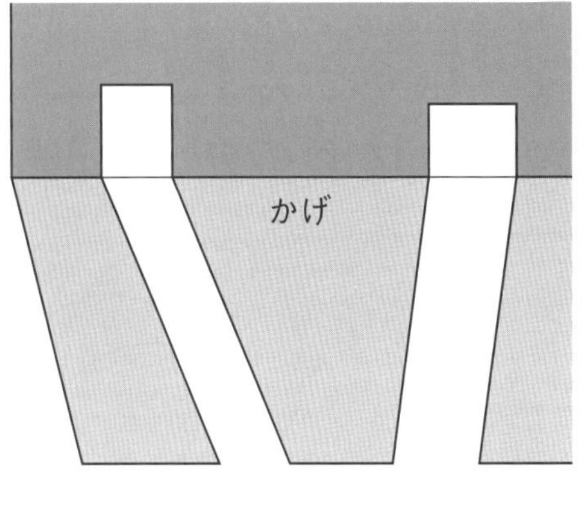

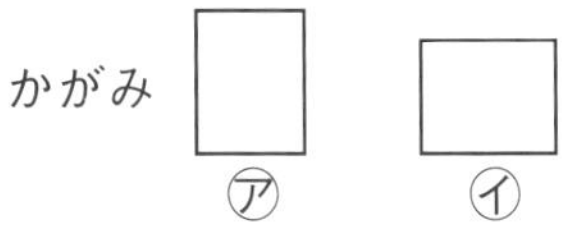

日光は（①　　　　　）に進みます。かがみで（②　　　　　）日光もまっすぐに進みます。

はね返った（③　　　　）を日かげにあてると、その部分は（④　　　　　）なり、温度は（⑤　　　　）なります。

明るく　　まっすぐ　　はね返った　　日光　　高く

光のせいしつ ②

光を集める

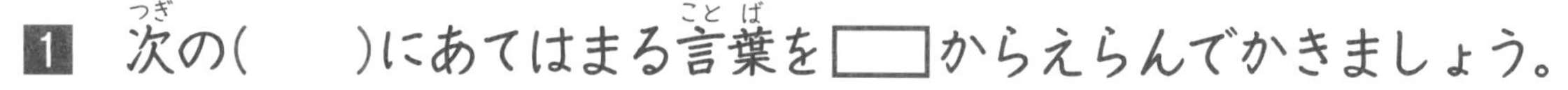

1 次の(　　)にあてはまる言葉を□からえらんでかきましょう。

3まいのかがみで光をはね返しました。

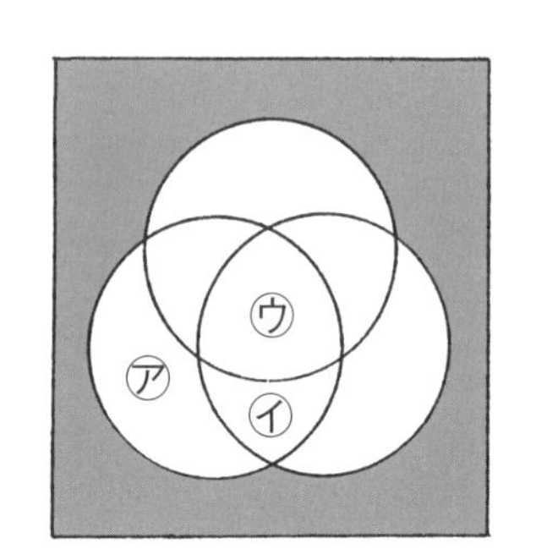

㋐はかがみ1まい、㋑はかがみ2まい、㋒はかがみ(①　　　)まいでした。

はね返した光を集めれば、集めるほど(②　　　)、温度は(③　　　)なります。

3　　明るく　　高く

2 丸いかがみを3まい、四角いかがみを2まい使って、図のように、日かげのかべに日光をはね返しました。

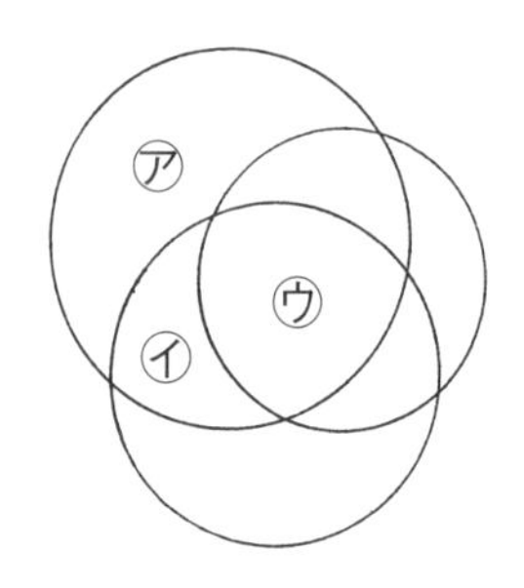

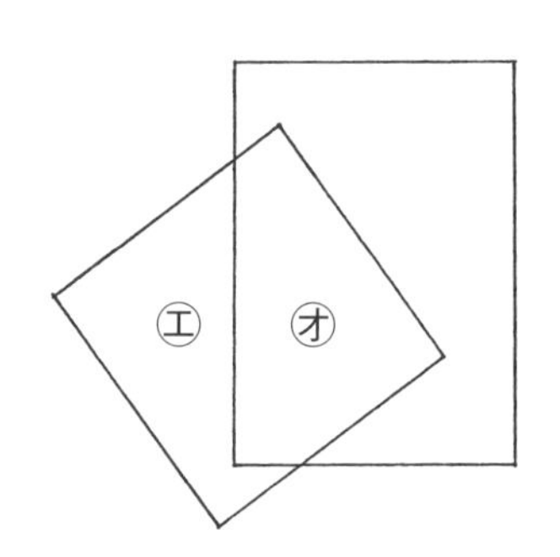

(1) ㋐〜㋒の中で、一番明るいのはどこですか。　(　　)

(2) ㋐〜㋒の中で、一番あたたかいのはどこですか。　(　　)

(3) ㋓と同じ明るさになっているのは、㋐〜㋒のどこですか。　(　　)

(4) ㋔と同じ明るさになっているのは、㋐〜㋒のどこですか。　(　　)

かがみを使って光をはね返したり、虫めがねで光を集めたりします。

3 虫めがねで日光を集めています。

(1) (　　)にあてはまる言葉を□からえらんでかきましょう。

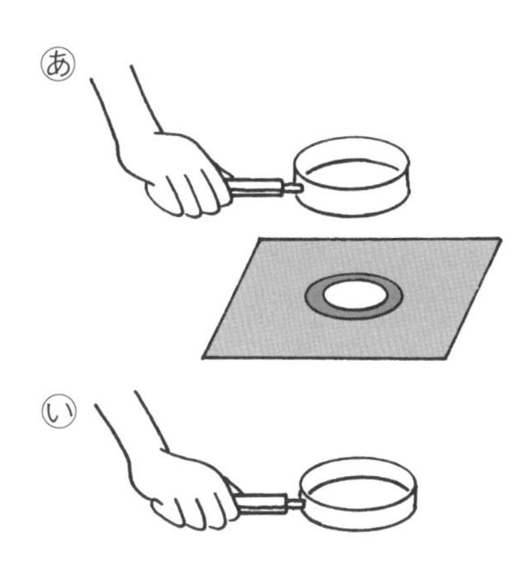

虫めがねを使うと(①　　　)を集めることができます。

虫めがねを紙に近づけると明るいところは(②　　　)なり、少し遠ざけると(③　　　)なります。

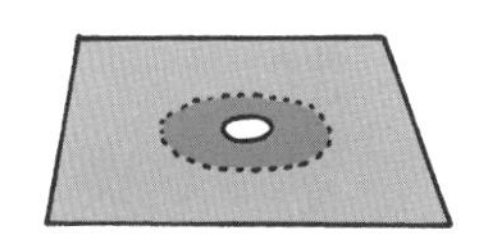

あといをくらべると、いの方が(④　　　)、温度が(⑤　　　)なります。

大きく	小さく	高く	明るく	日光

(2) ア〜ウの３つの虫めがねがあります。光を集めるところが広いじゅんに記号(きごう)をかきましょう。また、光を集めたとき、一番明るいのはどれですか。

広いじゅん (　　) → (　　) → (　　)

一番明るい (　　)

まとめテスト

光のせいしつ

1 かがみにあたった日光が、はね返(かえ)ってかべにうつりました。あとの問(と)いに答えましょう。

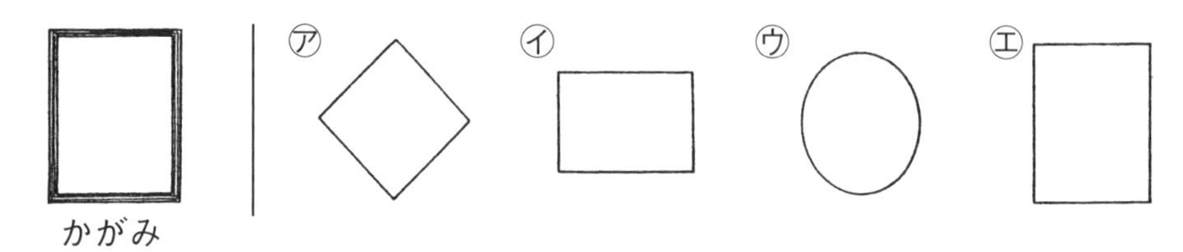

(1) かべにうつる形は、㋐〜㋓のどれですか。(15点)　(　　)

(2) 光をあてるのによい方のかべに○をかきましょう。(15点)

① (　　) 日かげのかべ　　② (　　) 日なたのかべ

2 次(つぎ)の(　　)にあてはまる言葉(ことば)を□からえらんでかきましょう。(1つ5点)

(① 　　)は、まっすぐ進(すす)みます。日光がかがみにあたると(② 　　)ます。三角形のかがみで日光をはね返すと、(③ 　　)の光がかべにうつり、かがみが四角形なら(④ 　　)の光がうつります。

かがみを上に向(む)けると、はね返った光は(⑤ 　　)に動(うご)き、かがみを左に向けると、はね返った光は(⑥ 　　)に動きます。はね返った光の向きは、かがみの(⑦ 　　)できまります。

はね返り	四角形	三角形	向き	左	上	日光

月　　日　名前

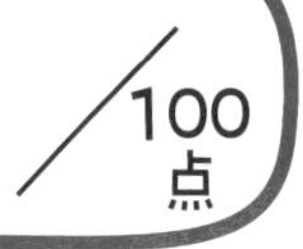

3 虫めがねで日光を集（あつ）めています。（　　）にあてはまる言葉を□からえらんでかきましょう。（1つ5点）

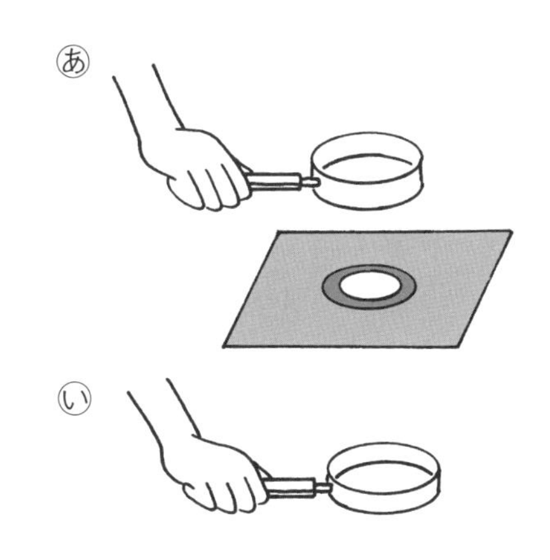

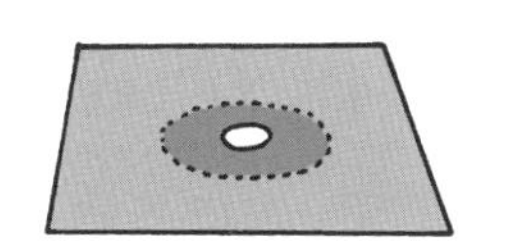

あの虫めがねを紙に（①　　　）と、明るいところは、大きくなり、少し遠ざけると、明るいところは、（②　　　）なります。明るいところが小さいほど、そこは（③　　　）なります。あの虫めがねを遠ざけて、いのようにすると、明るいところは（④　　　）なり、明るさは、さらに（⑤　　　）なります。

小さく　　明るく　　近づける　　●何度（なんど）も使（つか）う言葉もあります。

4 光の通り道にかんをおきました。かんは光を通さないのでかげができます。（10点）

①～③の図で正しいのはどれですか。正しいものに○をかきましょう。

①（　　）②（　　）③（　　）

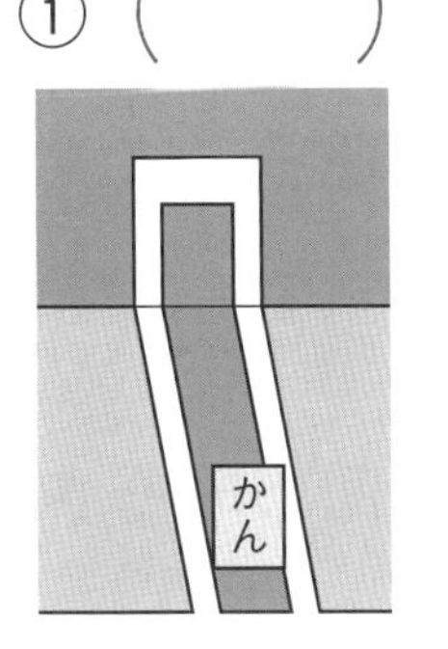

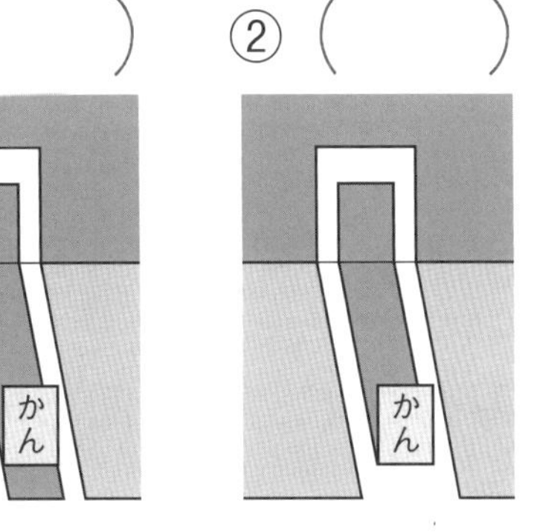

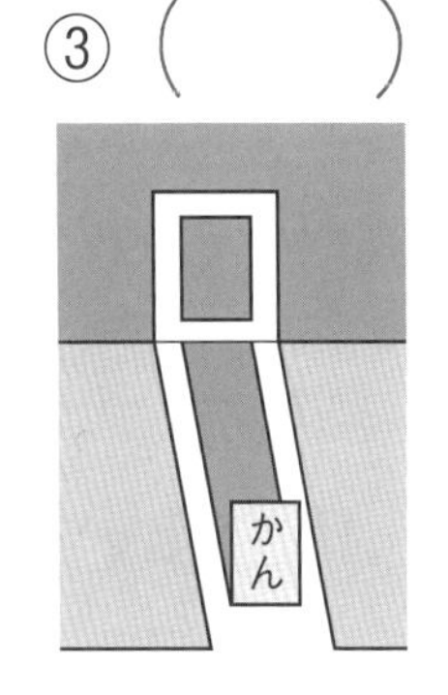

まとめテスト

光のせいしつ

1 丸いかがみを３まい、四角いかがみを２まい使って、図のように、日かげのかべに日光をはね返しました。あとの問いに答えましょう。 （１つ10点）

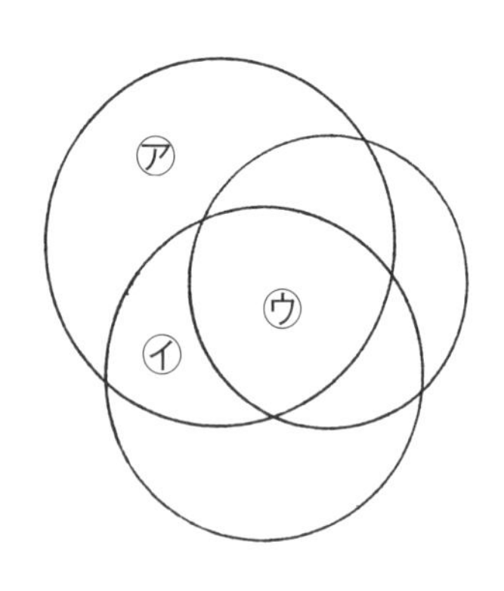

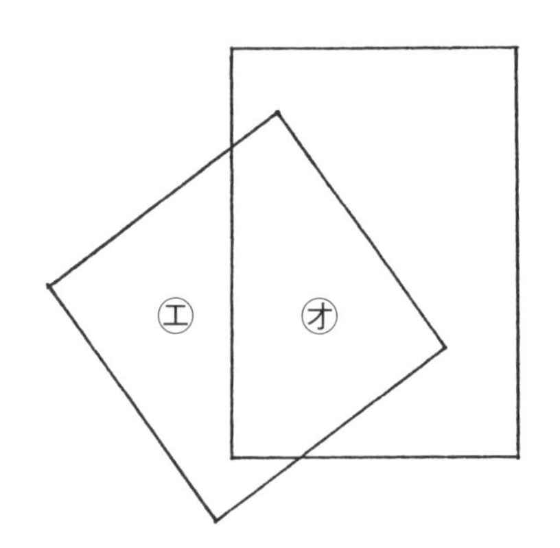

(1) ㋐〜㋒の中で、一番明るいのはどこですか。 （　　）

(2) ㋐〜㋒の中で、一番あたたかいのはどこですか。 （　　）

(3) ㋓と同じ明るさになっているのは、㋐〜㋒のどこですか。 （　　）

(4) ㋔と同じ明るさになっているのは、㋐〜㋒のどこですか。 （　　）

(5) 丸いかがみの方で、㋐と同じ明るさのところは、㋐とはべつに何こありますか。 （　　）

(6) 丸いかがみの方で、㋑と同じ明るさのところは、㋑とはべつに何こありますか。 （　　）

月　　日　名前　　　　/100点

2　日光をかがみではね返し、温度計(おんどけい)を入れた空きかんにあてています。図や表(ひょう)を見て、あとの問いに答えましょう。

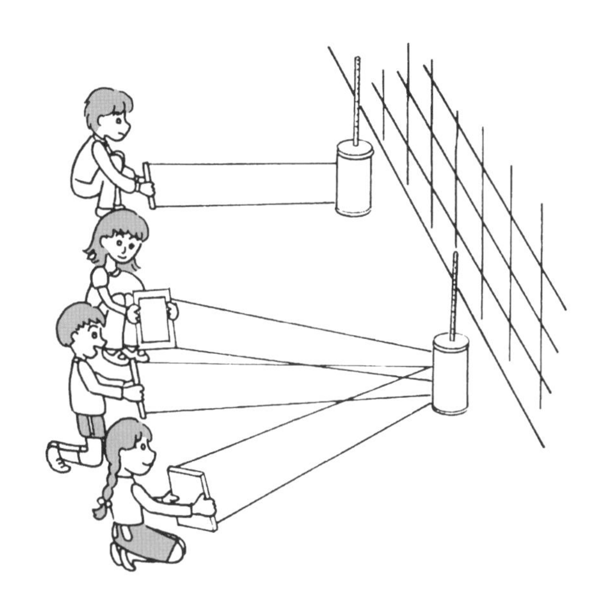

かんの中の空気の温度のかわり方

	①	②
はじめ	20℃	20℃
2分後	20℃	25℃
4分後	20℃	29℃
6分後	21℃	34℃

(1)　表を見て、①、②に「かがみ1まい」「かがみ3まい」のどちらかをかきましょう。（1つ5点）

①（　　　　　　　　）　②（　　　　　　　　）

(2)　4分後の「かがみ1まい」と「かがみ3まい」の温度は、何度ですか。（1つ5点）

①　かがみ1まい（　　　　）　②　かがみ3まい（　　　　）

★(3)　このじっけんから、かがみのまい数とあたたまり方について、わかることをかきましょう。（20点）

［　　　　　　　　　　　　　　　　　　　　］

明かりをつけよう

◆　なぞったり、色をぬったりしてイメージマップをつくりましょう

電気の通り道

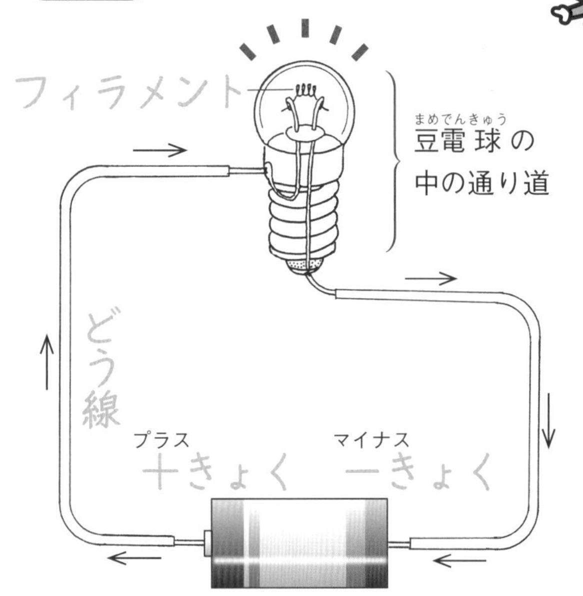

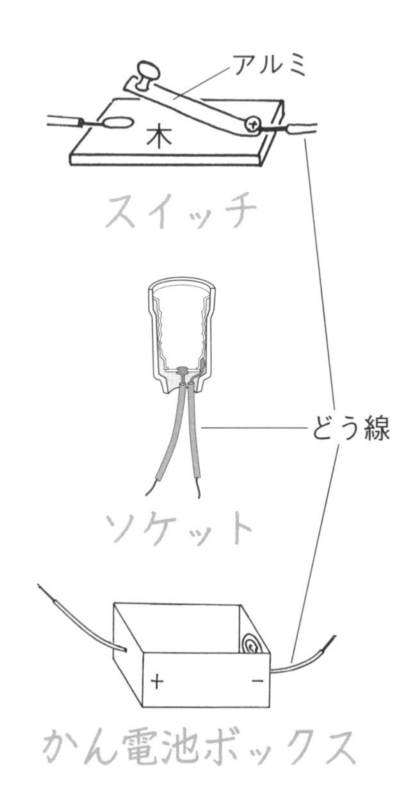

明かりがつかない　回路が切れている

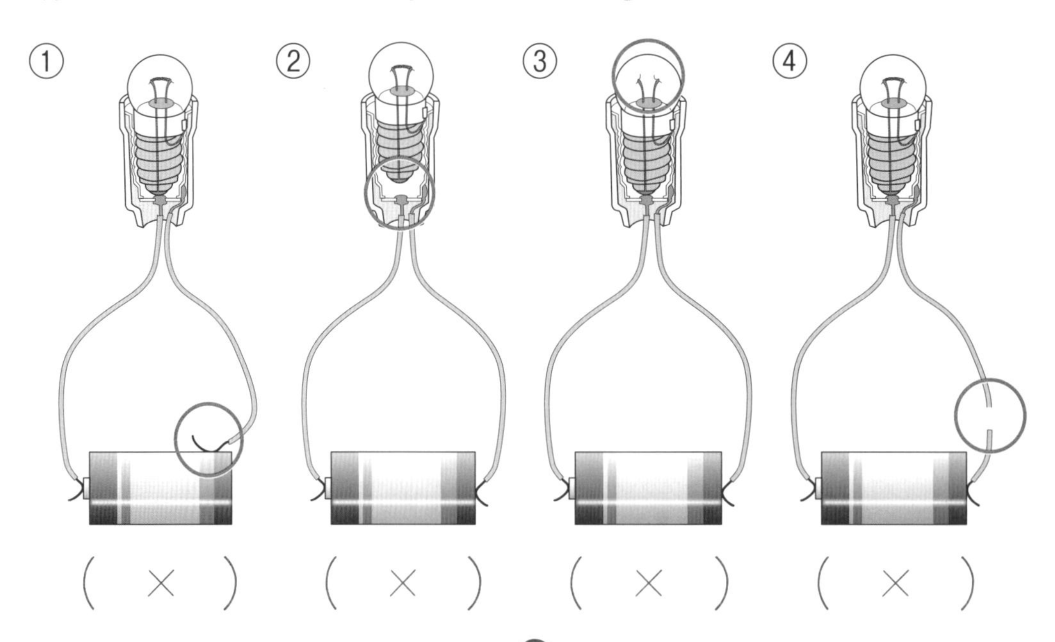

月　　日　名前

電気を通すもの・通さないもの

電気を通すもの　鉄やどう、アルミニウムなどの金ぞく

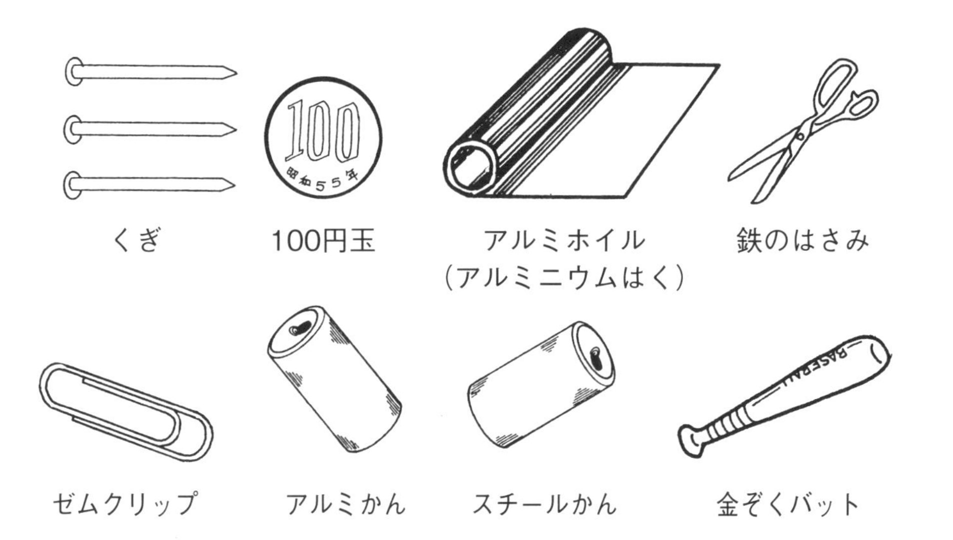

電気を通さないもの　ガラス、紙、プラスチック、木など

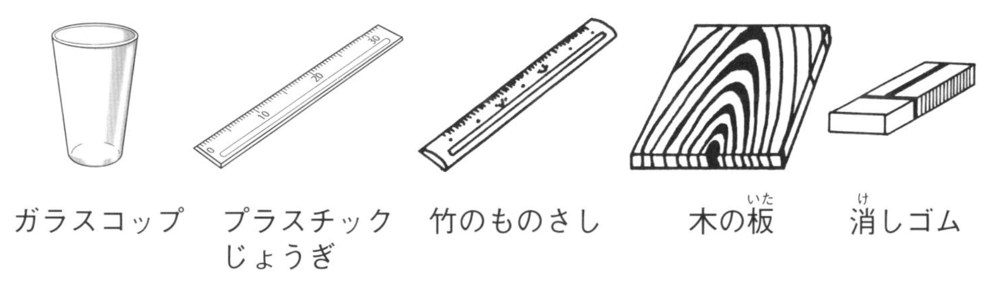

空きかんの色をはがすと電気は通る

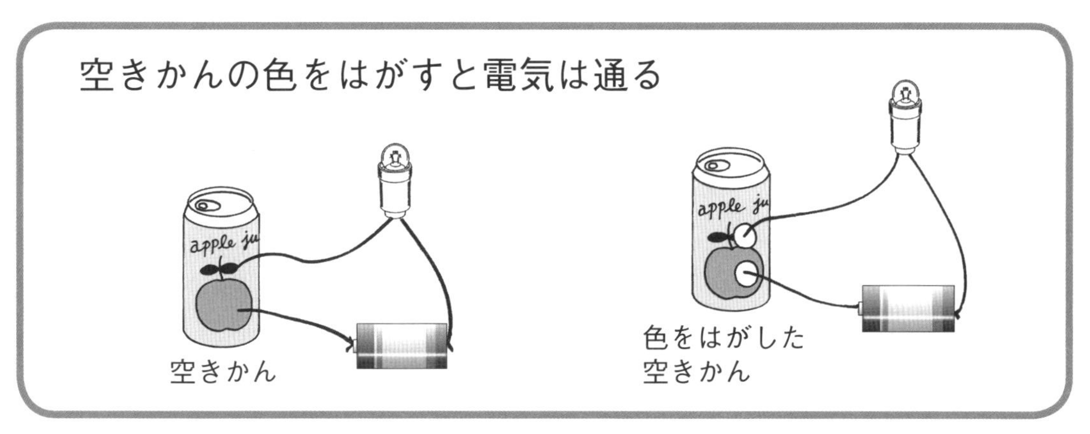

明かりをつけよう ①

豆電球

1 明かりをつけるものを集(あつ)めました。図を見て(　　)にあてはまる言葉(ことば)を□からえらんでかきましょう。

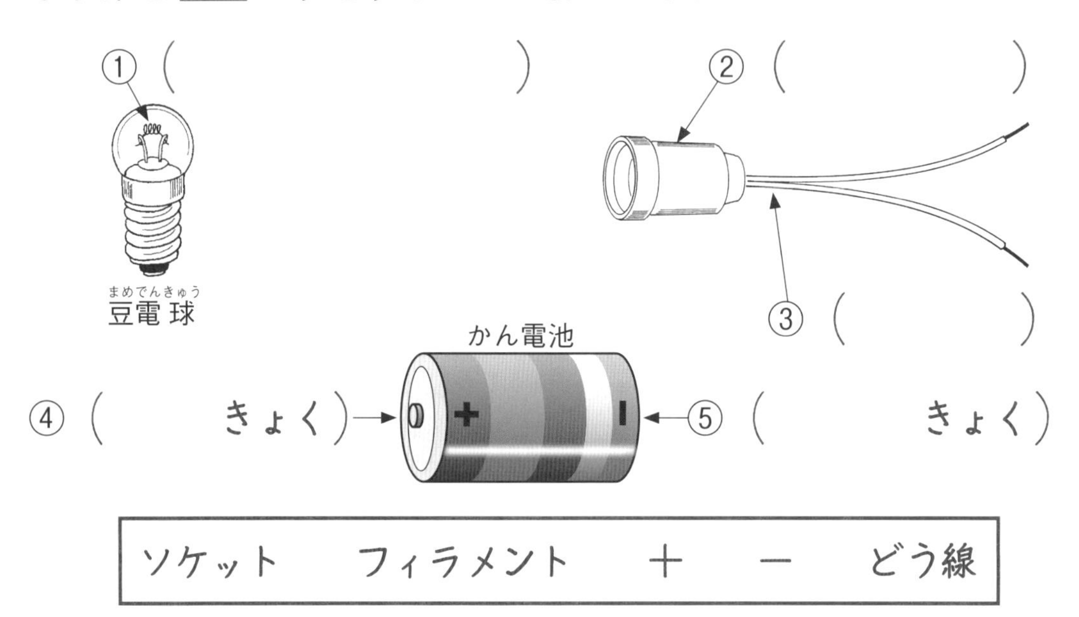

ソケット　　フィラメント　　＋　　－　　どう線

2 ソケットを使(つか)って、豆電球とかん電池をつなぎました。

㋐～㋓で明かりがつくものには○、つかないものには×をかきましょう。

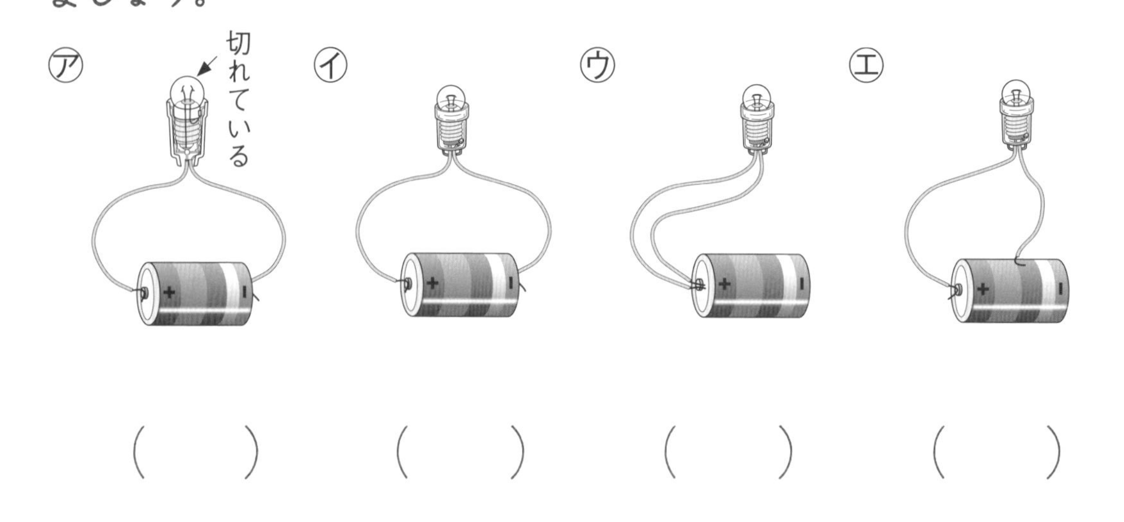

(　　)　(　　)　(　　)　(　　)

明かりがつくときのつなぎ方を学びます。電気の通り道が１つのわの形になったものを回路といいます。

3 次の(　　)にあてはまる言葉を□からえらんでかきましょう。

(1) かん電池の(①　　　)きょく、豆電球、かん電池の－きょくを(②　　　)で１つのわになるようにつなぐと、電気の(③　　　)ができて電気が流れ、豆電球の明かりがつきます。この１つのわのことを(④　　　)といいます。

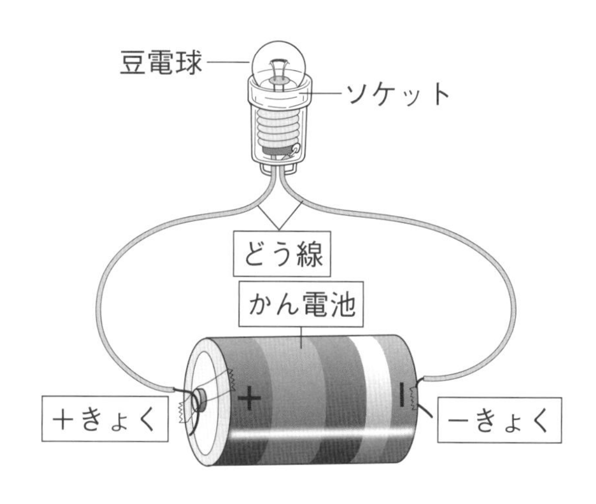

どう線　　通り道　　＋　　回路

(2) 豆電球の明かりがつかないとき、豆電球が(①　　　)いないか、豆電球の(②　　　)が切れていないか、電池の(③　　　)にどう線がきちんと(④　　　)いるかなどをたしかめます。

また、(⑤　　　)が古くて切れていることもあります。

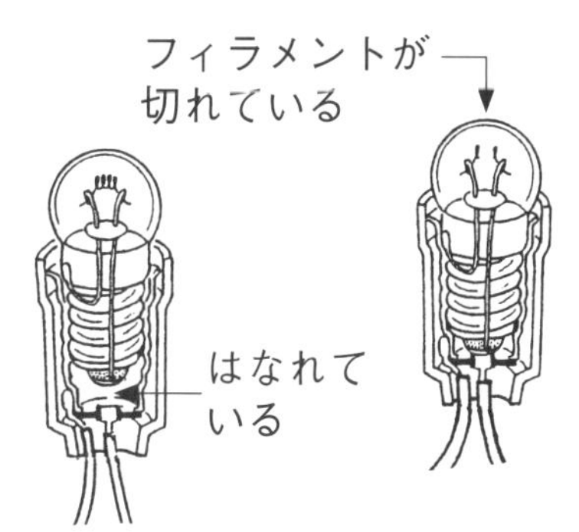

電池　　ゆるんで　　ついて　　フィラメント　　きょく

明かりをつけよう ②

豆電球

1 豆電球（まめでんきゅう）に明かりがついています。電気の通り道を赤色で、ぬりましょう。（電池の中はぬりません。）また、①～⑤の名前を□からえらんで（　）にかきましょう。

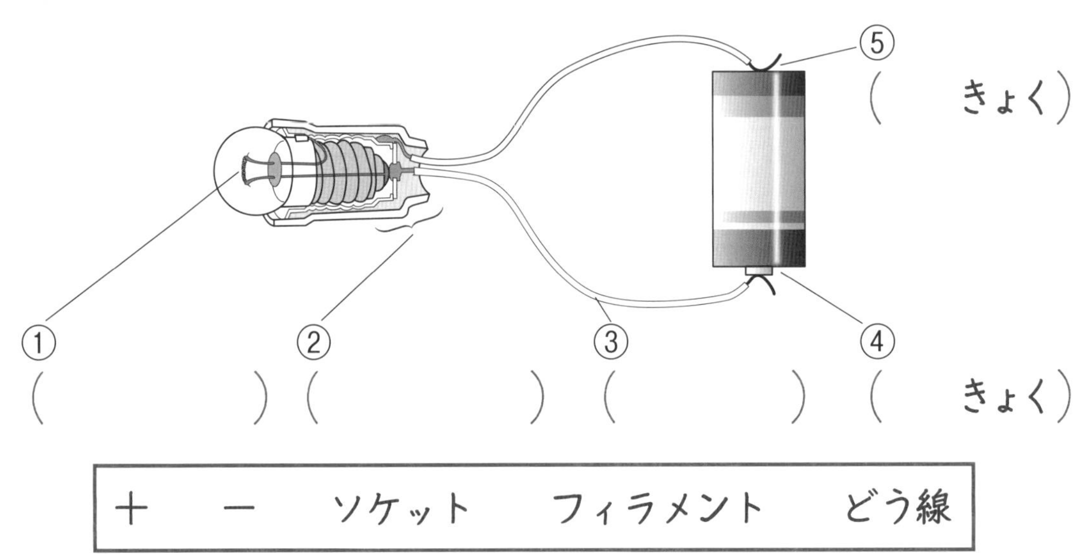

＋	－	ソケット	フィラメント	どう線

2 次（つぎ）の（　）にあてはまる言葉（ことば）を□からえらんでかきましょう。

右の図のように（①　　　）と（②　　　）をどう線でむすび１つの（③　　　）のような形になると、（④　　　）が流（なが）れて、豆電球がつきます。電気の通り道のことを（⑤　　　）といいます。回路（かいろ）が１か所（しょ）でも切れていると（⑥　　　）はつきません。

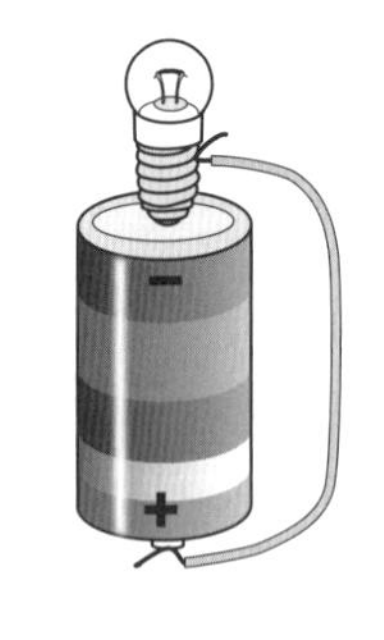

豆電球	電気	わ	かん電池	明かり	回路

月　日 名前

電気の通り道の回路がつながると豆電球はつきます。回路がどこかで切れていると豆電球はつきません。

3 次の図で豆電球に明かりがつくもの２つに○をつけましょう。

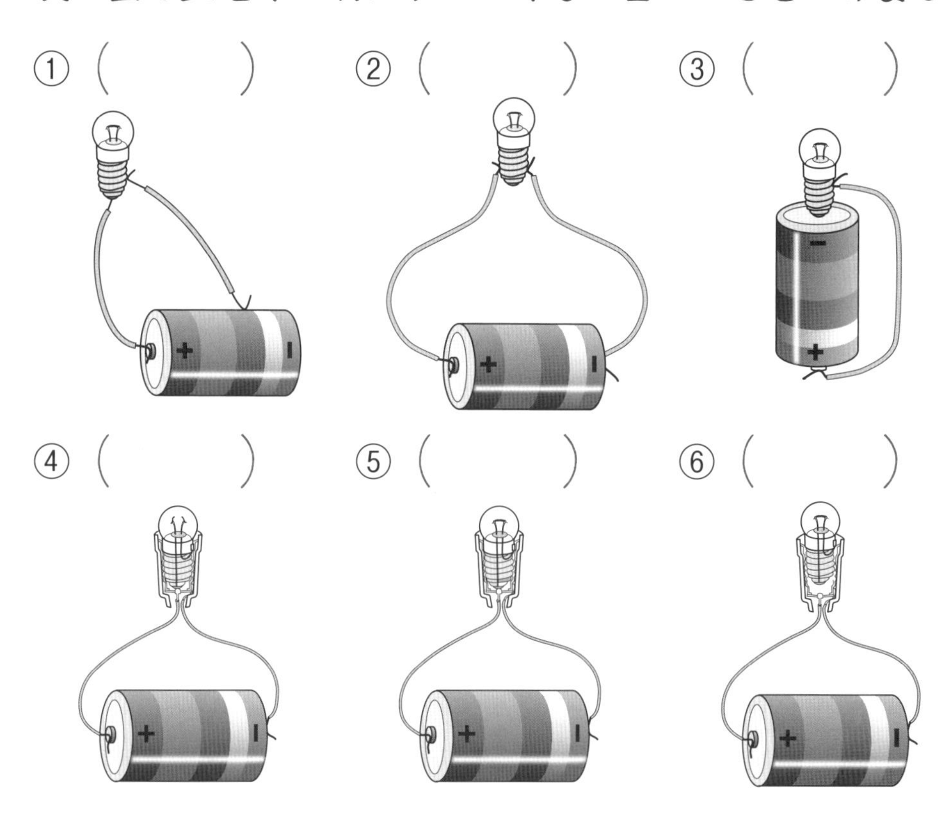

4 次の図で、かん電池をつなげても豆電球に明かりがつかないものが２つあります。㋐～㋒のどれですか。 (　　　) (　　　)

㋐

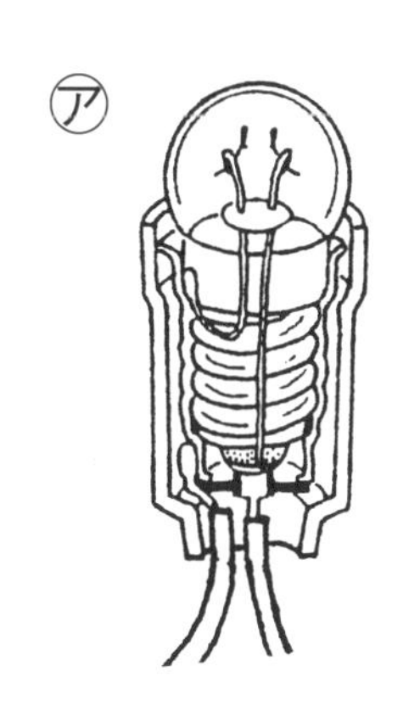

㋑

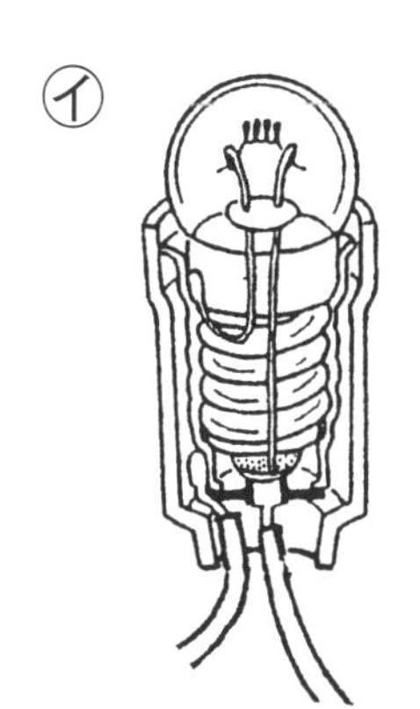

㋒

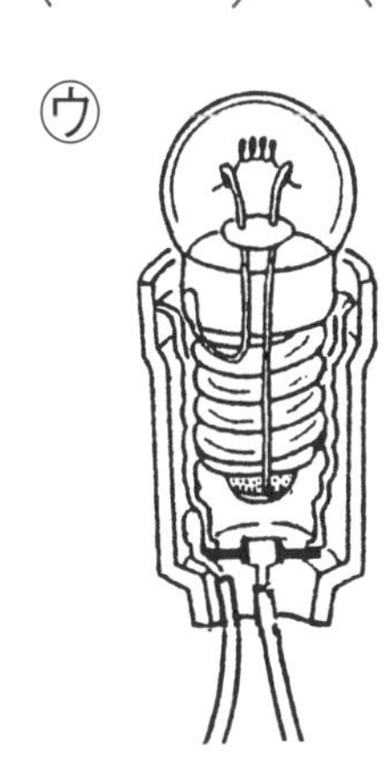

明かりをつけよう ③

電気を通す・通さない

1 図の㋐、㋑のところに、次のものをつなぎ、電気を通すものと通さないものを調べるじっけんをしました。電気を通すものには○を、通さないものには×をかきましょう。

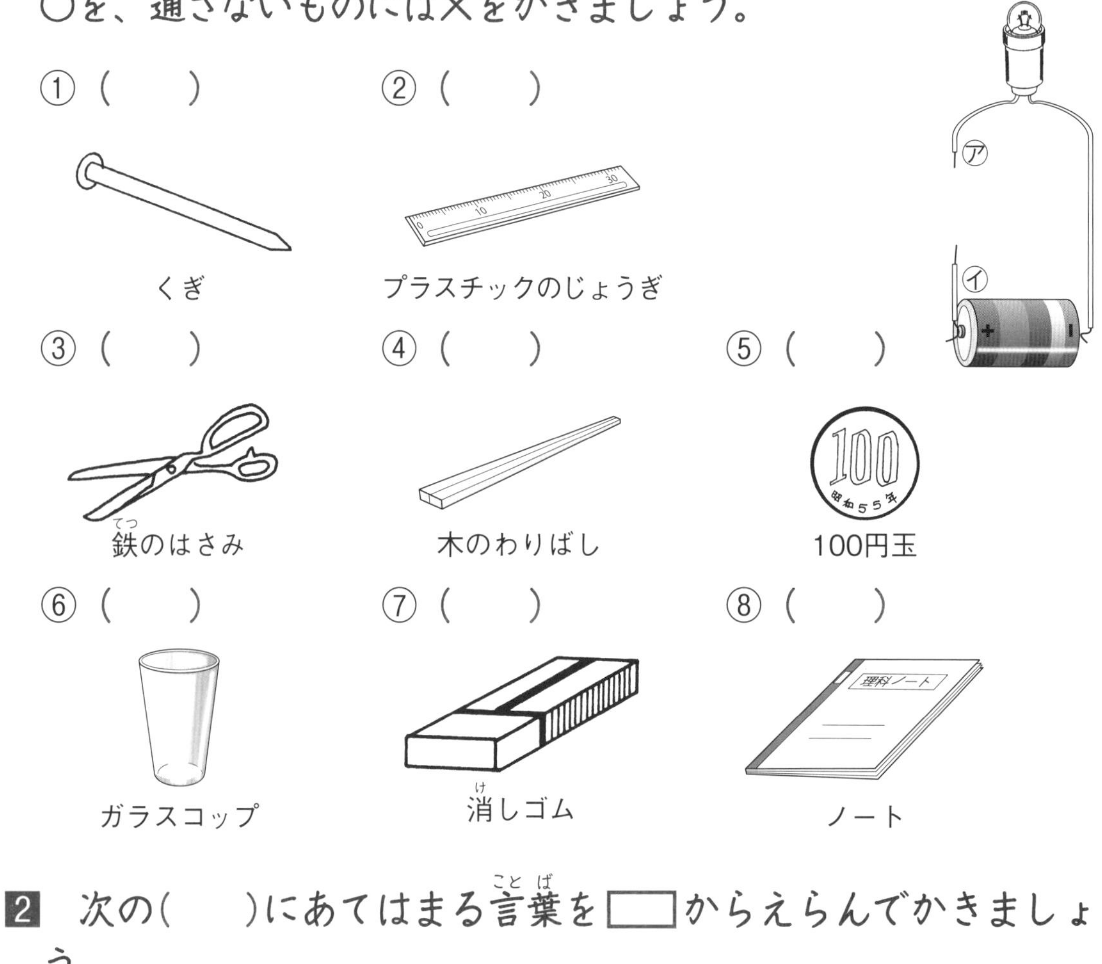

2 次の（　　）にあてはまる言葉を［　　］からえらんでかきましょう。

くぎや100円玉、鉄のはさみは（①　　　　）でできていて電気を通します。金ぞくでない（②　　　　）のじょうぎや木の（③　　　　）、ガラスの（④　　　　）などは電気を通しません。

コップ	プラスチック	わりばし	金ぞく

電気を通すものは金ぞくで、プラスチック、木、ガラスなどは電気を通しません。

3　図のように、かん電池と豆電球(まめでんきゅう)とジュースのかん（スチールかん）をどう線でつなぎます。次の(　　)にあてはまる言葉を□からえらんでかきましょう。

(1)　㋐のようにつなぎました。

豆電球の明かりは

(①　　　　　　)。

スチールかんの上には、

(②　　　　)などがぬってあり

（②）は電気を

(③　　　　　　)。

通しません　　つきません　　ペンキ

(2)　㋑のようにジュースのかんの

(①　　　)を紙やすりでみがくと、㋐のように(②　　　　)の部分(ぶぶん)があらわれました。

（②）は電気を(③　　　　)ので

明かりは(④　　　　　　)。

金ぞく　　表面(ひょうめん)　　通す　　つきます

明かりをつけよう ④

電気を通す・通さない

1 次の(　　)にあてはまる言葉を□からえらんでかきましょう。

明かりがつくものは、鉄やどう、(①　　　　　)などの(②　　　　)とよばれるものでできています。これらは電気を(③　　　)せいしつがあります。

一方、明かりがつかないものは(④　　　　)や(⑤　　　　)、プラスチックや木などでできています。これらは電気を(⑥　　　)ません。

通す	通し	アルミニウム	金ぞく	紙	ガラス

2 下の図のようにつなぐと明かりがつきました。電気の回路を赤えんぴつでなぞりましょう。

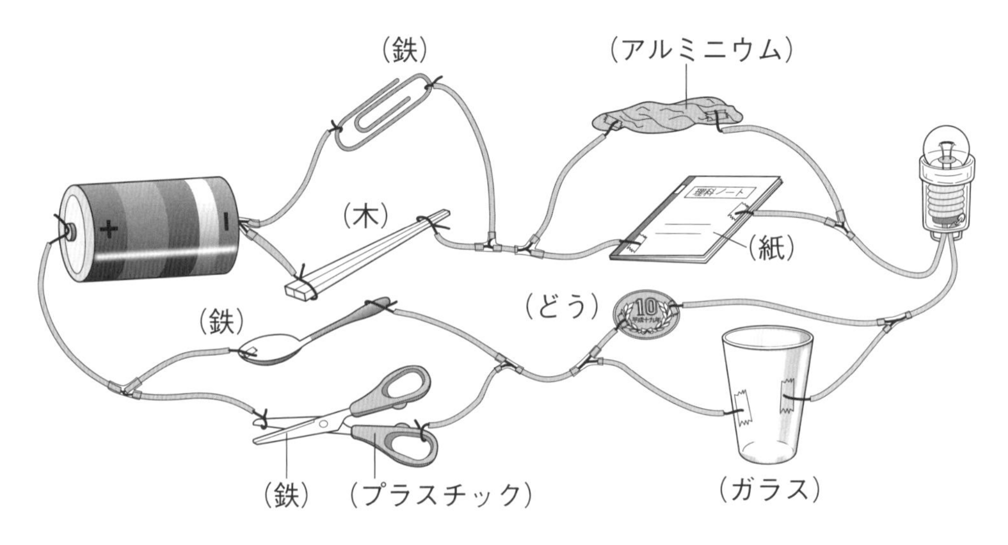

月　　日　名前

電気を通す金ぞくで回路をつくります。

3　電気を通すものと通さないものに分けます。次のもので電気を通すものに○、通さないものに×をかきましょう。

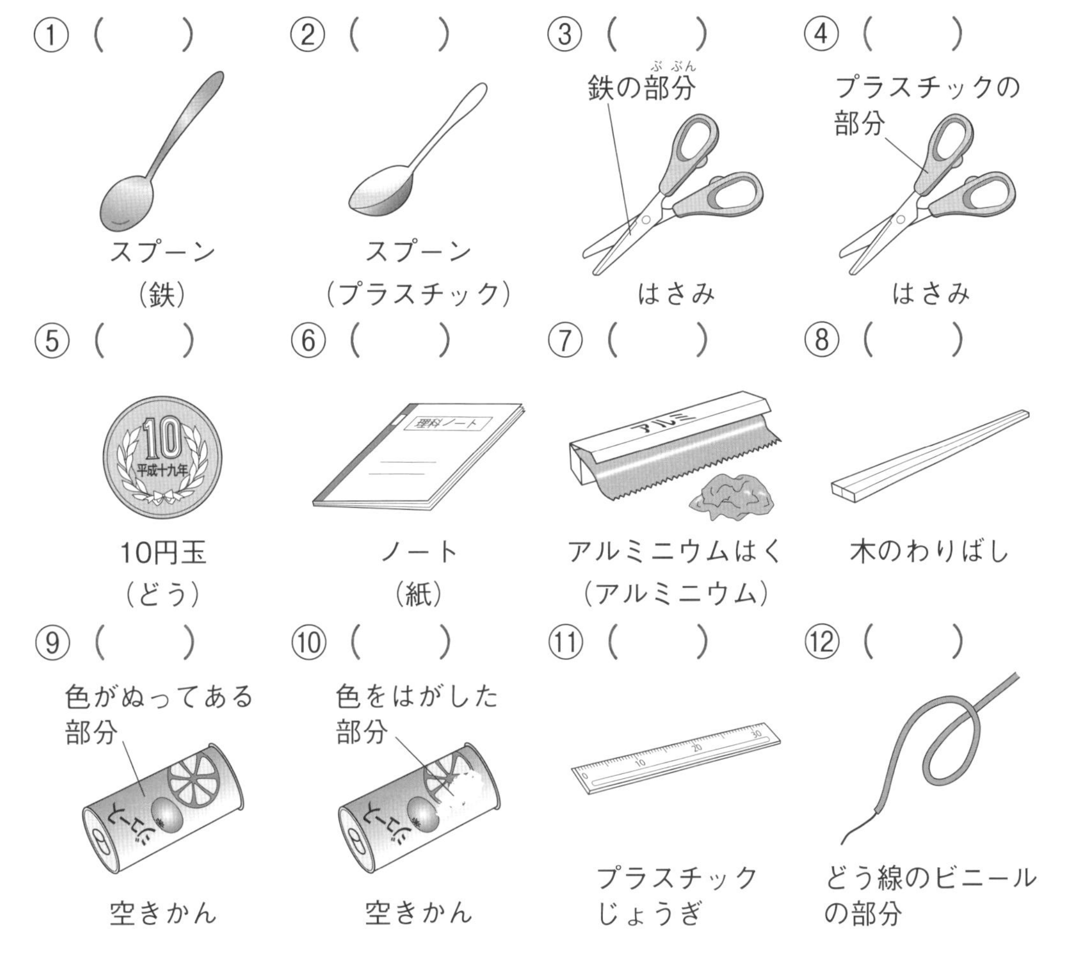

4　次の文で、正しいものには○、まちがっているものには×をかきましょう。

①（　　）　ビニールでつつまれたどう線を回路に使うときには、つなぐところのビニールをはがして使います。

②（　　）　スイッチは、電気を通すものだけでできています。

③（　　）　アルミかんにぬってあるペンキなどは電気を通します。

まとめテスト

明かりをつけよう

1 明かりをつけるのにひつような物(もの)を集(あつ)めます。それぞれの名前を□からえらんでかきましょう。（1つ5点）

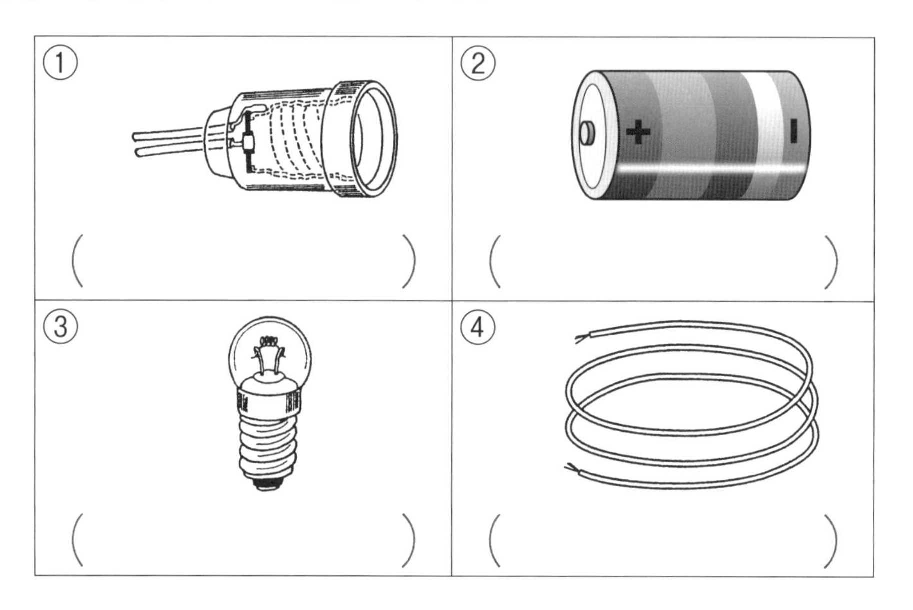

豆電球(まめでんきゅう)　かん電池　ソケット　どう線

2 次(つぎ)の(　)にあてはまる言葉(ことば)を□からえらんでかきましょう。（1つ8点）

右の図のようにかん電池の(①　　　)と(②　　　)とかん電池の－きょくをどう線でむすび、1つの(③　　　)のような形にすると(④　　　)が流(なが)れて豆電球がつきます。この電気の通り道を(⑤　　　)といいます。

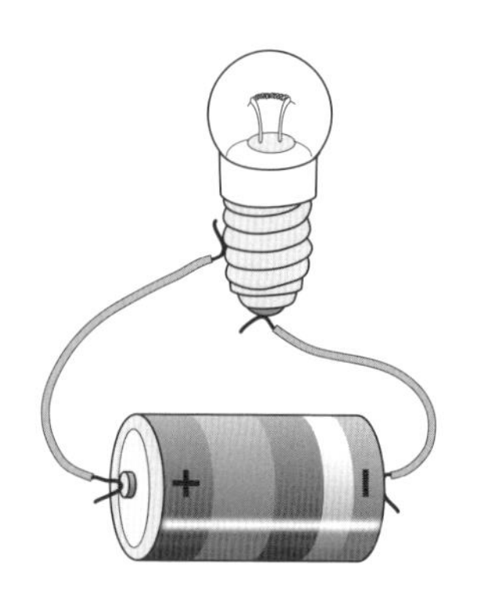

回路(かいろ)　豆電球　＋きょく　わ　電気

月　　日　名前　　　　　　　　　　／100点

3 図の①～⑨のうち、豆電球に明かりがつくのはどれですか。3つえらび(　　)に○をかきましょう。（1つ8点）

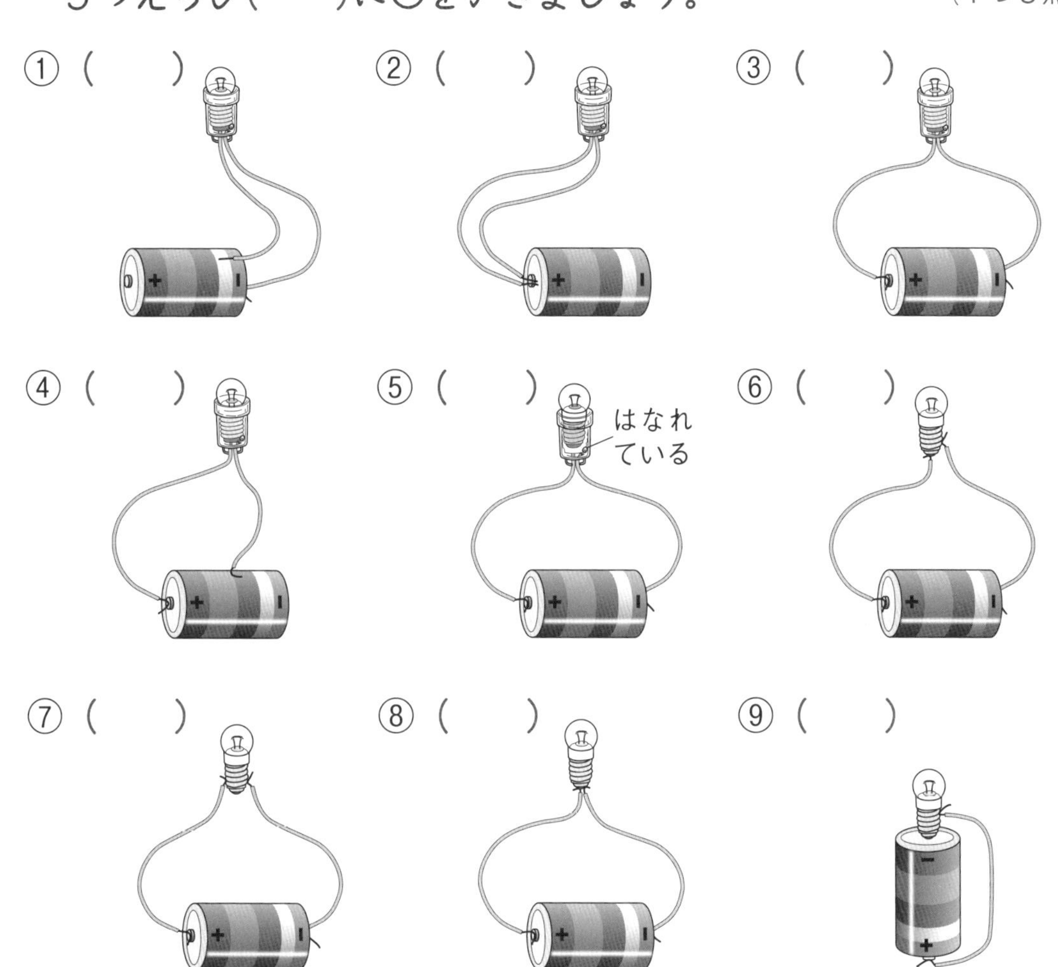

4 次の文で、正しいもの2つに○をかきましょう。（1つ8点）

①（　　）フィラメントが切れていると明かりはつきません。

②（　　）空きかんは表面(ひょうめん)にぬってあるものをはがしても電気を通しません。

③（　　）どう線を使(つか)うときには、つなぐところのビニールをはがします。

まとめテスト

明かりをつけよう

1 次(つぎ)の(　　)にあてはまる言葉(ことば)を□からえらんでかきましょう。
(1つ5点)

明かりがつくものは、(①　　　　)やどう、アルミニウムなどの(②　　　　)とよばれるものでできています。

これらは、電気を(③　　　)せいしつがあります。

一方、明かりがつかないものは、紙やガラス、(④　　　)や(⑤　　　　　)などでできています。これらは電気を(⑥　　　)ません。

プラスチック　　木　　通し　　鉄(てつ)　　通す　　金ぞく

2 次のうち、電気を通すものをえらび(　　)に○をつけましょう。
(1つ5点)

①(　　)

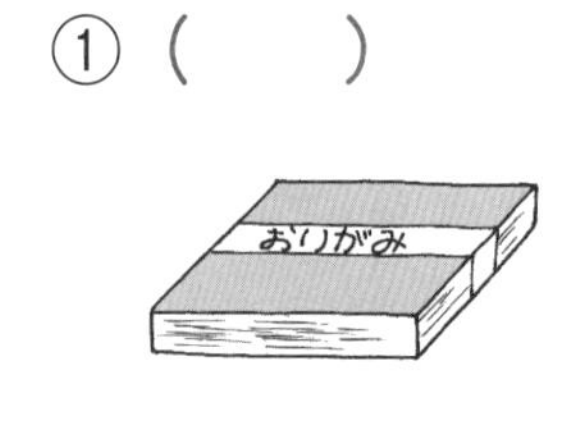

紙

②(　　)

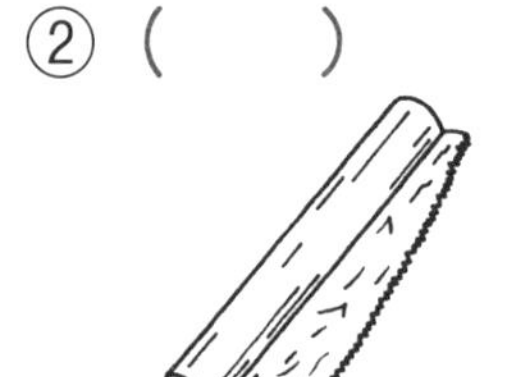

アルミニウムはく

③(　　)

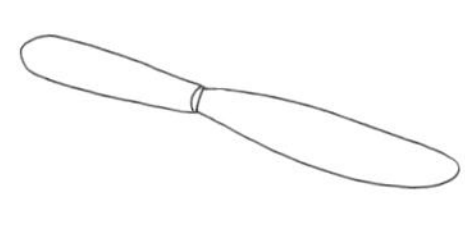

金ぞくのナイフ

④(　　)

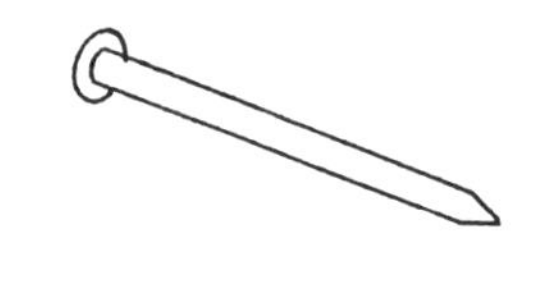

くぎ

⑤(　　)

100円玉

⑥(　　)

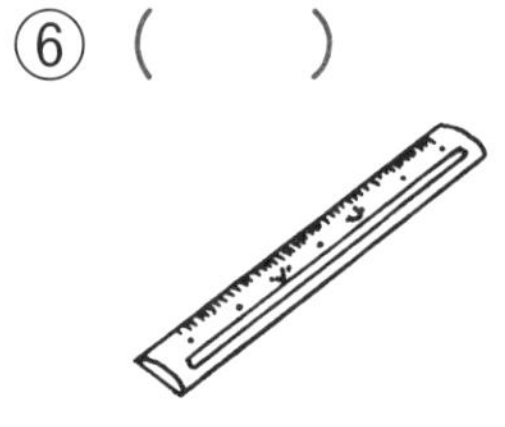

竹のものさし

月　　日　名前　　／100点

3 明かりのつくものを４つえらび、○をつけましょう。（１つ５点）

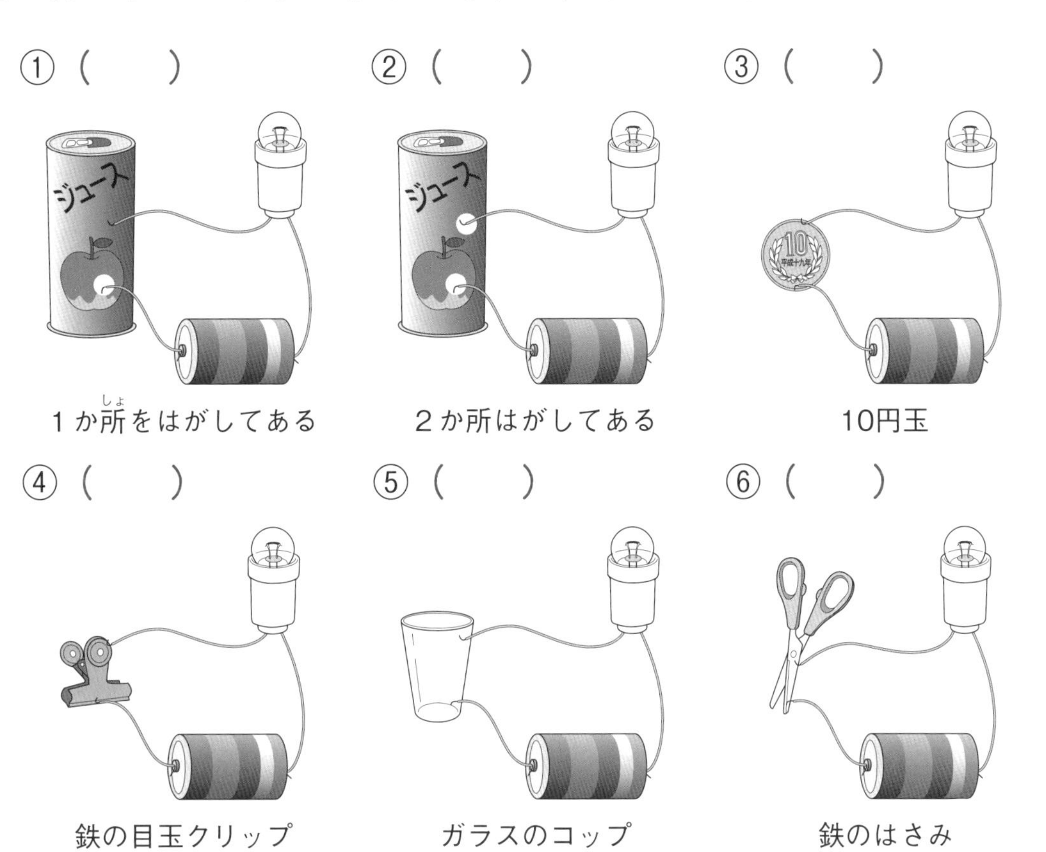

4 スイッチをおすと、豆電球（まめでんきゅう）に明かりがつくようにつなぎます。㋐〜㋕をどのようにつなぐかを（　　）にかきましょう。（１つ10点）

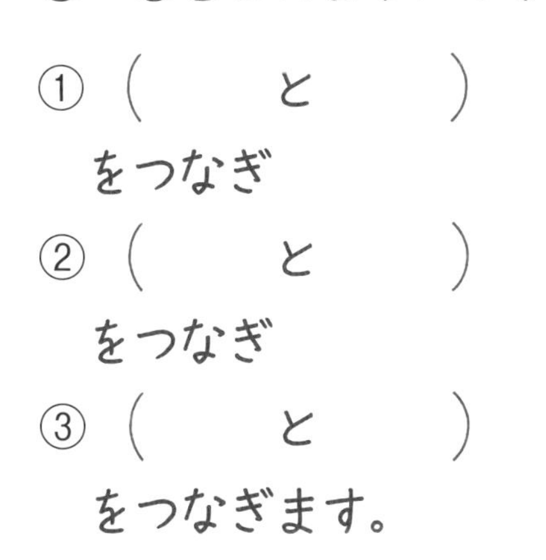

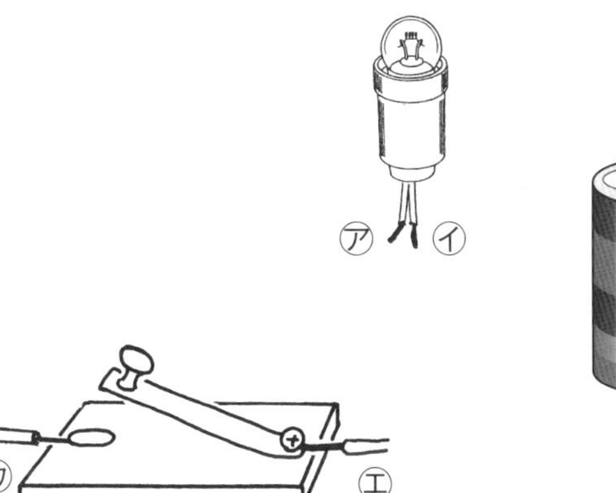

まとめテスト

明かりをつけよう

1 豆電球に明かりがついています。電気の通り道を赤色で、ぬりましょう。（電池の中はぬりません。）また、①～⑤の名前を□からえらんで（　）にかきましょう。（色5点、1つ5点）

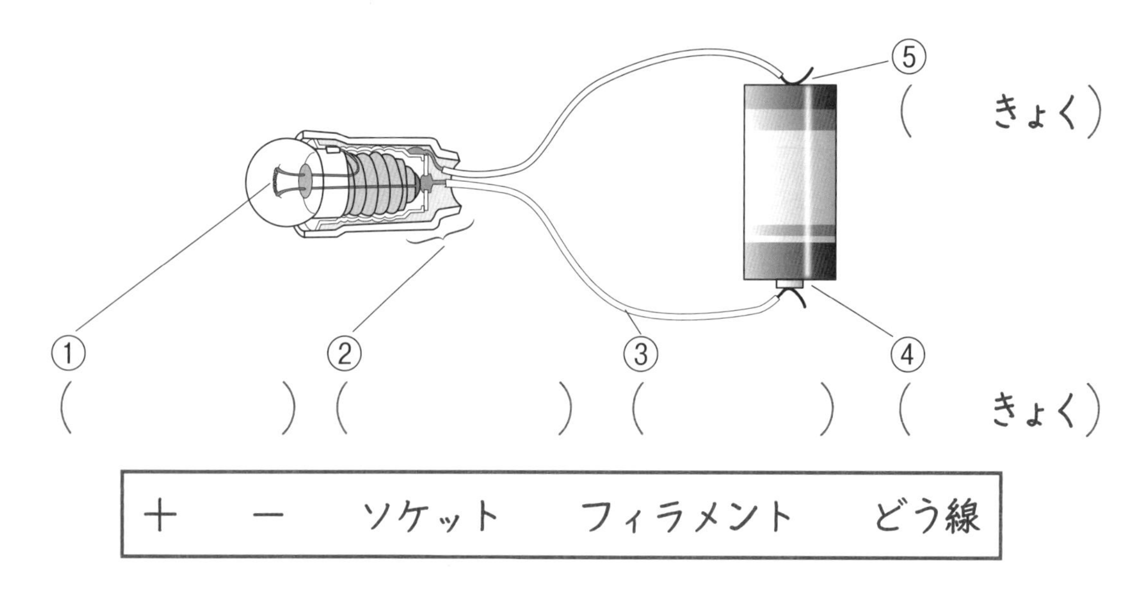

＋	－	ソケット	フィラメント	どう線

2 次の図は、豆電球がつきません。回路が切れている部分を見つけ、そこに○をかきましょう。（1つ5点）

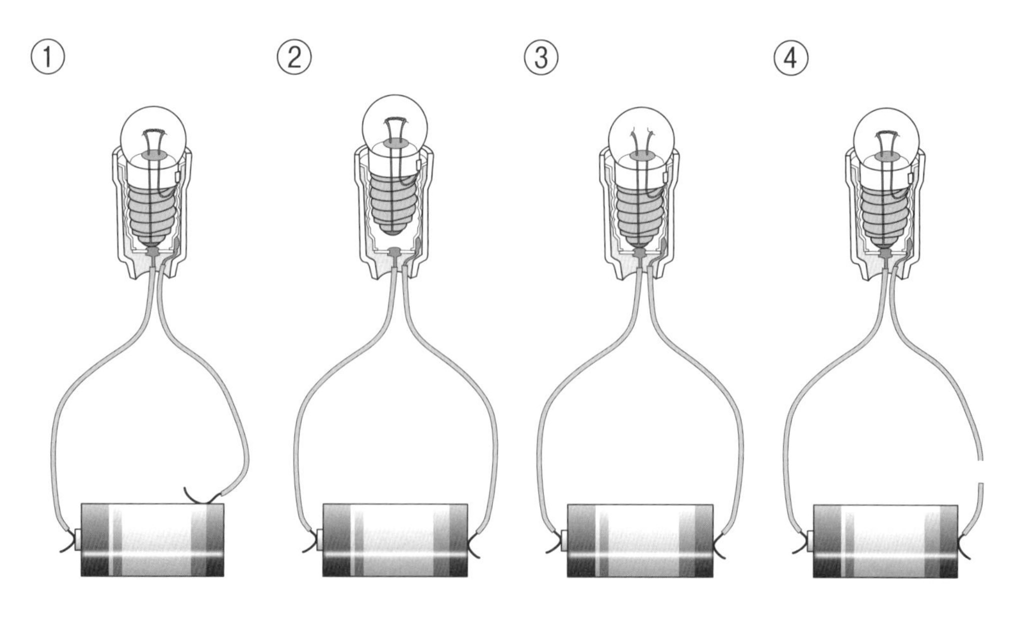

月　　　日　名前　　　　　　／100点

3 ソケットを使(つか)わないで豆電球に明かりをつけるには、豆電球にどう線をどのようにつなげばよいですか。

(1) 次の㋐～㋓からえらびましょう。(10点)　　　(　　　)

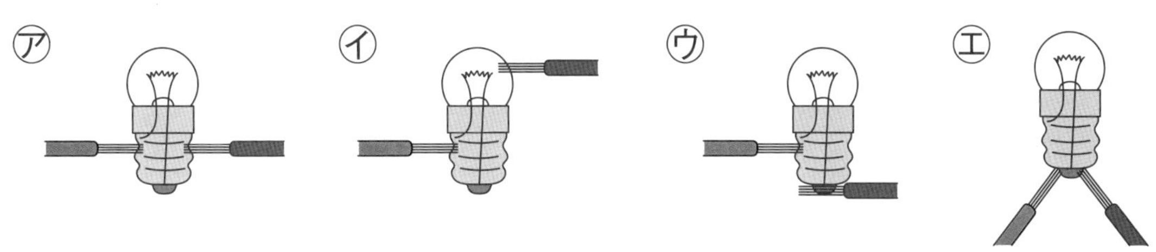

★(2) このとき、どう線の先のビニールをはがすのはなぜですか。(10点)

[　　　　　　　　　　　　　　　　　　]

4 図で、スイッチⒶをおすと青の豆電球がつき、スイッチⒷをおすと、赤の豆電球がつくように回路をつなぎます。(　　)に㋐～㋕をかきましょう。(1つ10点)

① (　　と　　) をつなぎ

② (　　と　　) をつなぎ

③ (　　と　　) をつなぎます。

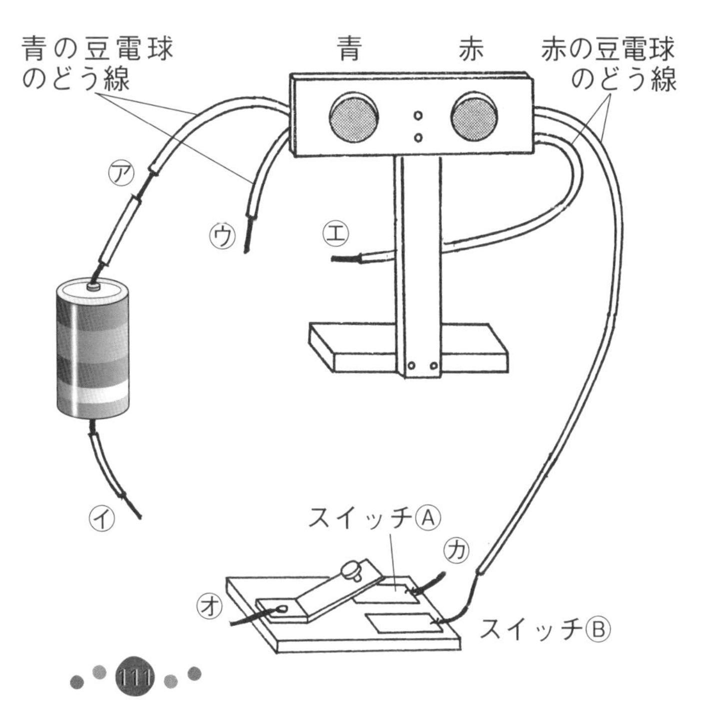

じしゃくの力

◆ なぞったり、色をぬったりしてイメージマップをつくりましょう

じしゃくの力　鉄(てつ)を引きつける

きょく　力が強い

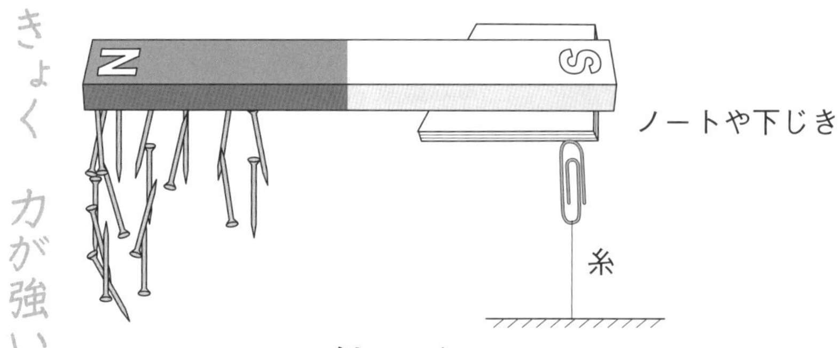

鉄

空きかん（鉄）

ゼムクリップ（鉄）

スプーン（鉄）

クリップ（鉄）

さ鉄（すなの中にある）

鉄いがいの金ぞく

空きかん（アルミニウム）

10円玉（どう）

金ぞくでないもの

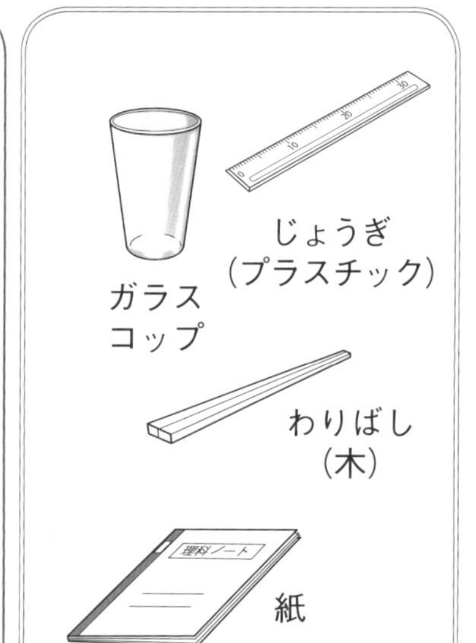

ガラスコップ

じょうぎ（プラスチック）

わりばし（木）

紙

注意(ちゅうい)　じしゃくでこわれるもの

時計

ビデオテープ

じきカード

パソコン

月　　日　名前

じしゃくのせいしつ

Nきょく・Sきょくがある

ちがうきょくどうし　引きあう

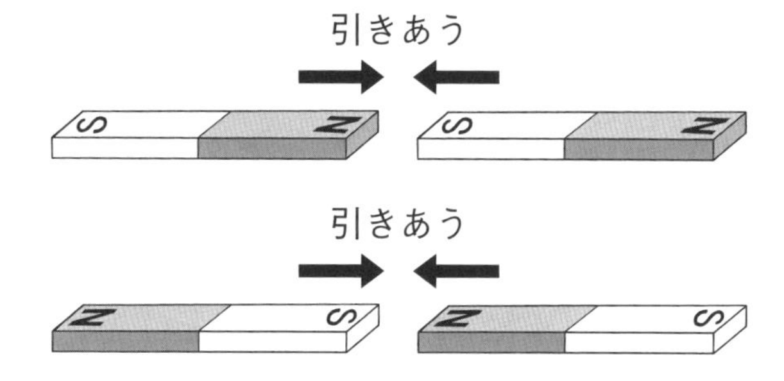

同じきょくどうし　しりぞけあう

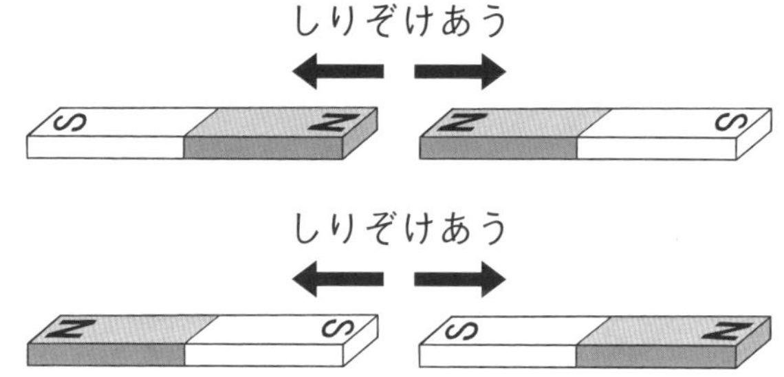

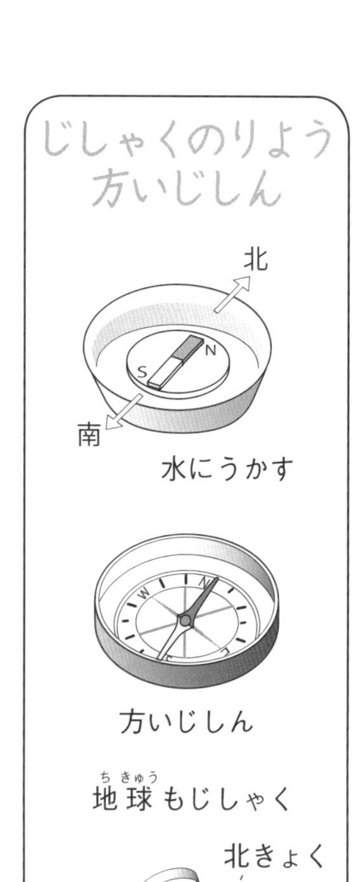

鉄をじしゃくにする

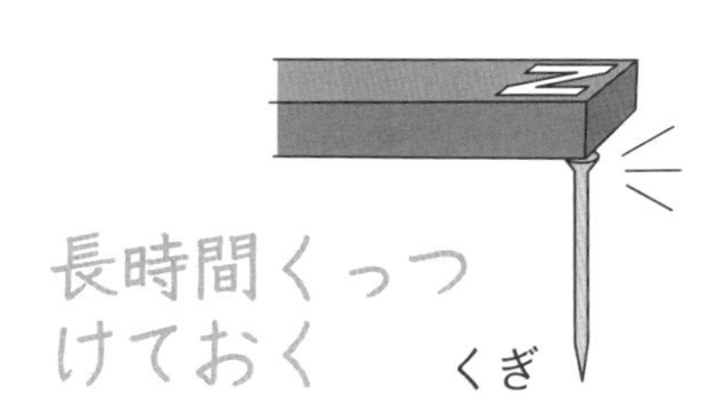

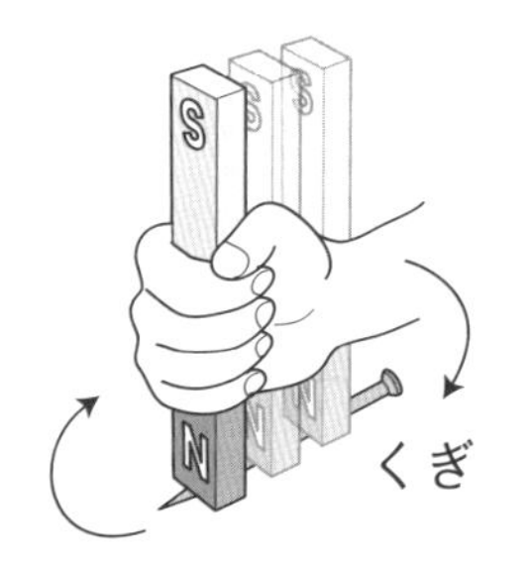

じしゃくでこする

じしゃくの力 ①

じしゃくのきょく

1 次の(　　)にあてはまる言葉を□からえらんでかきましょう。

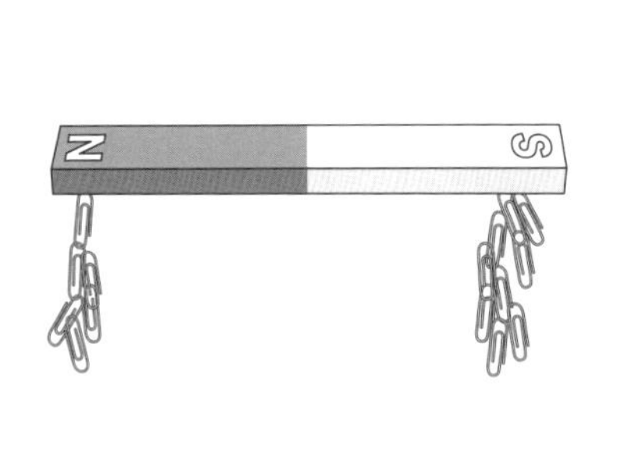

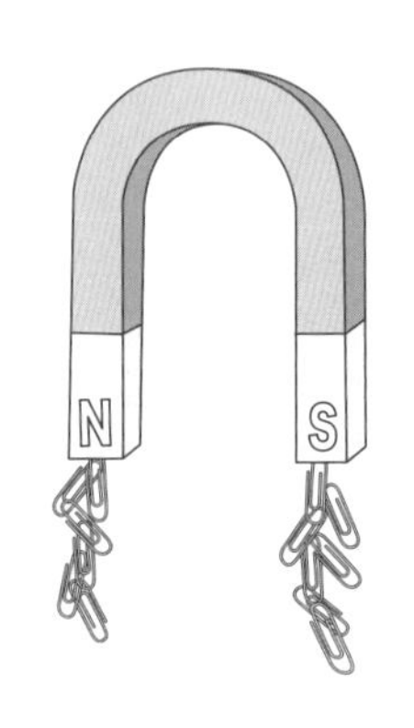

じしゃくがもっとも強く(①　　　)を引きつける(②　　　)の部分を(③　　　)といいます。

どんな形や大きさのじしゃくにも(④　　　)と(⑤　　　)があります。

Nきょく　Sきょく　きょく　鉄　両はし

2 図のように、2つのじしゃくを近づけたときに、引きあうものには○、しりぞけあうものには×をかきましょう。

①(　　)　②(　　)

③(　　)　④(　　)

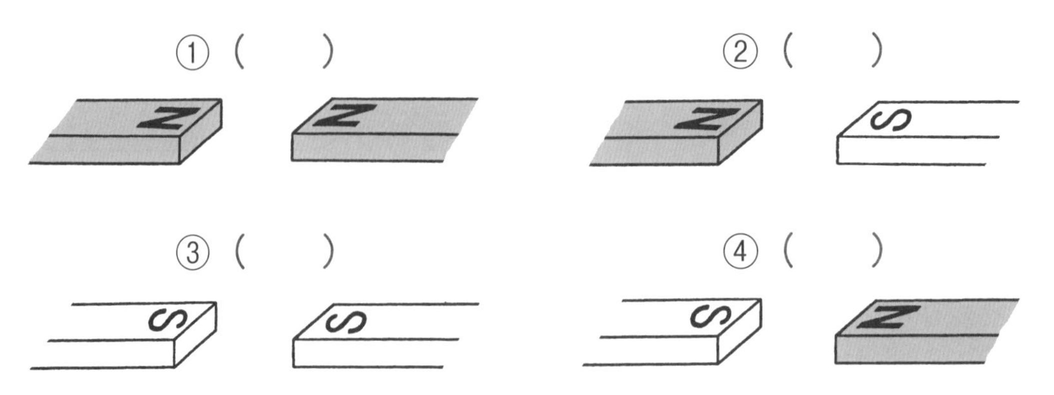

月　　日 名前

じしゃくのきょくのはたらきを調べます。ちがうきょくは引きあい、同じきょくはしりぞけあいます。

3 丸いドーナツがたのじしゃくが２つあります。１つはぼうを通して下におきます。もう１つをぼうの上の方から落（お）とします。

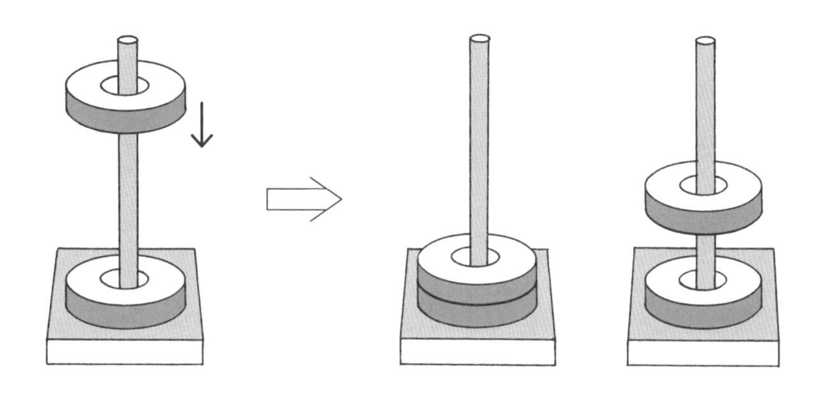

次の文で、正しいものには○、まちがっているものには×をかきましょう。

①（　　）上のじしゃくが、下のじしゃくにくっつくときは、ちがうきょくが向（む）きあっています。

②（　　）上のじしゃくが、下のじしゃくにくっつくときは、同じきょくが向きあっています。

③（　　）上のじしゃくと下のじしゃくは、きょくにかんけいなく、かならずくっつきます。

④（　　）上のじしゃくが、下のじしゃくにくっつかずにういているときは、ちがうきょくが向きあっています。

⑤（　　）上のじしゃくが、下のじしゃくにくっつかずにういているときは、同じきょくが向きあっています。

じしゃくの力 ②

じしゃくのきょく

1 次の(　　)にあてはまる言葉を□からえらんでかきましょう。

じしゃくは(①　　　)を引きつけます。じしゃくには、(②　　　　)と(③　　　　)があります。ぼうじしゃくでは、きょくのところがじしゃくの力は一番(④　　　)なります。

じしゃくのNきょくと、べつのじしゃくの(⑤　　　　)は引きあいます。じしゃくのNきょくと、べつのじしゃくの(⑥　　　　)はしりぞけあいます。

強く　　Nきょく　　Sきょく　　鉄
●何回も使う言葉もあります。

2 図のように、ぼうじしゃくの上に鉄のくぎを近づけます。

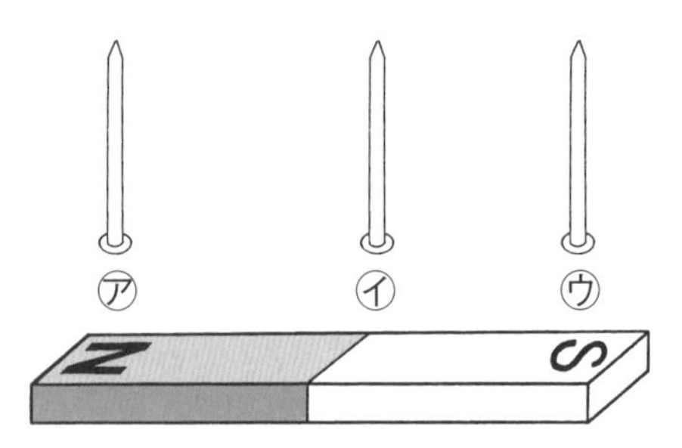

(1) 鉄のくぎが、じしゃくによくついたのは、ア～ウのどこですか。2つ答えましょう。

(2) じしゃくの力が弱いところがあります。それは、どこですか。記号で答えましょう。(　　)

(3) くぎがよくついたきょくの名前をかきましょう。

(　　　きょく)(　　　きょく)

月　　日 名前

方いじしんは、じしゃくのせいしつをりようしています。

3 次の(　　)にあてはまる言葉を□からえらんでかきましょう。

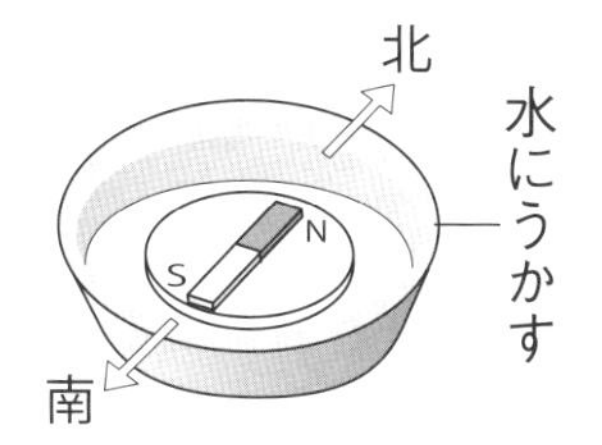

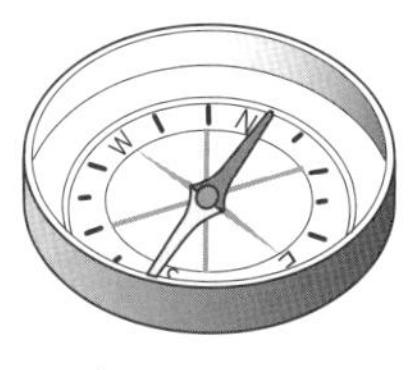
方いじしん

(1) 上の図のようにじしゃくを自由(じゆう)に(①　　　)ようにしておくと、どこでも(②　　　　)は北を、(③　　　　)は南をさして止まります。(④　　　　)は、そのせいしつをりようした道具(どうぐ)です。

方いじしん　Nきょく　Sきょく　動(うご)く

(2) この北をさしている方いじしんに横(よこ)からぼうじしゃくを近づけると方いじしんの北をさしているはりは(①　　　)をさしました。これは、ぼうじしゃくのNきょくが、はりの(②　　　)きょくを引きつけたからです。

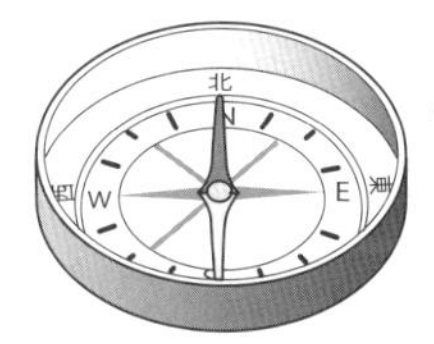

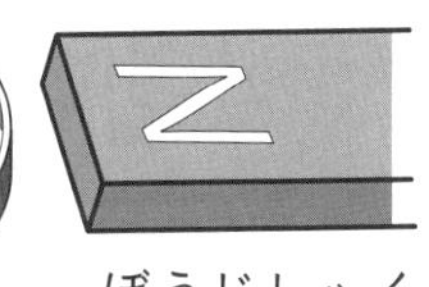

ぼうじしゃく

このように、方いじしんの近くに(③　　　　)があると、正しい方いを知ることができなくなります。

S　じしゃく　西

じしゃくの力 ③

じしゃくにつく・つかない

1 図の中で、じしゃくにつくものには○、つかないものには×をかきましょう。

①（　　）	②（　　）	③（　　）	④（　　）
ゆのみ（土）	アルミホイル	目玉クリップ（鉄）	虫めがね（ガラス）
⑤（　　）	⑥（　　）	⑦（　　）	⑧（　　）
鉄のはさみ	10円玉	Tシャツ（ぬの）	ノート（紙）
⑨（　　）	⑩（　　）	⑪（　　）	⑫（　　）
本	鉄のくぎ	アルミかん	えんぴつ

2 次の（　　）にあてはまる言葉を□からえらんでかきましょう。

じしゃくは、くぎなど（①　　　）でできたものを引きつけます。一方（②　　　）やガラス、プラスチックなどは、引きつけられません。また、（③　　　）や（④　　　　　）などの金ぞくも引きつけられません。

紙　　どう　　鉄　　アルミニウム

月　　日 名前

じしゃくにつくのは鉄です。アルミニウムやどうは金ぞくですが、じしゃくにつきません。

3 じしゃくについて、正しいものには○、まちがっているものには×をかきましょう。

① (　　) じしゃくは、金ぞくなら何でも引きつけます。

② (　　) じしゃくの形は、いろいろあります。

③ (　　) じしゃくは、プラスチックを引きつけません。

④ (　　) じしゃくは、鉄を引きつけます。

⑤ (　　) じしゃくは、ガラスを引きつけます。

⑥ (　　) じしゃくは、ゴムは引きつけません。

4 次の(　　)にあてはまる言葉を□からえらんでかきましょう。

図㋐のように、じしゃくが直(ちょく)せつクリップに(①　　　　)いなくてもクリップを引きつけます。

また、図㋑、㋒のように、じしゃくとクリップなどの間に(②　　　　)や(③　　　　)をはさんでもクリップを引きつけます。

図㋓のように、鉄のくぎを(④　　　　)でこすると、鉄のくぎもじしゃくになります。

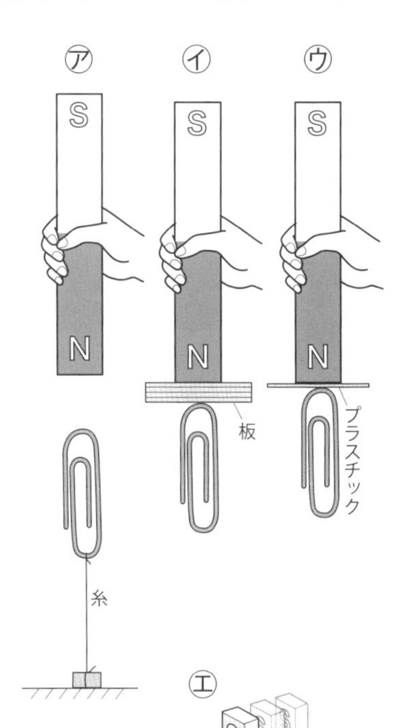

プラスチック	ふれて	板(いた)	じしゃく

じしゃくの力 ④
じしゃくをつくる

1 図のように、じしゃくに鉄くぎをつけてしばらくして、じしゃくからはずすと、2本のくぎはくっついたままになります。

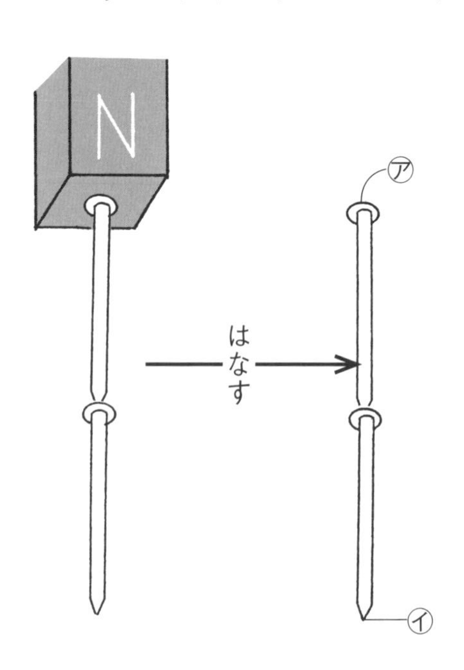

あとの問いに答えましょう。

① このくぎは、何になったといえますか。（　　　　）

② ㋐は、Nきょくとﾇきょくのどちらですか。（　　　　）

③ ㋑は、NきょくとSきょくのどちらですか。（　　　　）

2 次の（　　）にあてはまる言葉を□からえらんでかきましょう。

㋐

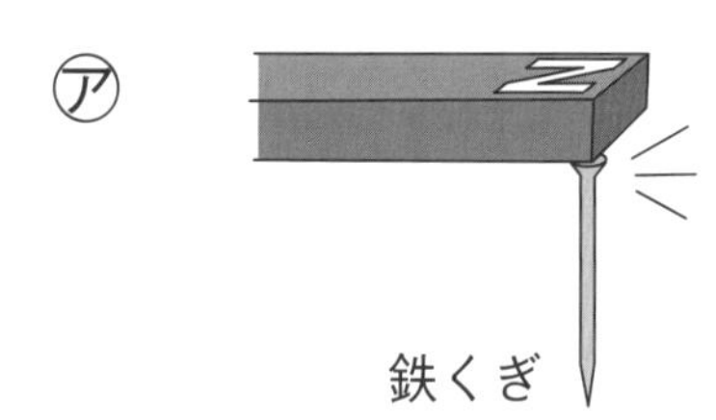

㋑

鉄くぎ

図㋐のようにしばらくじしゃくについていた鉄くぎは、じしゃくからはなしても（①　　　　）になっていることがあります。

図㋑のようにじしゃくで鉄くぎを（②　　　　）も、じしゃくになります。

じしゃく　　こすって

月　　日 名前

じしゃくのつくり方について調べます。また、地球も大きなじしゃくになっています。

3 じしゃくにつけたくぎが、じしゃくになっているかどうかを調(しら)べます。次の(　　)にあてはまる言葉を□からえらんでかきましょう。

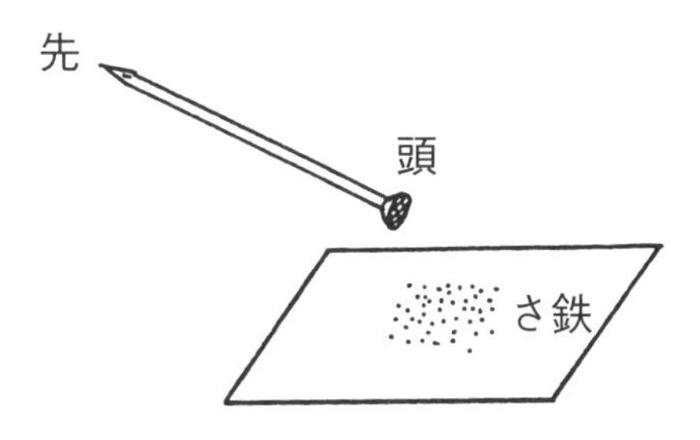

くぎをさ鉄の中に入れると、くぎの頭と先の両方(りょうほう)にさ鉄がついたので、(① 　　　　)になっています。

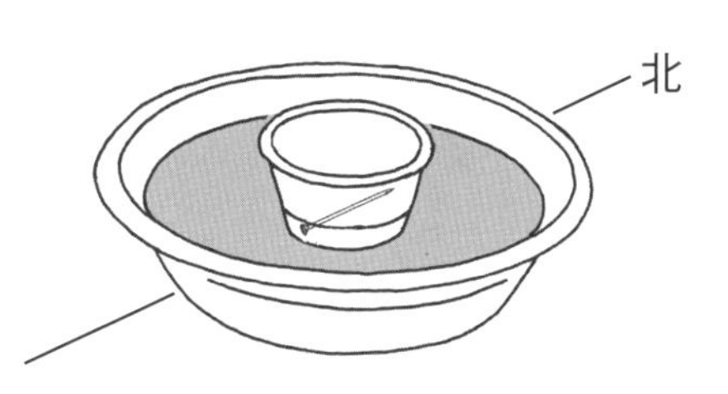

くぎを水にうかべると、くぎの先が北をさして止まったので、くぎの先は(② 　　　)きょくになっています。

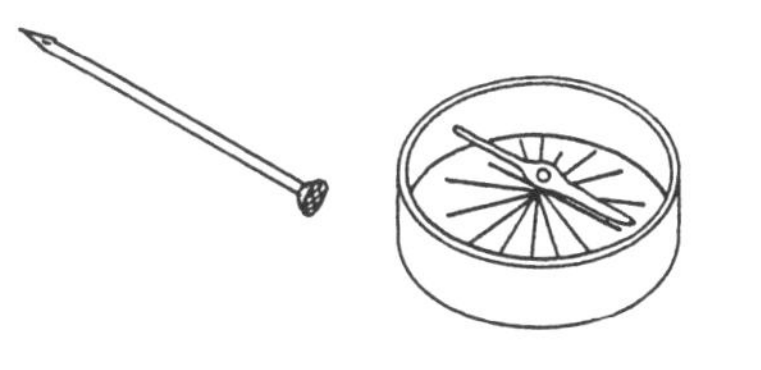

くぎを方いじしんに近づけると、方いじしんのはりが(③ 　　　　　)。

動(うご)きました　　N　　じしゃく

4 次の(　　)にあてはまる言葉を□からえらんでかきましょう。

地球(ちきゅう)は大きな(① 　　　　)です。方いじしんのNきょくは(② 　　　)をさします。地球の北きょくは、Nきょくを引きつけるので(③ 　　　　)で、南きょくは(④ 　　　　)です。

Nきょく　　Sきょく　　北　　じしゃく

まとめテスト

じしゃくの力

1 次のもので、じしゃくにつくものには○、つかないものには×をかきましょう。（1つ5点）

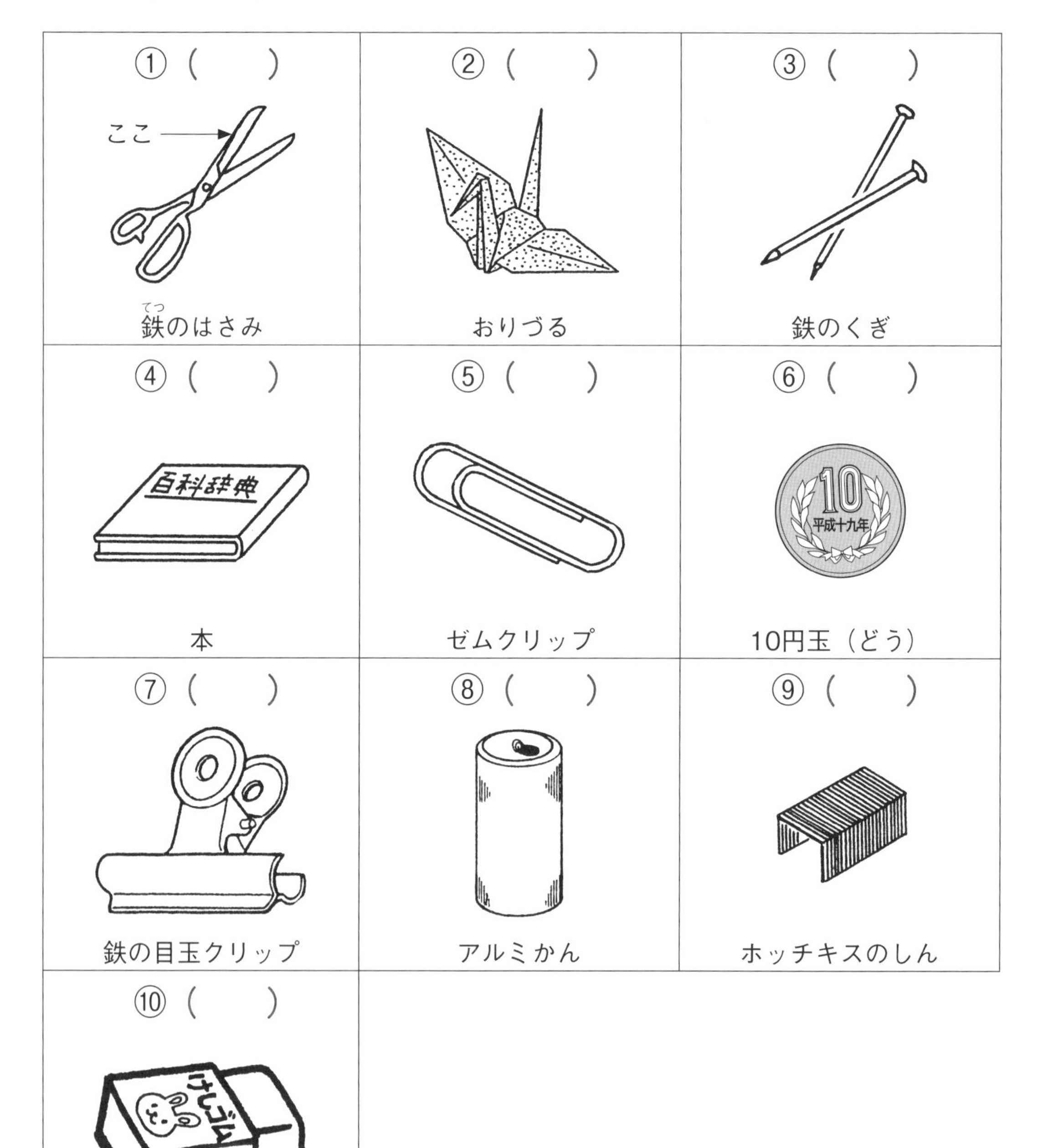

月　　　日　名前　　　　　　　　　　　　　　／100点

2 図のように、2つのじしゃくを近づけたときに、引きあうものには○、しりぞけあうものには×をかきましょう。（1つ5点）

①（　　）　②（　　）

③（　　）　④（　　）

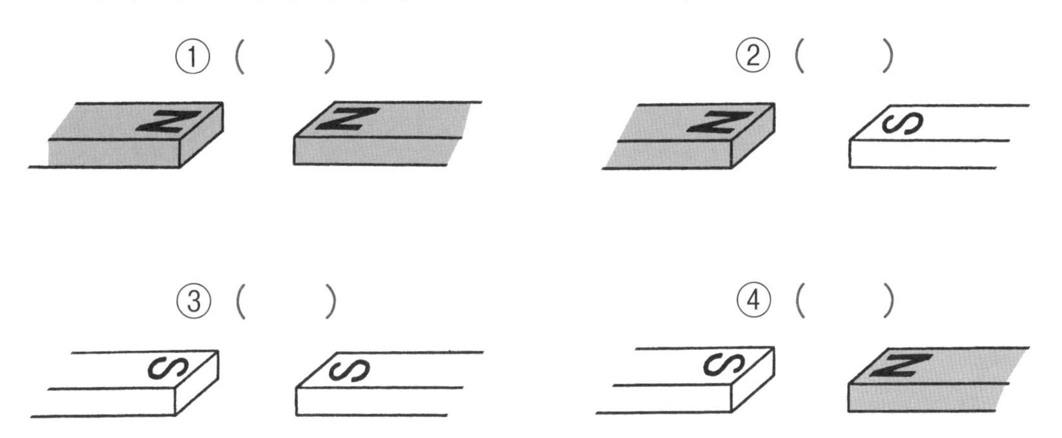

3 次の文で、正しいものには○、まちがっているものには×をかきましょう。（1つ5点）

①（　　）　じしゃくには、ＮきょくとＳきょくがあります。

②（　　）　丸いじしゃくには、ＮきょくもＳきょくもありません。

③（　　）　じしゃくは、どんな金ぞくでも引きつけます。

④（　　）　方いじしんのＮきょくは北をさします。

⑤（　　）　鉄くぎを、じしゃくで同じ方向（ほうこう）へこすると、じしゃくになります。

⑥（　　）　じしゃくは、自由（じゆう）に動（うご）くようにすると、北と南をさして止まります。

まとめテスト

じしゃくの力

1 次のもののうち、じしゃくにつくものには○、つかないものには×をかきましょう。（１つ４点）

① （　　） アルミかん　　② （　　） 竹のものさし

③ （　　） チョーク　　④ （　　） 鉄のはさみ

⑤ （　　） ５円玉　　⑥ （　　） プラスチックじょうぎ

⑦ （　　） ぶらんこのくさり　　⑧ （　　） ガラスのコップ

⑨ （　　） 鉄のはりがね　　⑩ （　　） 消しゴム

2 図を見て、あとの問いに答えましょう。（１つ４点）

(1) じしゃくで、引きつける力の強いところは、①～⑤のどこですか。番号で答えましょう。

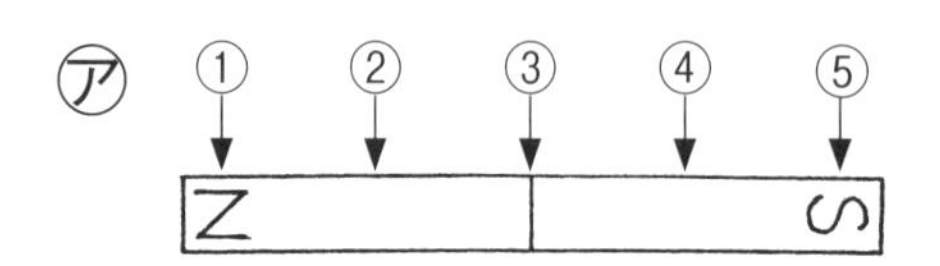

（　　）（　　）　　（　　）（　　）

(2) 引きつける力の強いところを何といいますか。

（　　　　　　）

月　　日　名前　　／100点

3 図のように、丸いドーナツがたじしゃくと、ぼうじしゃくを使って、同じ部屋でじっけんをしました。2つのじしゃくを自由に動くようにしておくと、しばらくして止まりました。（1つ4点）

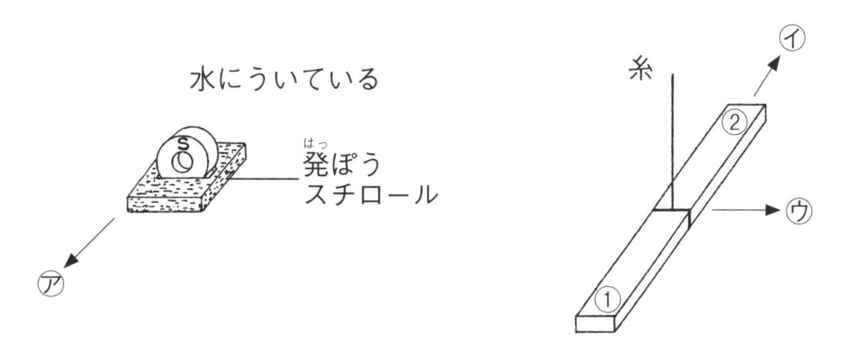

(1) ㋐～㋒の方いをかきましょう。

㋐（　　）　㋑（　　）　㋒（　　）

(2) ①と②のきょくをかきましょう。

①（　　きょく）　②（　　きょく）

(3) じしゃくのこのせいしつを使った道具の名前をかきましょう。

（　　　　　）

4 次の文で正しいものには○、まちがっているものには×をかきましょう。（1つ4点）

①（　　）Nきょくと Nきょくは引きあいます。

②（　　）Sきょくと Sきょくはしりぞけあいます。

③（　　）Nきょくと Sきょくは引きあいます。

④（　　）Nきょくと Sきょくはしりぞけあいます。

まとめテスト

じしゃくの力

1 次の(　　)にあてはまる言葉を□からえらんでかきましょう。
(1つ5点)

(1) じしゃくは(①　　　)でできたものを引きつけます。

(②　　　)やガラス、プラスチックなどは、じしゃくにつきません。また(③　　　　　　)や(④　　　)などの金ぞくもじしゃくにつきません。

紙	鉄	アルミニウム	どう

(2) じしゃくの力が一番強いところを(①　　　　)といいます。

きょくには(②　　　　)と(③　　　　)があります。

また、同じきょくを近づけると(④　　　　)あい、ちがうきょくを近づけると(⑤　　　)あいます。

Nきょく	しりぞけ	Sきょく	引き	きょく

(3) じしゃくの(①　　　　)は北をさし、(②　　　　)は南をさします。このせいしつを使った道具を(③　　　　　)といいます。

Sきょく	Nきょく	方いじしん

月　　日　名前　　　　／100点

2 丸いドーナツがたのじしゃくが２つあります。１つはぼうを通して下におきます。もう１つをぼうの上の方から落(お)とすと、図のようになりました。

(1) ㋐と㋑は、Nきょくと Sきょくのどちらですか。（１つ５点）

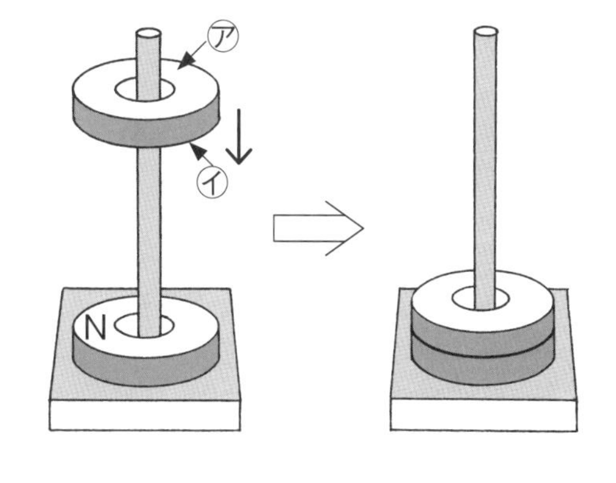

㋐（　　　　　　）

㋑（　　　　　　）

(2) 次に、同じように、もう１つのじしゃくを上から落とすと図のようになりました。㋐と㋑は、何きょくですか。（１つ５点）

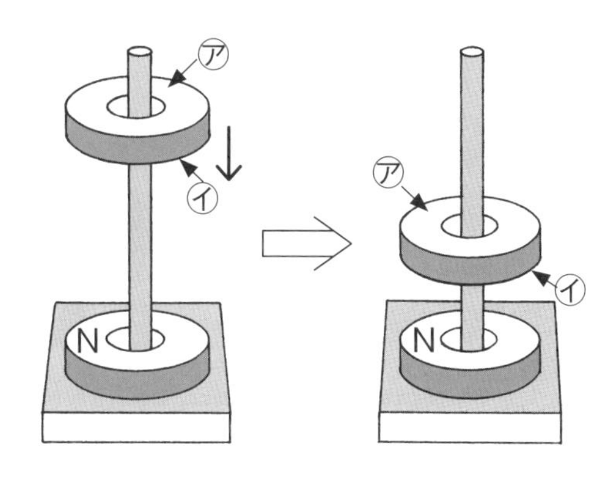

㋐（　　　　　　）

㋑（　　　　　　）

★(3) (2)のようになったわけをかきましょう。（20点）

［　　　　　　　　　　　　　　　　］

風やゴムのはたらき

◆ なぞったり、色をぬったりしてイメージマップをつくりましょう

風の力

息

息

うちわ

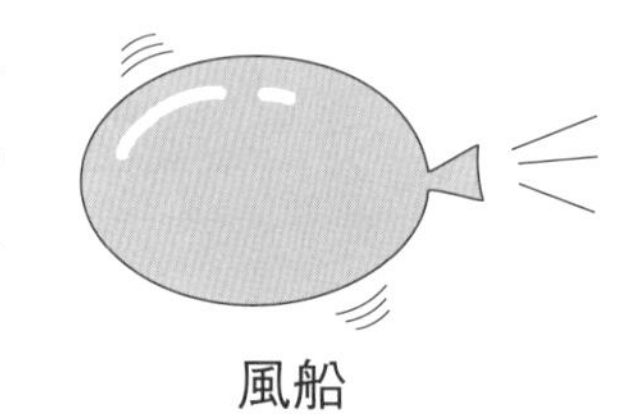

風船

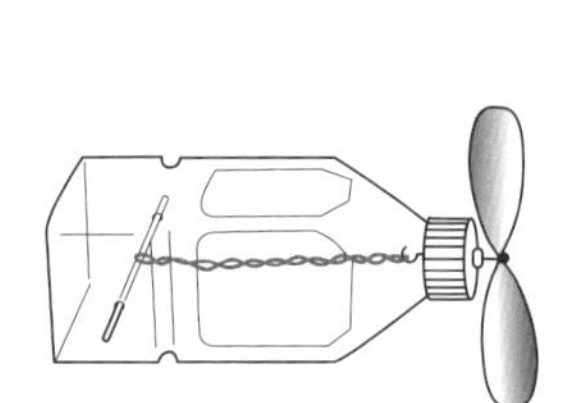

プロペラ

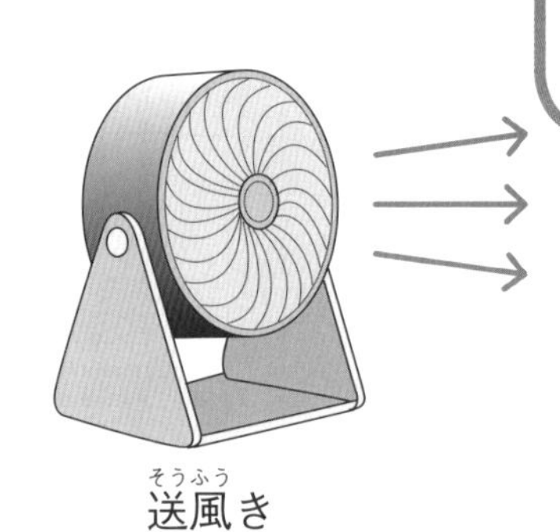

送風き

風で動くおもちゃ

発ぽうスチロールの皿と紙コップ

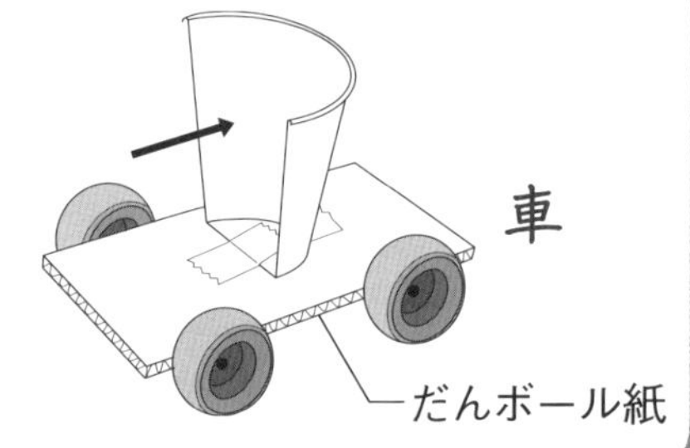

風の強さ

なし	弱い	強い
止まる	ゆっくり回る	速く回る

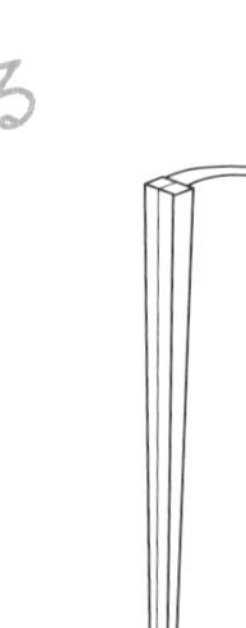

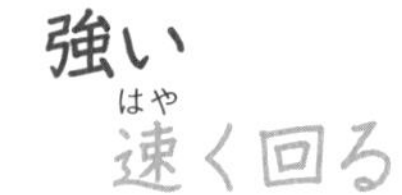

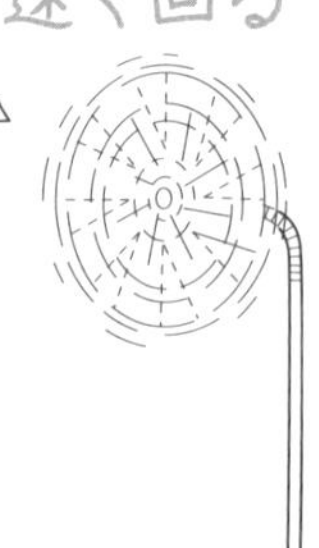

月　　日　名前

ゴムの力　のびる・ねじれる　元にもどる力

ゴムで動くおもちゃ

のびる

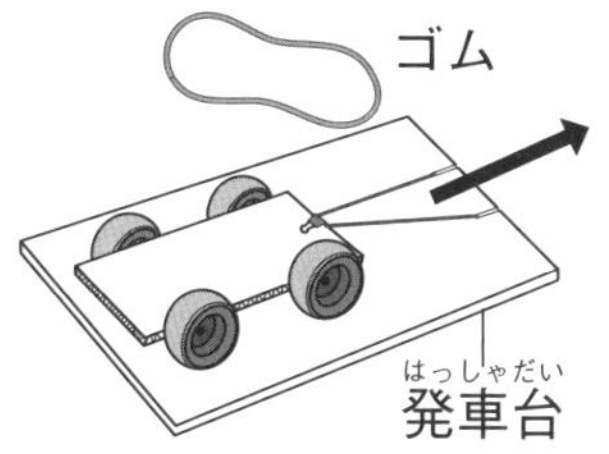

① ゴムをひっぱり、のばす
② 車の手をはなす

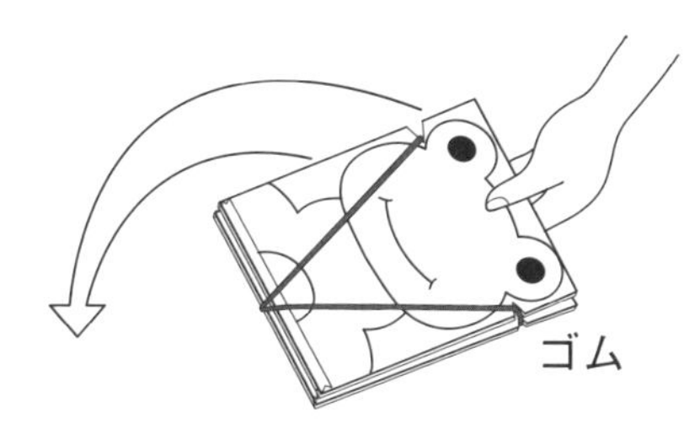

① おりまげてゴムをのばす
② 手をはなす

① はじめにまいておく
② ひもをひくと、ゴムがねじれる
③ ひもをゆるめると動く

ゴムの強さ

わゴムの数

わゴム２本

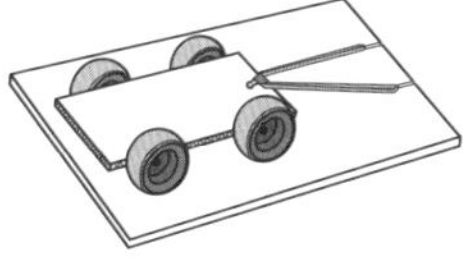

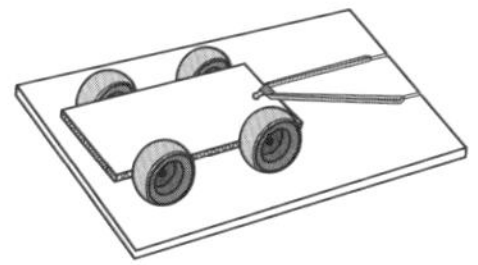

わゴム１本

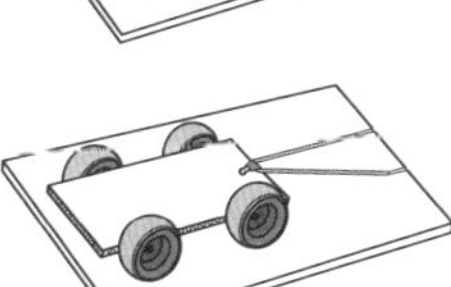

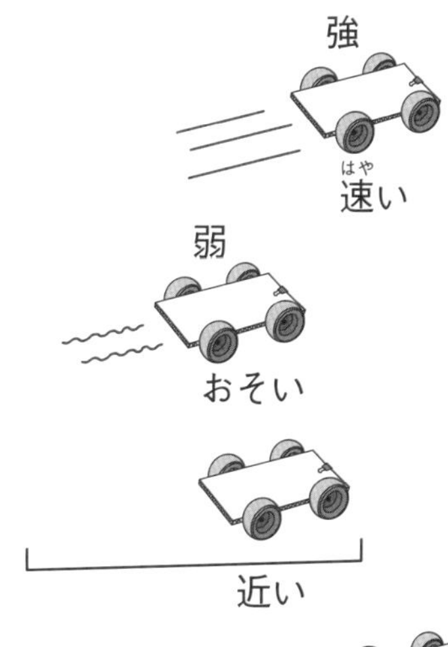

引っぱる長さ

わゴム１本

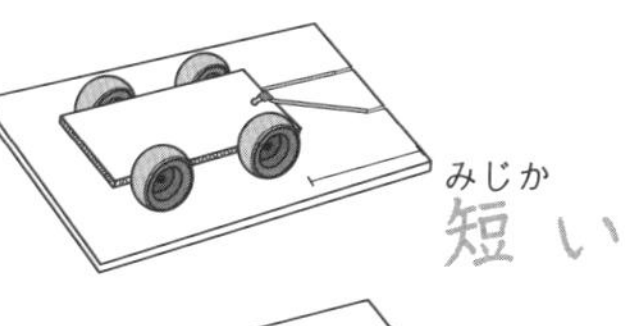

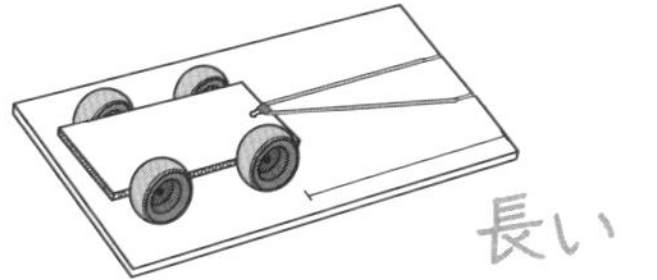

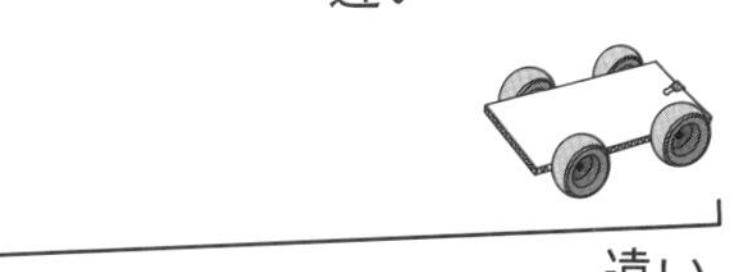

風やゴムのはたらき ①

風のはたらき

1 次の(　　)にあてはまる言葉を□からえらんでかきましょう。

(1) ビニールぶくろにつめこんだ(①　　　)をおし出すと(②　　　)が起こります。人が(③　　　)をはき出しても風は起こります。

風	息	空気

(2) 風には力があります。

人の息を、もえているローソクの火にふきかけて(①　　　)ことができます。せんこうのけむりが、そよっと(②　　　)ような(③　　　)力から、台風のように木を(④　　　)たり、屋根の(⑤　　　)をとばしたりするような(⑥　　　)力まであります。

動く	たおし	消す	小さな	大きな	かわら

2 ふき流しをつくり、せん風きの風の強さを調べました。それぞれのふき流しは、強・中・弱・切のどれですか。

プロペラが回る

① (　　　) ② (　　　) ③ (　　　) ④ (　　　)

風には、はく息のように小さな力のものや、台風のように大きな力のものがあります。

2 次の(　　)にあてはまる言葉を□からえらんでかきましょう。

(1) 風の力をはかるものに(①　　　　)があります。

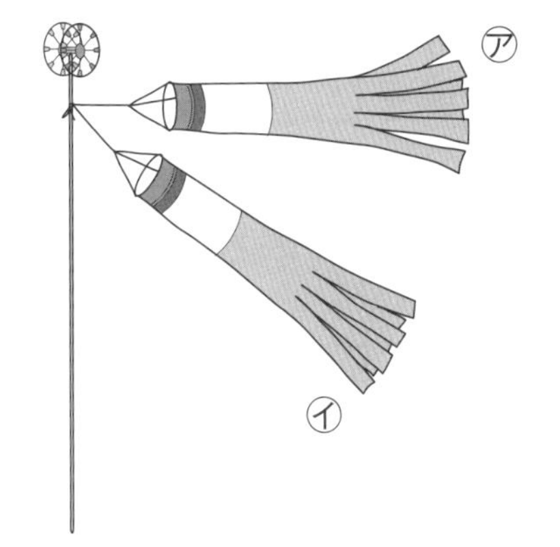

右の図のように風が(②　　　)ときには㋐のように大きくたなびき、風の力が(③　　　)ときには㋑のようになります。

(①)のほかに、プロペラの回転(かいてん)する(④　　　)で、風の強さをはかるものもあります。

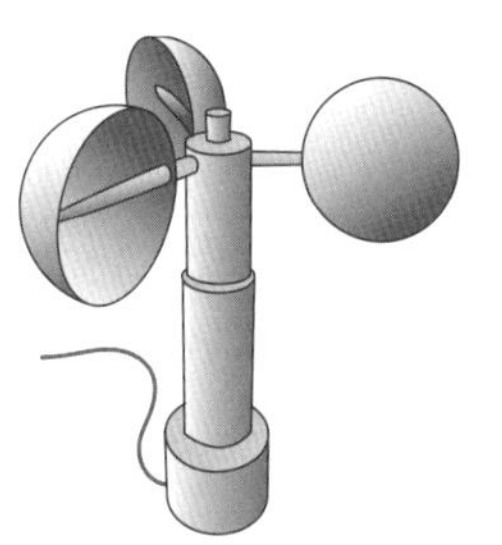

弱い	強い	ふき流し	速(はや)さ

(2) 身(み)のまわりには、風の力をりようしたものがたくさんあります。(①　　　　)のような乗(の)り物(もの)や大きな(②　　　　)をまわして電気をつくる風力発電(はつでん)き、風の力でゴミをすいこむ(③　　　　)などです。(④　　　　)や(⑤　　　　)も、風の力ですずしくしています。

うちわ	せん風き	プロペラ	そうじき	ヨット

風やゴムのはたらき ②

風のはたらき

1 図のような「ほ」のついた車を走らせるじっけんをしました。車の重(おも)さは同じにします。グラフを見て、(　　)にあてはまる言(こと)葉(ば)を□からえらんでかきましょう。

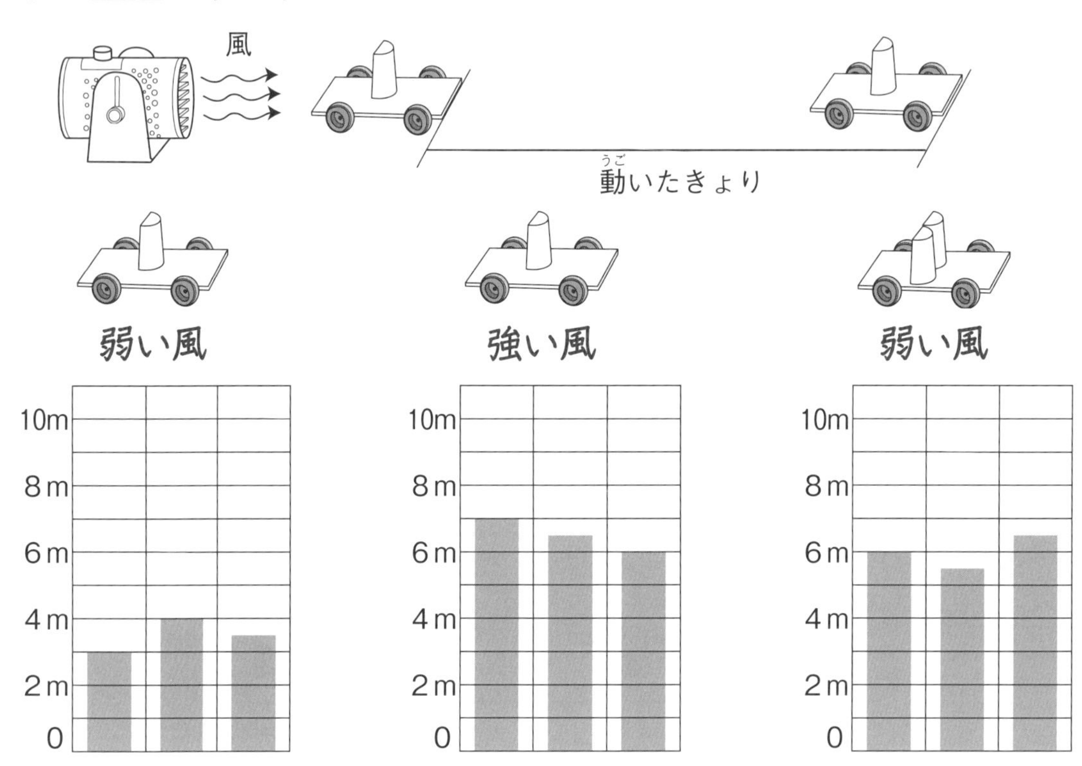

このじっけんでは、3回の(①　　　　)をくらべています。それは、1回より(②　　　　)なけっかになるようにするためです。どの車の(③　　　　)も(④　　　　)にしています。重さがちがうと走る(⑤　　　　)がちがって、くらべることができないからです。

同じ	きょり	正かく	重さ	けっか

月　　日 名前

風の力を「ほ」に受けて走る車があります。受ける力が大きいほど遠くまで走ります。

2　**1**のじっけんを見て、正しいものには○、まちがっているものには×をかきましょう。

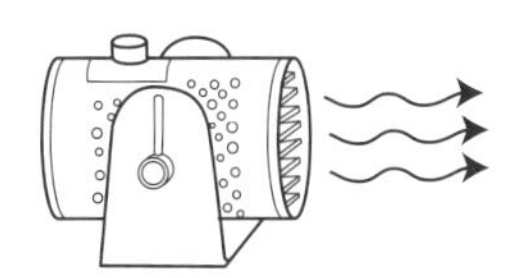

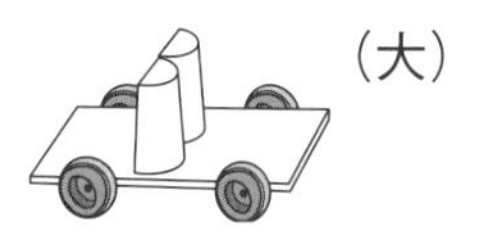

①（　　）「ほ」が大きい方が動くきょりが長いです。

②（　　）「ほ」の大きさは、動くきょりにかんけいありません。

③（　　）風が強い方が遠くまで動きます。

④（　　）風の強さは、動くきょりにかんけいありません。

⑤（　　）風が強くて、「ほ」の大きいものが、一番動くきょりが長いです。

3　次（つぎ）のような風船のはたらきで動く車をつくりました。（　　）にあてはまる言葉を□からえらんでかきましょう。

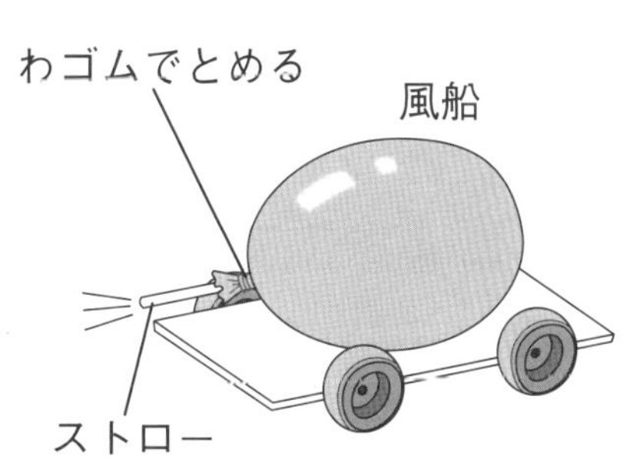

ゴムでできた風船を大きくふくらませ、ストローからたくさんの（①　　）が出るようにすると車は（②　　）まで走ることができます。

また、おし出す力の（③　　）風船をつけると車は（④　　）走ります。

速（はや）く	空気	遠く	強い

風やゴムのはたらき ③

ゴムのはたらき

1 ゴムの力をりようしたおもちゃつくりをしました。
次(つぎ)のようなものができました。

㋐

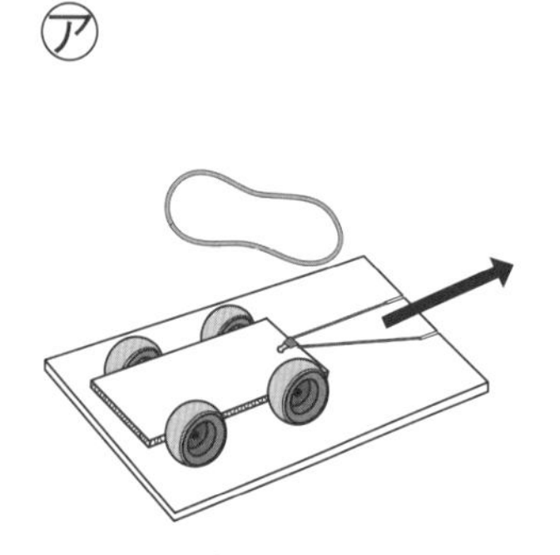

ひっぱっておいて、
はなすと動(うご)く

㋑

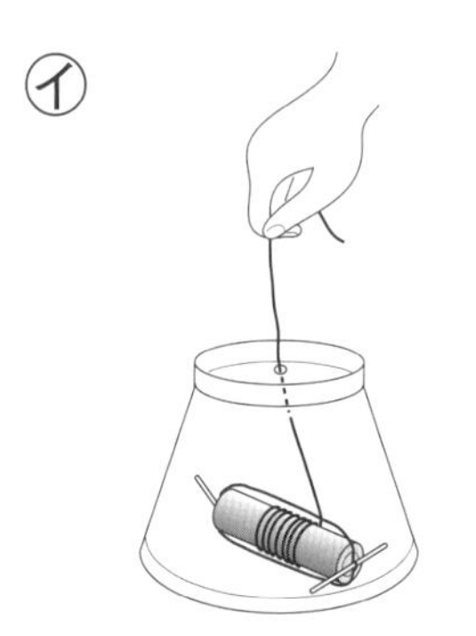

ひもをひっぱって
はなすと動く

㋒

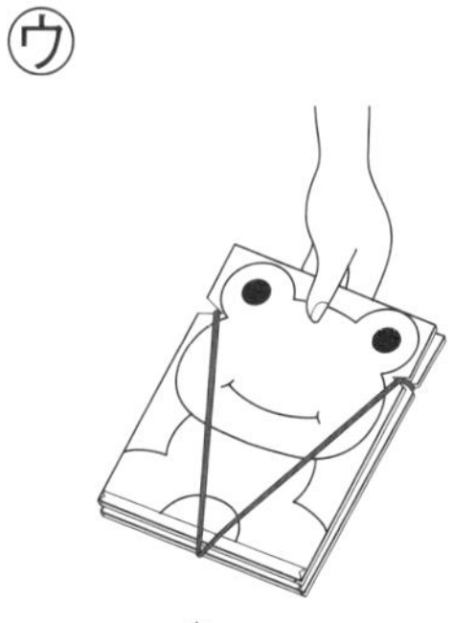

おり曲(ま)げておいて
はなすとはねる

(1) ゴムがのびたり、ちぢんだりする力をりようしたものは、どれですか。記号(きごう)で答えましょう。　(　　　,　　　)

(2) ゴムのねじれを元にもどす力をりようしたものは、どれですか。記号で答えましょう。　(　　　　　)

(3) ㋐の車を少しでも遠くまで動かすには、ゴムの数をどうすればよいですか。　(　　　　　　　　　)

(4) ㋑の車は、10回まきと20回まきでは、どちらがたくさん動きますか。　(　　　　　)

(5) ㋒のカエルをより高くはねさせるには、ゴムを太いものにするか、細いものにするか、どちらがよいですか。

(　　　　　)

月　　日 名前

ゴムののびたり、ちぢんだりする力やねじれを元にもどす力によってプロペラを回したりします。

2 次の図のようなプロペラのはたらきで動く車をつくりました。あとの問(と)いに答えましょう。

(1) プロペラを回すと、何が起(お)こりますか。　(　　　　　　)

(2) この車の場合、何の力でプロペラを回していますか。

(　　　　　　)

(3) 次の(　　)にあてはまる言葉(ことば)を□からえらんでかきましょう。

プロペラのはたらきで動く車は、ねじれた(①　　　)が(②　　　　　)力をりようして、(③　　　　　)を回し、(④　　　)を起こして動きます。

走る(⑤　　　　)や動くきょりは、わゴムの数やわゴムの(⑥　　　)によってちがいます。

プロペラをまいてゴムに力をためます。プロペラをまく(⑦　　　)が多いほど(⑧　　　)まで進(すす)みます。

回数	速(はや)さ	強さ	ゴム	遠く
元にもどる		プロペラ	風	

風やゴムのはたらき ④

ゴムのはたらき

1 右の図のように、手をはなすとパチンととび上がるパッチンガエルをつくりました。

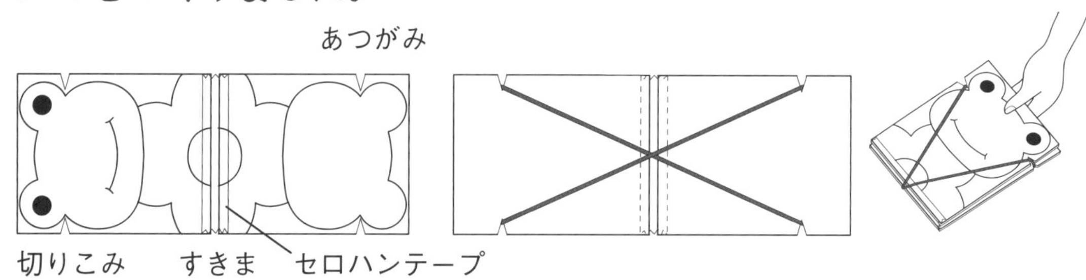

(1) パッチンガエルは、ゴムのどのはたらきをりようしていますか。次(つぎ)の中からえらびましょう。（　　）

㋐ ねじれの力　　　㋑ のびちぢみの力

(2) パッチンガエルを高くとび上がらせるには、どうすればよいですか。次の中からえらびましょう。（　　）

㋐ ゴムを二重(にじゅう)にする　　㋑ ゴムをつないで長くする

2 同じ太さで長さ10cmと15cmのゴムがあります。

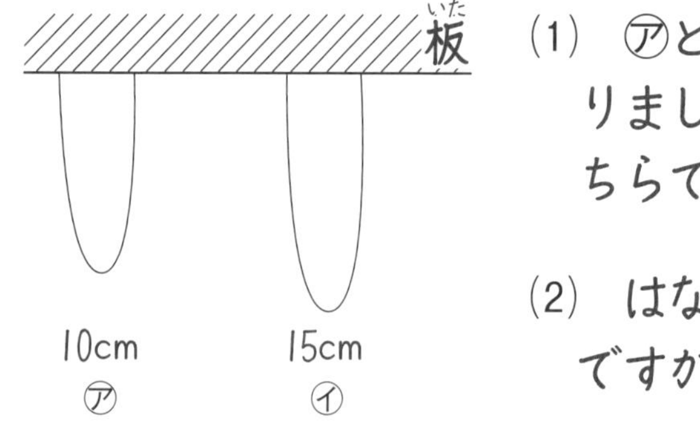

(1) ㋐と㋑に同じ車をつけて、ひっぱりました。たくさんのびるのは、どちらですか。（　　）

(2) はなすと遠くまで進(すす)むのはどちらですか。（　　）

(3) ㋐に10cmのゴムをもう1本くわえました。はじめにくらべて車の動(うご)きはどうなりますか。（　　）

㋐ いきおいが強くなる　　㋑ 同じ
㋒ いきおいが弱くなる

わゴムは、細いものより、太いものの方が元にもどろうとする力は大きくなります。

3 図のようなおもちゃをつくりました。あとの問(と)いに答えましょう。

(1) (　　)にあてはまる言葉(ことば)を□からえらんでかきましょう。

このおもちゃは、手で(①　　　)を引いて、カップの中の(②　　　　)にくくりつけた(③　　　　)をねじります。ひもを(④　　　　)とき(③)が元にもどろうとします。

それは、ひもを引くことによって(②)にくくりつけた(③)をねじっているからです。

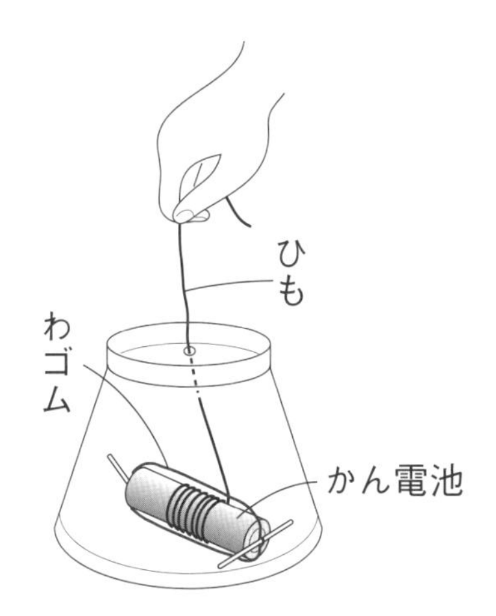

プリンカップのカメ

ゆるめた　　ひも　　わゴム　　かん電池

(2) ひもを引く長さは同じにして、このおもちゃを力強く動くようにするには、次のどれがよいですか。(　　)に○を２つかきましょう。

① (　　) 長いわゴムをつける。

② (　　) 太さが２倍(ばい)のわゴムをつける。

③ (　　) わゴムを二重にする。

④ (　　) 細いわゴムにする。

まとめテスト

風やゴムのはたらき

1 次(つぎ)の文は、風についてかかれています。正しいものには○、まちがっているものには×をかきましょう。 （1つ5点）

①（　　）風りんは、風の力で音を出します。

②（　　）台風でかわらがとぶこともあります。

③（　　）風が強いと、こいのぼりがよく泳(およ)ぎます。

④（　　）うちわでは、風はつくれません。

⑤（　　）人のはく息(いき)は、風にはなりません。

2 次の車は、㋐、㋑、㋒、㋓のうちどこから風がくると、よく動(うご)きますか。 （10点）

（　　　）

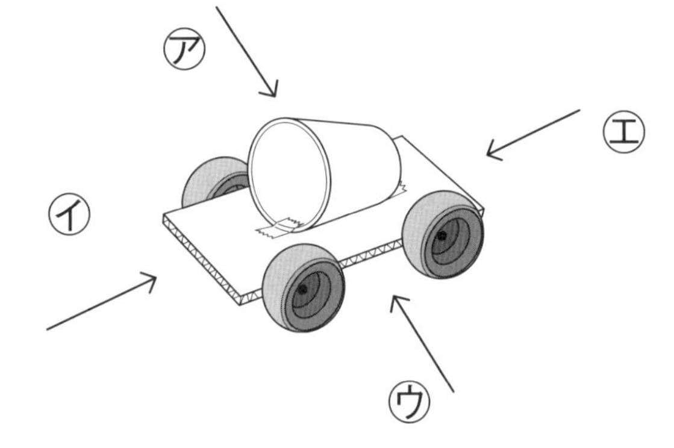

だんボール紙と紙コップの車

3 ふき流(なが)しをつくり、せん風きの風の強さのじっけんをしました。せん風きのスイッチは、強・中・弱・切のどれですか。 （1つ5点）

①（　　　）②（　　　）③（　　　）④（　　　）

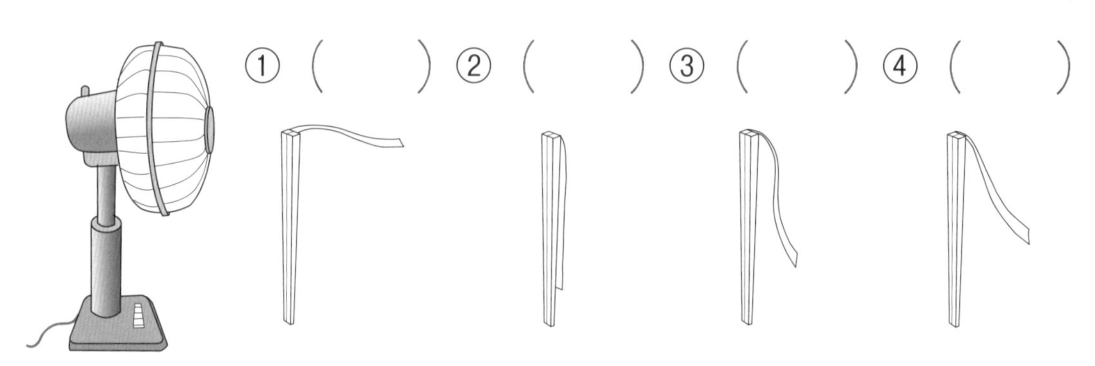

月　　　日　名前

/100点

4　次の文は、ゴムの力についてかかれています。正しいものには○、まちがっているものには×をかきましょう。（1つ5点）

①（　　）ゴムは、たくさんひっぱればひっぱるほど、たくさんもどろうとします。

②（　　）ゴムは、ひっぱりすぎると切れます。

③（　　）ゴムは、ねじっても元にもどろうとする力がはたらきます。

④（　　）ゴムは、たくさんひっぱっても、ぜったいに切れません。

⑤（　　）わゴムを2本にすると、ゴムの元にもどろうとする力も2倍（ばい）になります。

5　次の車は、ゴムのどんな力をりようしていますか。のびてもどる力は㋐、ねじれがもどる力は㋑とかきましょう。（1つ5点）

①（　　）　②（　　）

③（　　）　④（　　）

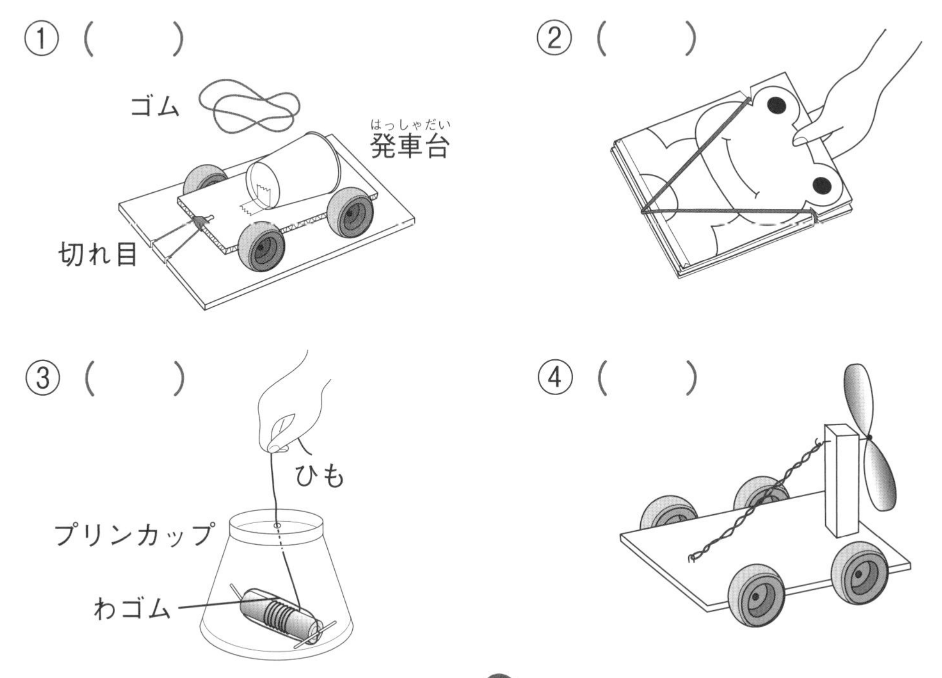

まとめテスト

風やゴムのはたらき

1 紙コップを「ほ」に使った車をつくりました。全体の重さを同じにした車に送風きで風をあてて走らせました。どの車が遠くまで走りますか。遠くまで走るものから番号を(　　)にかきましょう。（1つ10点）

㋐（　　）小さい「ほ」に強い風をあてる。

強い風

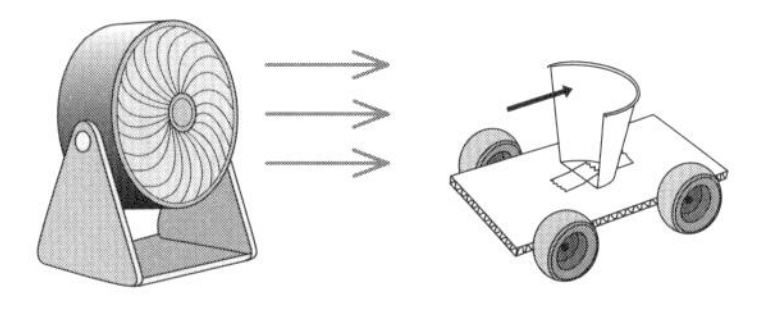

㋑（　　）大きい「ほ」に風をあてない。

風なし

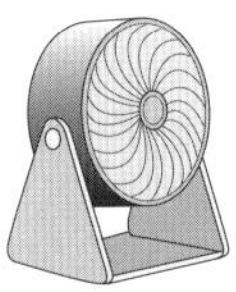

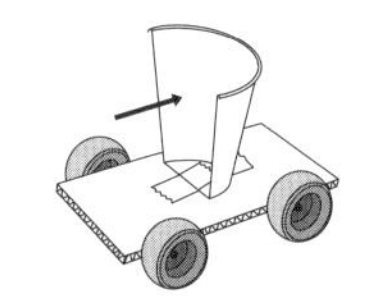

㋒（　　）「ほ」をはずして弱い風をあてる。

弱い風

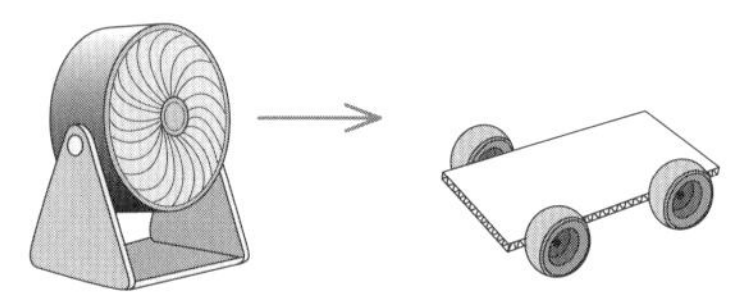

㋓（　　）大きい「ほ」に強い風をあてる。

強い風

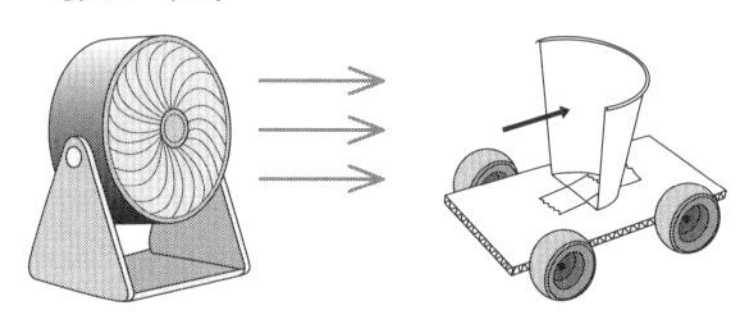

2 図のような、プロペラカーを使って、わゴムをねじる回数と車が走るきょりについて調べようと思います。次の㋐～㋒のどのじっけんとどのじっけんのけっかをくらべればよいですか。（10点）

（　　）と（　　）のけっかをくらべる。

㋐ わゴムを２本使って100回ねじった。

㋑ わゴムを１本使って50回ねじった。

㋒ わゴムを１本使って100回ねじった。

月　　日　名前

3 図のようなゴムの力で動(うご)く車を使ってじっけんをしました。次のグラフを見て、あとの問(と)いに答えましょう。

（わごム１本）

ゴムを少し引いたとき　（７cm）

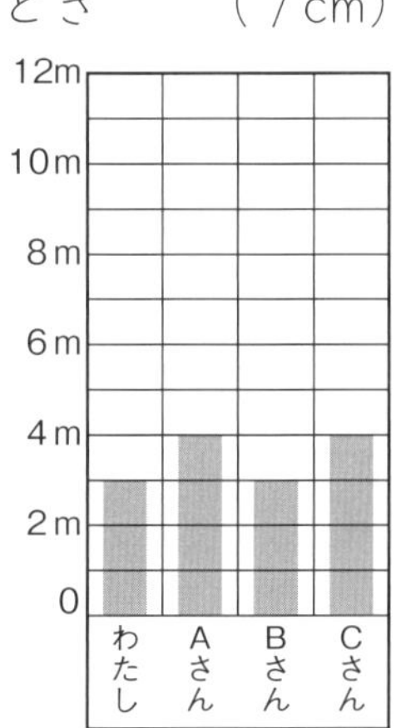

ゴムを長く引いたとき　（10cm）

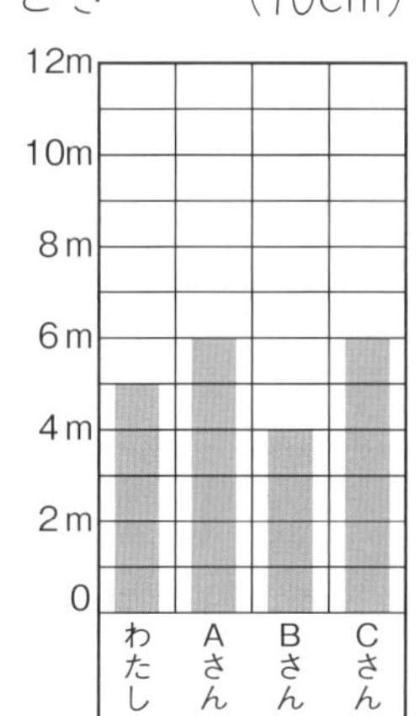

（わごム２本）

ゴムを少し引いたとき　（７cm）

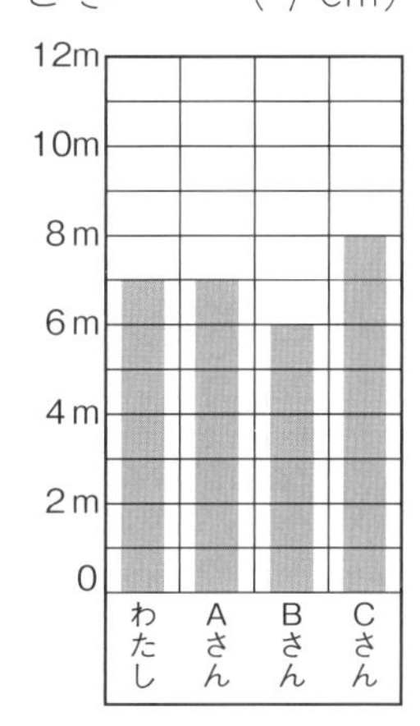

（わごム３本）

ゴムを少し引いたとき　（７cm）

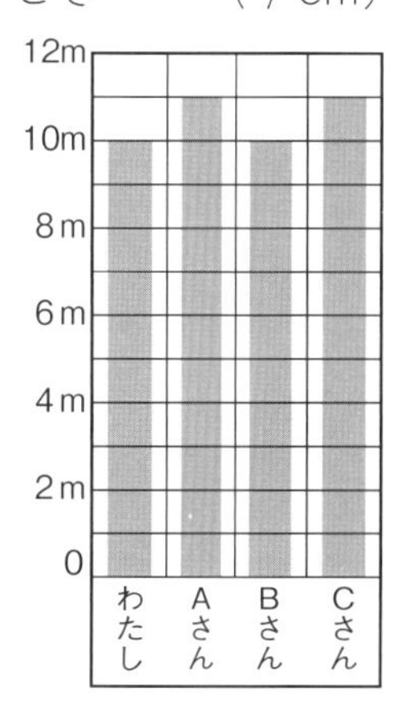

次の文で、正しいものには○、まちがっているものには×をかきましょう。　（１つ10点）

①（　　）　わごムをたくさん重(かさ)ねて使うとたくさん走ります。

②（　　）　わごムを長く引くとたくさん走ります。

③（　　）　わごムをたくさん重ねても動くきょりはあまりかわりません。

④（　　）　たくさんの友だちのけっかを調べた方が、より正しいけっかがわかります。

⑤（　　）　友だちのけっかとくらべてかくのは、きょうそうしているからです。

まとめテスト

風やゴムのはたらき

1 次の(　　)にあてはまる言葉を□からえらんでかきましょう。 (1つ5点)

息をふいてローソクの火を(①　　　)ことができます。

風には台風のように木を(②　　　)たり、屋根のかわらを(③　　　)たりするような(④　　　)もあります。

風の力をりようしたものに(⑤　　　)のような船、プロペラを回して(⑥　　　)をつくる風力発電き、ゴミをすいこむ(⑦　　　)などがあります。

強い力	消す	たおし	とばし
電気	ヨット	そうじき	

2 図のように、紙コップを「ほ」に使った車をつくりました。遠くまで走るものから(　　)に番号をかきましょう。 (1つ5点)

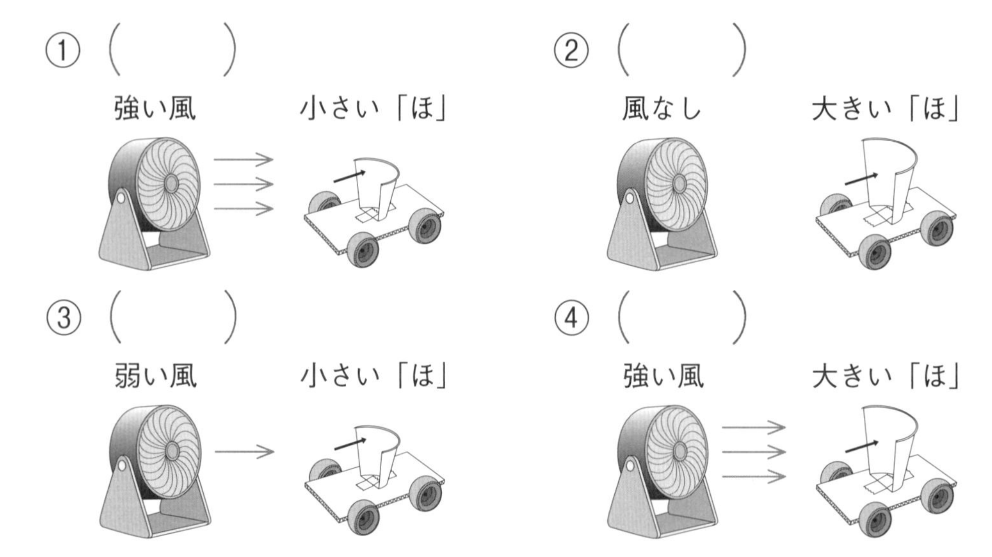

　　月　　　日　名前　　　　　　　　／100点

3 図のようなおもちゃをつくりました。

(1) (　　)にあてはまる言葉を□からえらんでかきましょう。（１つ５点）

このおもちゃは、手で(①　　　　)を引くとかん電池にまきつけた(②　　　　)が(③　　　　)、引いているひもを(④　　　　)と、ねじれたわゴムが(⑤　　　　　　)とする力がはたらきプリンカップを動(うご)かします。

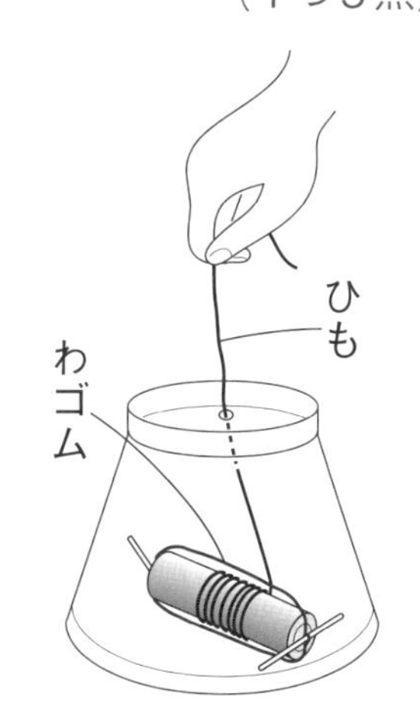

プリンカップ

元にもどろう	わゴム	ひも	ねじれ	ゆるめる

★(2) このおもちゃで長いきょりを動かすには、どうすればよいでしょう。（10点）

[　　　　　　　　　　　　　　　　　　　　]

(3) このおもちゃを力強く動くようにするには、次のどれがよいですか。(　　)に○を２つかきましょう。（１つ５点）

① (　　) わゴムを２本にする。
② (　　) 細いわゴムにする。
③ (　　) 太いわゴムにする。

ものと重さ

◆ なぞったり、色をぬったりしてイメージマップをつくりましょう

形をかえても、いくつに分けても、同じねん土は同じ重さ

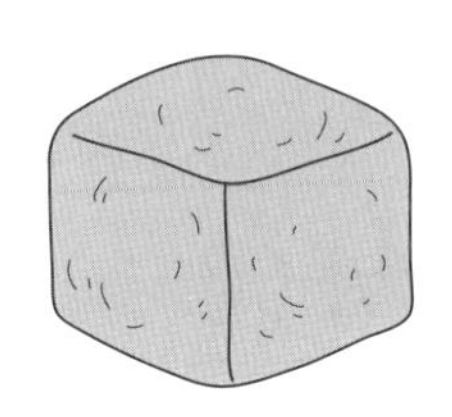

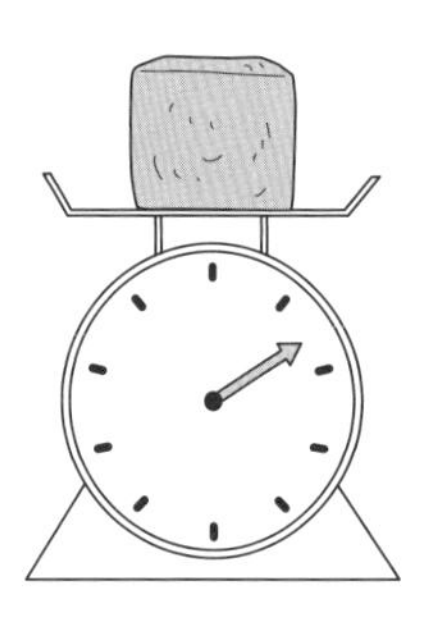

四角い形

丸めた形

細長い形

ひものように
のばした形

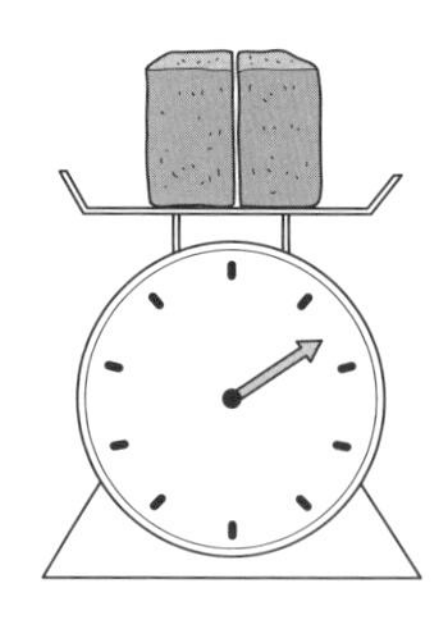

2つに分けた形

小さくたくさんに
分けた形

形をかえても、いくつに分けても、同じ重さ

月　　日　名前

同じ体せき（かさ）でも重さがちがう

重いじゅん

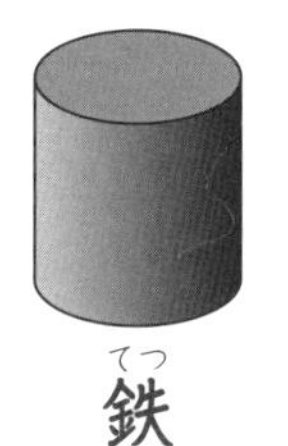

鉄

ねん土

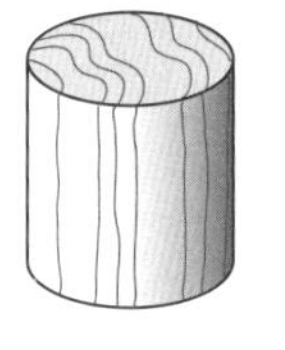

木

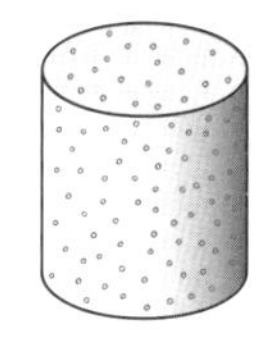

発ぽうスチロール

体せきのはかり方

カップで体せきをはかる

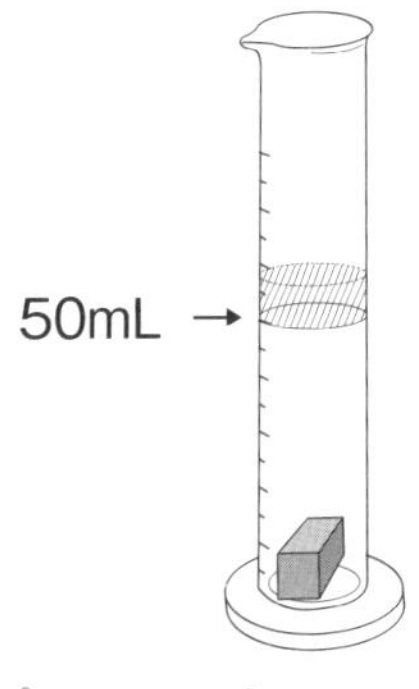

水の中に入れてはかる

いろいろなはかり

台ばかり
（上皿ばかり）

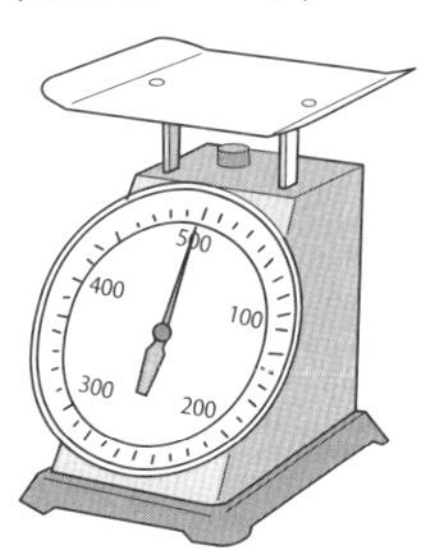

上皿てんびん

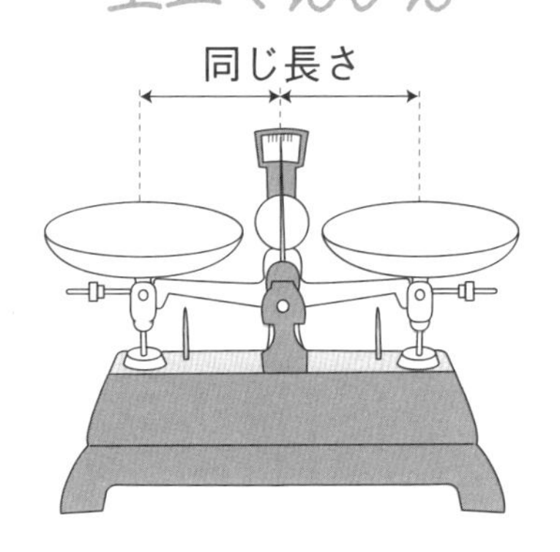

電子てんびん
（自動上皿ばかり）

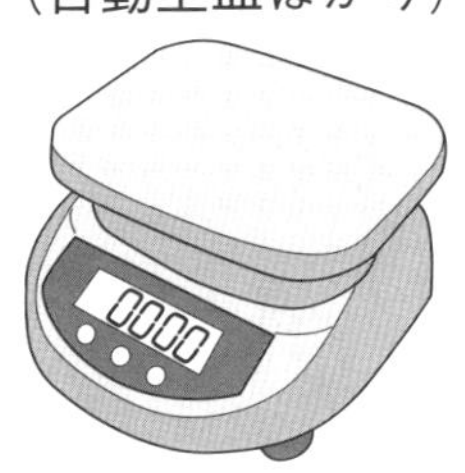

てんびんのかたむきとつりあい

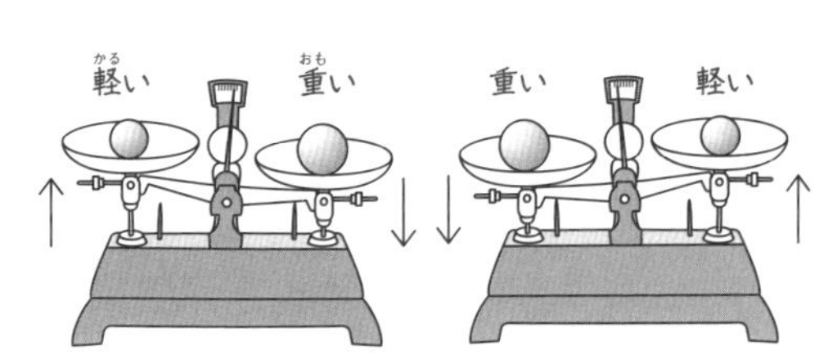

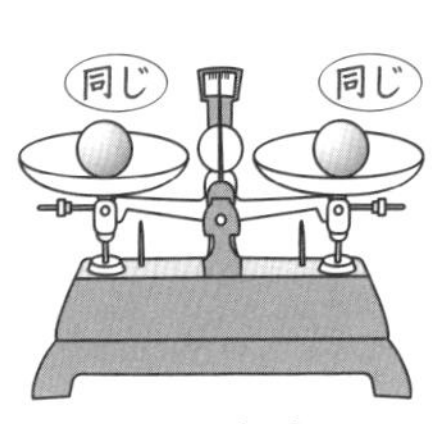

つりあう

ものと重さ ①

形を変えても重さは同じ

1 次の(　　)にあてはまる言葉を□からえらんでかきましょう。

のせたものの重さを調べ、重さが数字で表されるのは(①　　　　)です。

また、2つのものをのせて、重さをくらべるときに使うのは(②　　　　　)です。上皿てんびんは、左右の(③　　　)がちがうと重い方が(④　　　　)ます。

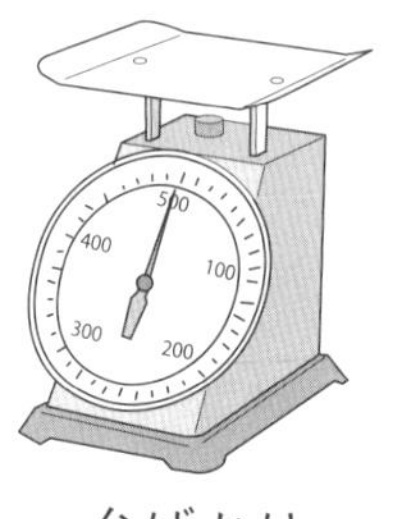

台ばかり

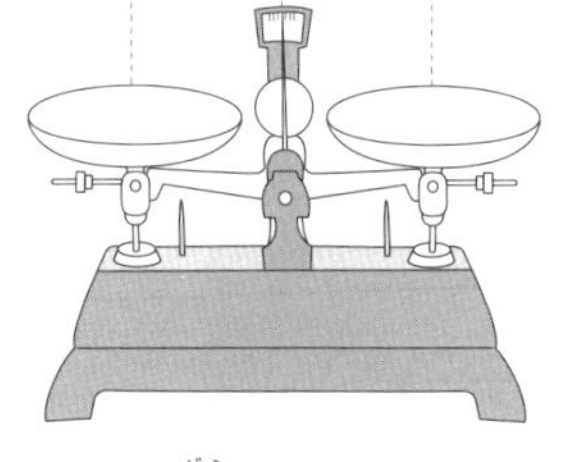
上皿てんびん

重さ	下がり	台ばかり	上皿てんびん

2 ねん土のかたまりをうすくのばして広げました。重さはどうなりますか。正しいものをえらびましょう。(　　)

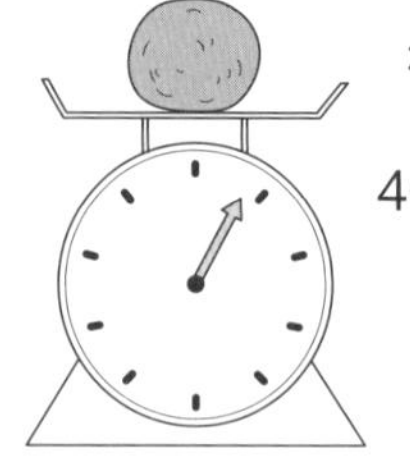

⇒

- ㋐ 40g
- ㋑ 40gより重い
- ㋒ 40gより軽い

3 ふくろの中のビスケットが、われてこなになりました。重さはどうなりますか。正しいものをえらびましょう。(　　)

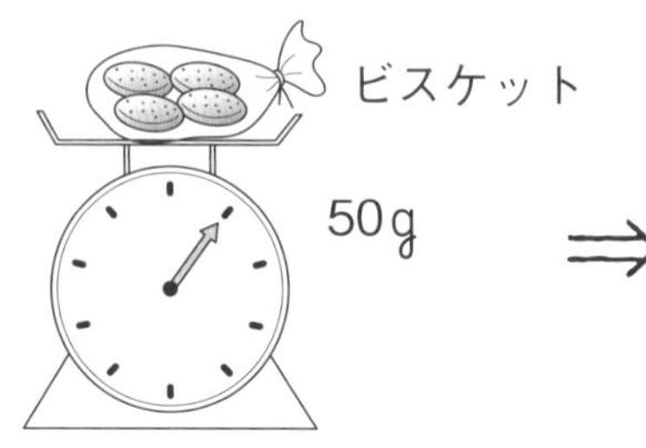

⇒

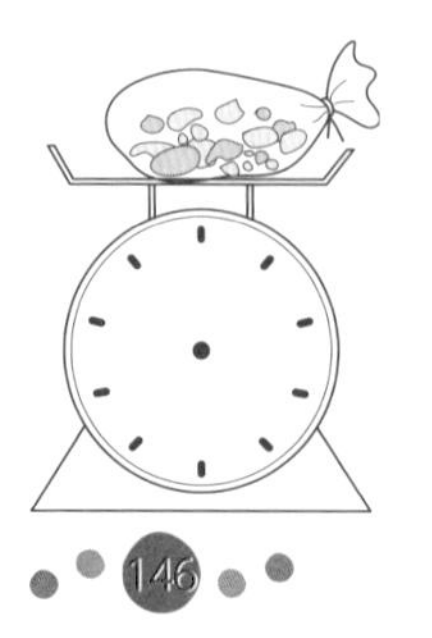

- ㋐ 50g
- ㋑ 50gより重い
- ㋒ 50gより軽い

もののの重さは、形をかえたり、いくつかに分けても、かわりません。

4　１本のきゅうりをわ切りにしました。重さはどうなりますか。正しいものをえらびましょう。　（　　）

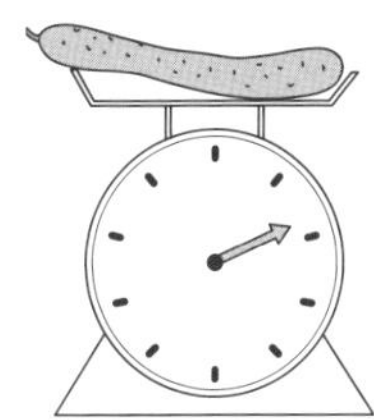

⇒

㋐　80g
㋑　80gより重い
㋒　80gより軽い

5　水に木ぎれをうかべました。重さはどうなりますか。正しいものをえらびましょう。　（　　）

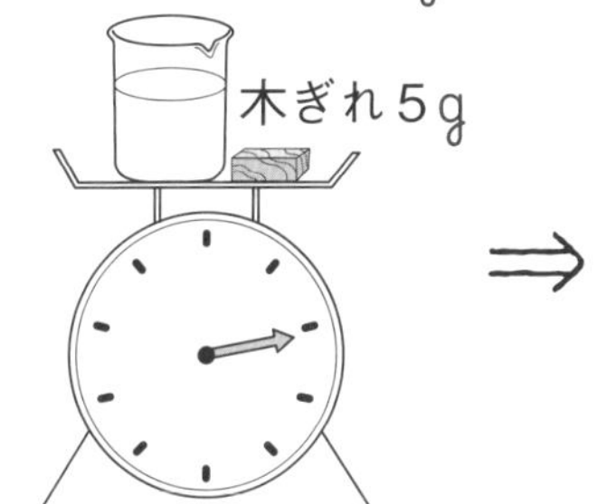

⇒

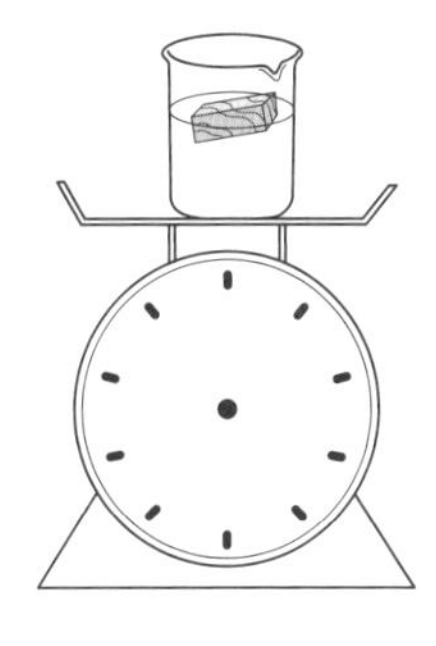

㋐　104g
㋑　105g
㋒　106g

6　次の（　　）にあてはまる言葉を□からえらんでかきましょう。

ものは（①　　　）がかわっても、その（②　　　）はかわりません。

また、水にさとうをとかしたり、水に木ぎれをうかせたり、２つのものをあわせたときの重さは、２つの重さを（③　　　　）ものになります。

あわせた　　重さ　　形

ものと重さ ②

ものによって重さはちがう

1 次の(　　)にあてはまる言葉を□からえらんでかきましょう。

重さをくらべる道具に(①　　　　)があります。

左右の皿にものをのせたとき、皿が(②　　　)になった方が(③　　　)なります。2つの皿がちょうどまん中で止まったときは(④　　　)重さになっています。

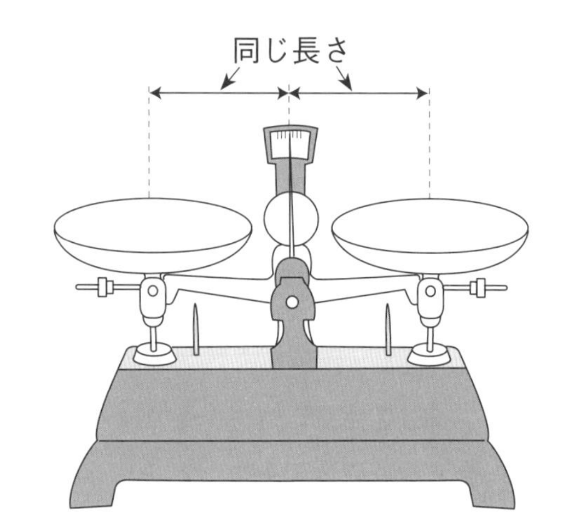

同じ	上皿てんびん	下	重く

2 次の図を見て、重い方に○をかきましょう。

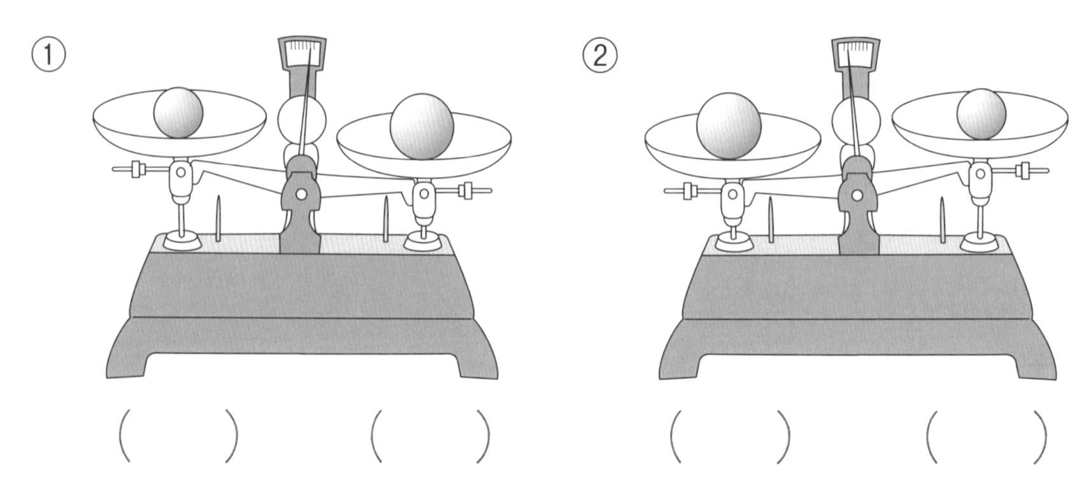

(　　)　(　　)　　(　　)　(　　)

ざいりょうによって、ものの重さはちがいます。

3 上皿てんびんで、同じざいりょうでつくった同じ大きさの消(け)しゴムの重さをくらべました。

(1) 左右の皿に１こずつのせました。てんびんはどうなりますか。次の中からえらびましょう。（　　）

㋐ つりあう　　　㋑ つりあわない

(2) 左の皿に２こ、右の皿に３このせました。てんびんはどうなりますか。次の中からえらびましょう。（　　）

㋐ つりあう　　　㋑ つりあわない

4 次の(　　)にあてはまる言葉を□からえらんでかきましょう。

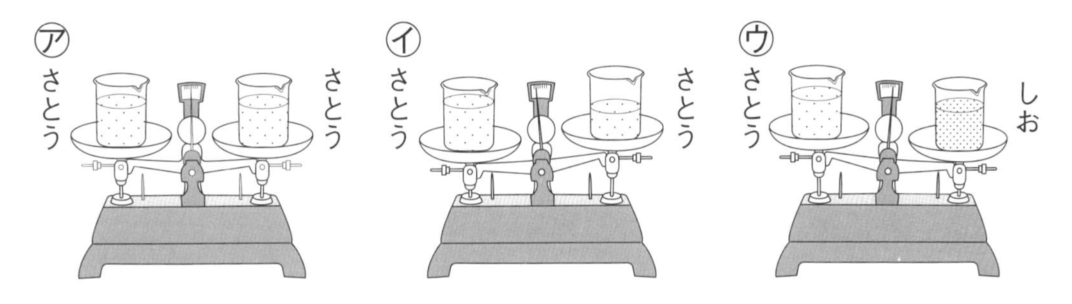

㋐のように、ものが同じで体せきが同じとき、重さは(①　　　)になり、てんびんは(②　　　　)ます。

㋑のように、ものが同じでも体せきがちがうと重さは(③　　　　)ます。体せきの大きい方が(④　　　)なります。

㋒のように、さとうとしおでは、体せきが同じでも、重さは(⑤　　　)の方が重いです。

しお　　つりあい　　同じ　　ちがい　　重く

ものと重さ ③

重さくらべ

1 同じ体せきで、木、鉄、ねん土、発ぽうスチロールでできたものの重さをくらべました。あとの問いに答えましょう。

㋐

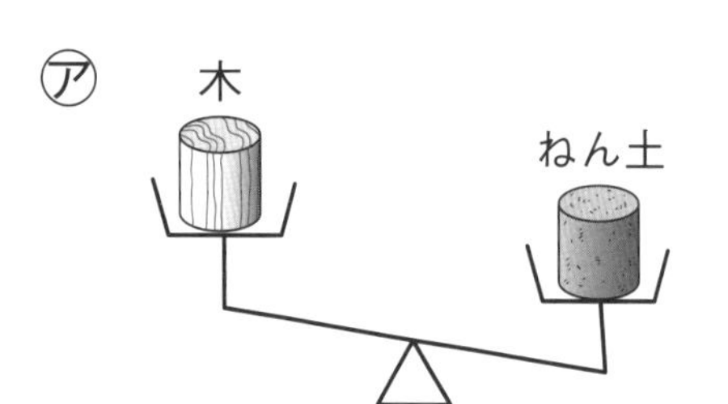

㋑

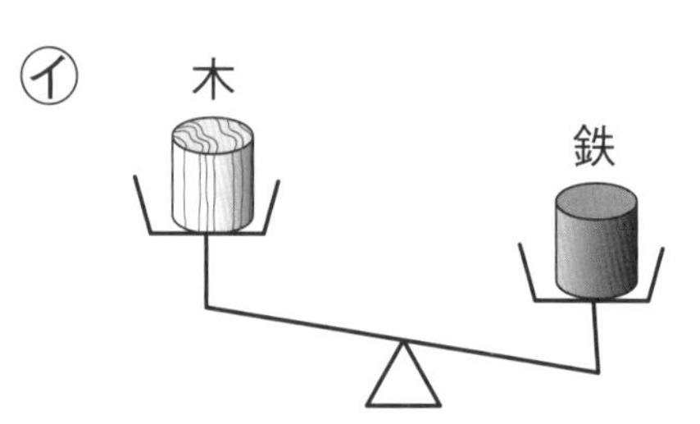

㋒

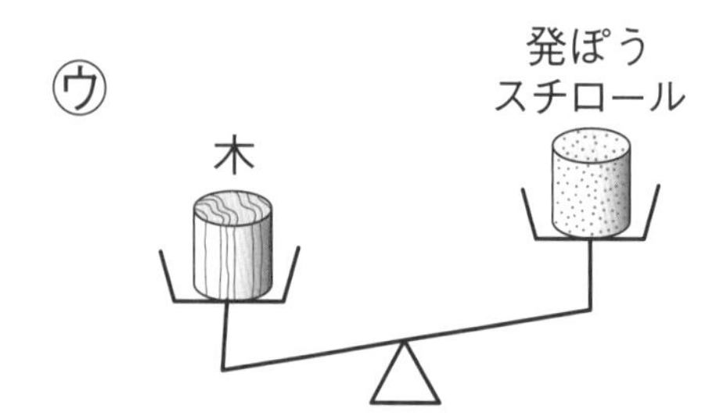

㋓

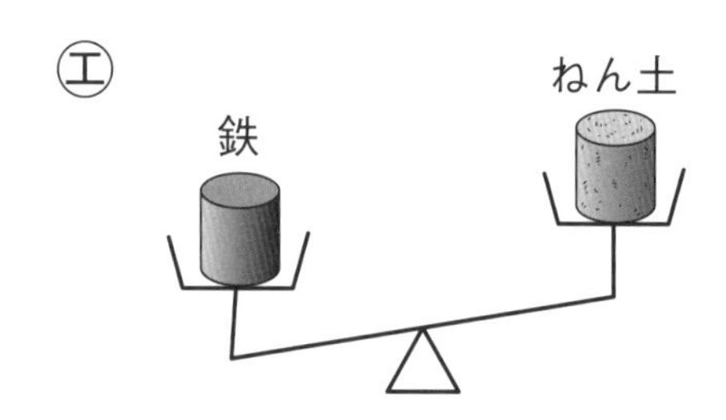

(1) ㋐で木とねん土ではどちらが重いですか。 (　　　　)

(2) ㋑で木と鉄ではどちらが重いですか。 (　　　　)

(3) ㋒で木より軽いものは何ですか。 (　　　　)

(4) ㋓で鉄とねん土では、どちらが重いですか。 (　　　　)

(5) ㋐～㋓の重さくらべから、(　　)に重いじゅんに番号をかきましょう。

(　　) (　　) (　　) (　　)

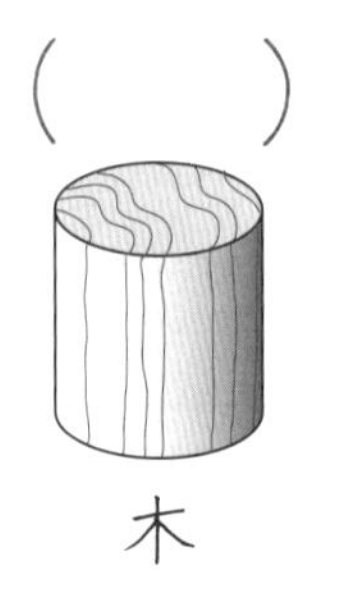

木

鉄

ねん土

発ぽうスチロール

月　　日 名前

てんびんを使って、ものの重さをくらべたりします。

2 次の(　　)にあてはまる言葉を□からえらんでかきましょう。

てんびんは、左右にのせたものの(①　　　)がちがうとき、重い方に(②　　　　)ます。また、左右にのせたものの重さが(③　　　)ときは、水平になって止まります。このようなとき、てんびんは(④　　　　)といいます。

ものはいくつに(⑤　　　)も、その(⑥　　　)はかわりません。また、ねん土のように、いろいろな(⑦　　　)にかえてもやはり(⑧　　　)はかわりません。

同じ　　重さ　　かたむき　　つりあう　　形　　分けて
◉何回も使う言葉があります。

3 次のてんびんで、つりあっている方に○をかきましょう。

㋐(　　)　　　㋑(　　)

1gの鉄　　1gのわた

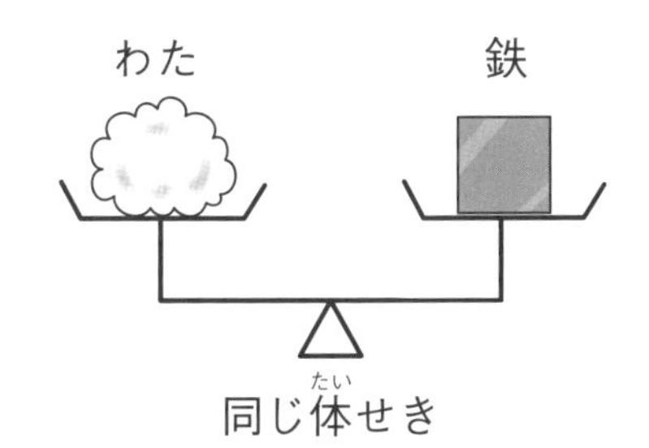

まとめテスト

ものと重さ

1 次の図は、重さを調べるはかりです。名前を□からえらんで(　　)にかきましょう。（1つ5点）

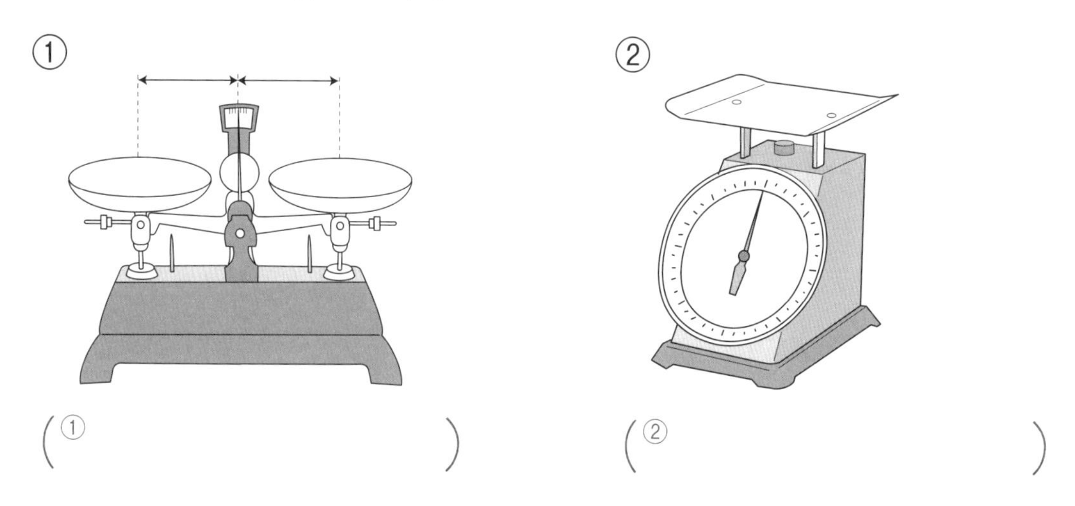

①　(①　　　　　　)　　②　(②　　　　　　)

台ばかり　　上皿てんびん

2 重さ20gのねん土を図のように形をかえて重さをはかりました。3つの中から正しいものに○をかきましょう。（1つ10点）

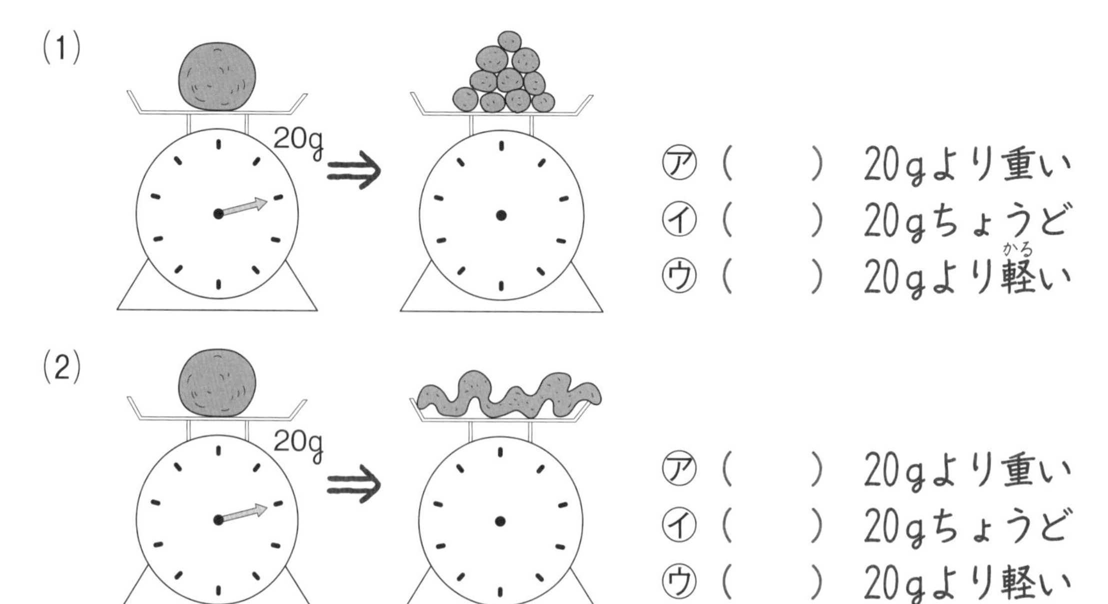

(1)
㋐（　　）20gより重い
㋑（　　）20gちょうど
㋒（　　）20gより軽い

(2)
㋐（　　）20gより重い
㋑（　　）20gちょうど
㋒（　　）20gより軽い

月　　日　名前

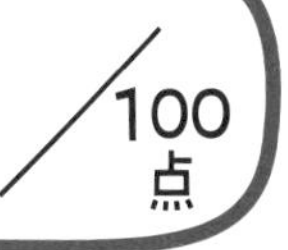

3　30gのせんべいをビニールぶくろに入れて、こなごなにしました。重さはどうなりますか。3つの中から正しいものに○をかきましょう。（10点）

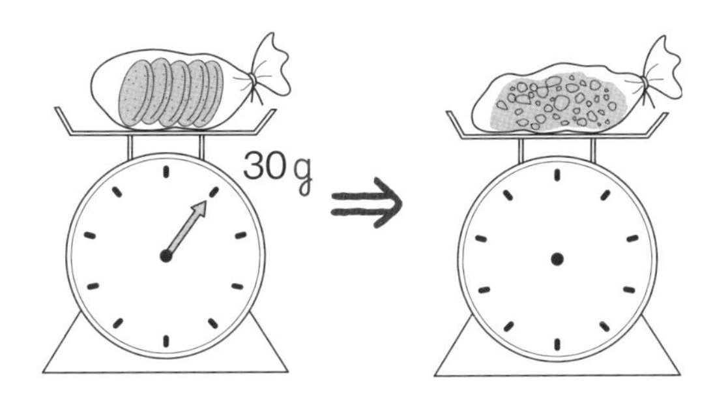

㋐（　　）30gちょうど
㋑（　　）30gより重い
㋒（　　）30gより軽い

4　つりあっているてんびんに、いろいろなものをのせて重さくらべをしました。つりあうものには○、つりあわないものには×をかきましょう。（1つ10点）

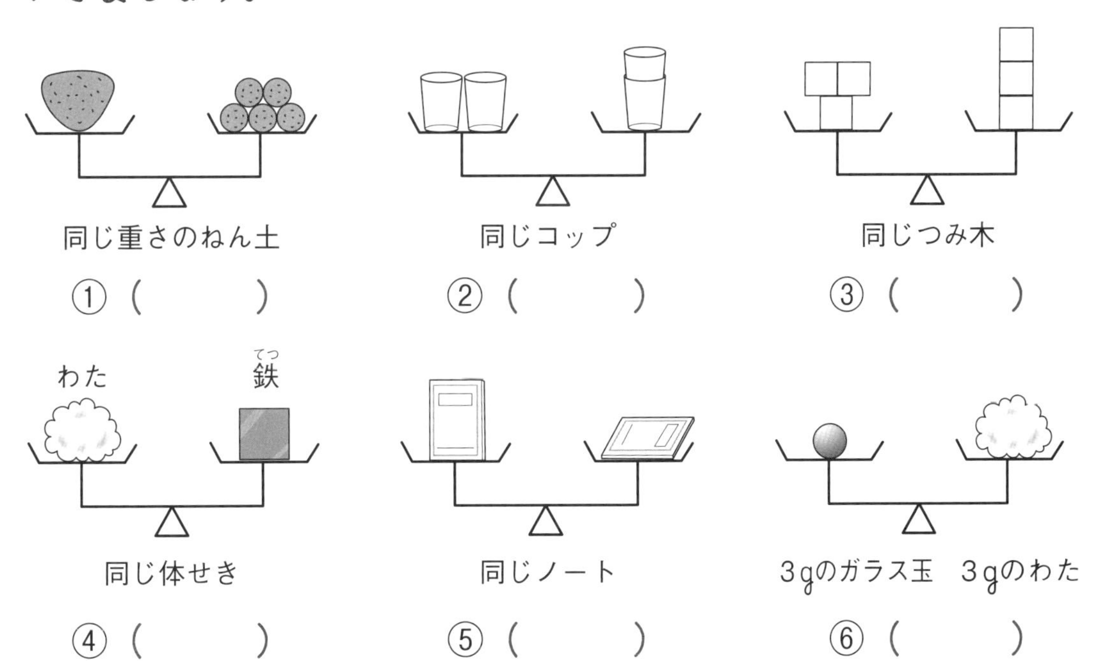

同じ重さのねん土　①（　　）
同じコップ　②（　　）
同じつみ木　③（　　）
同じ体せき　④（　　）
同じノート　⑤（　　）
3gのガラス玉　3gのわた　⑥（　　）

まとめテスト

ものと重さ

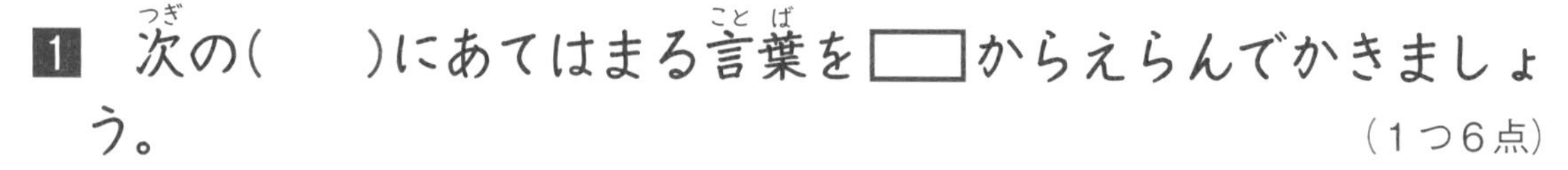

1 次の(　　)にあてはまる言葉を□からえらんでかきましょう。

（１つ６点）

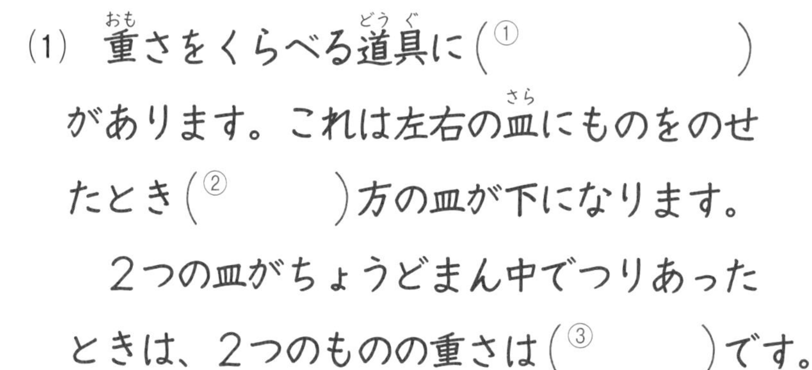

(1) 重さをくらべる道具に(①　　　　　)があります。これは左右の皿にものをのせたとき(②　　　)方の皿が下になります。

２つの皿がちょうどまん中でつりあったときは、２つのものの重さは(③　　　)です。

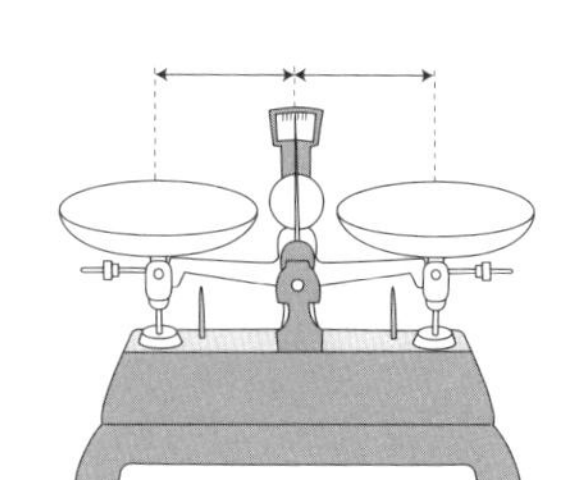

同じ　　上皿てんびん　　重い

(2) ものはいくつに(①　　　　)も、その(②　　　)はかわりません。また、ねん土のように、いろいろな(③　　　)にかえても重さは(④　　　　　)。

形　　かわりません　　重さ　　分けて

2 図のように、同じプリンカップの水と同じガラス玉の重さをはかりました。

（１つ６点）

(1) てんびんはつりあいますか。

(　　　　　　)

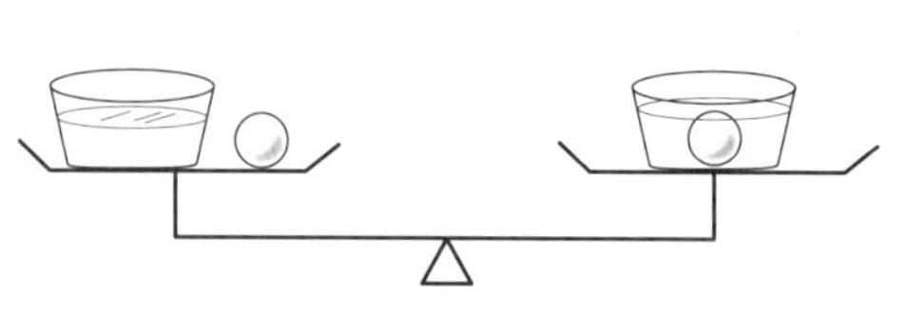

(2) (1)のわけについて、(　　)にあてはまる言葉をかきましょう。

左の皿に(①　　　　　　　)と(②　　　　　)がのっていて、右の皿にも同じものがのっているから。

月　　日 名前　　　　/100点

3 てんびんにアルミニウムはくをのせてつりあわせました。左の皿を下げるにはどうすればよいですか。次の①～③の文のうち、正しいものには○、まちがっているものには×を（　　）にかきましょう。（１つ10点）

アルミニウムはく

①（　　）左の皿のアルミニウムはくをかたくおしかため、丸くしてのせます。

②（　　）右の皿のアルミニウムはくを小さくちぎってすべてのせます。

③（　　）右の皿のアルミニウムはくを２つに分け、そのうちの１つだけをのせます。

4 てんびんを使って、同じ体せきの鉄、ねん土、木、発ぽうスチロールの重さをくらべました。

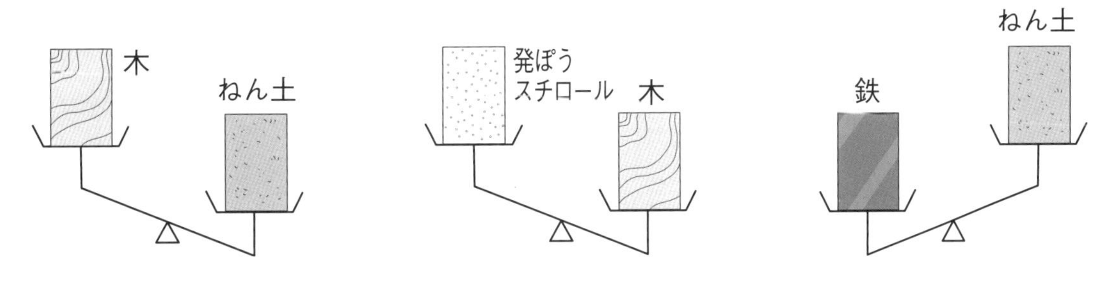

上のじっけんから、軽いじゅんに番号をかきましょう。（10点）

木	鉄	ねん土	発ぽうスチロール
（　　）	（　　）	（　　）	（　　）

まとめテスト

ものと重さ

1 重(おも)さをくらべます。同じ重さでてんびんがつりあうのはどれですか。つりあうものには○、つりあわないものには×をかきましょう。

（１つ10点）

(1) 同じ教科書　（　　　）

(2) 同じ体せきのわたと鉄(てつ)　（　　　）

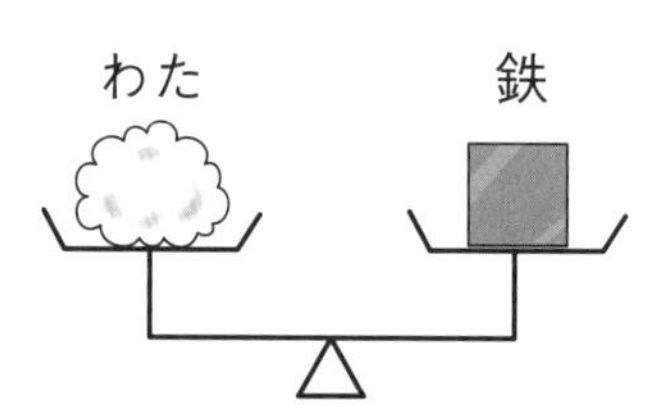

(3) 同じねん土と同じコップと水　（　　　）

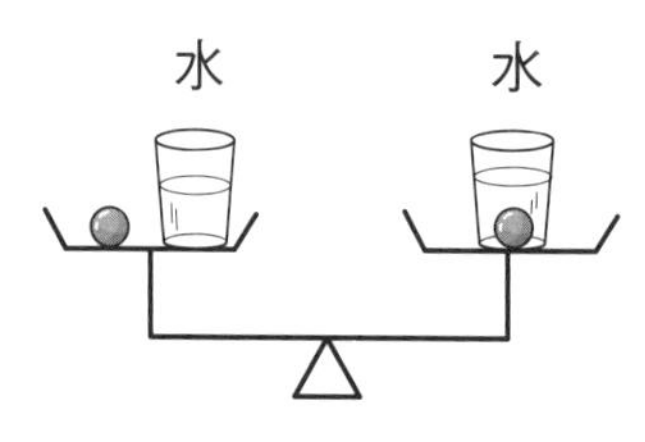

(4) 同じ体せきのねん土とアルミニウムはく　（　　　）

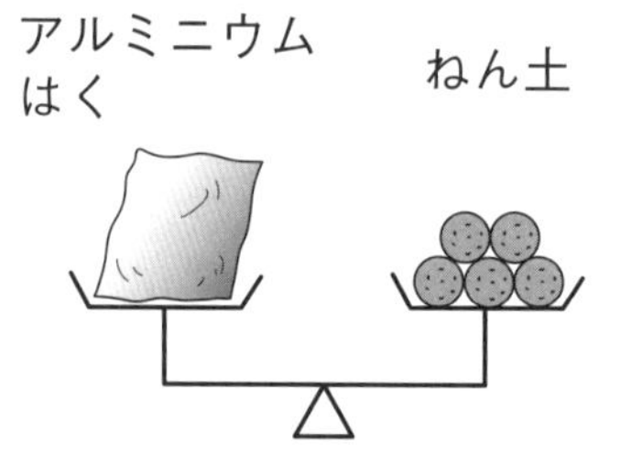

(5) 同じコップ2こずつ　（　　　）

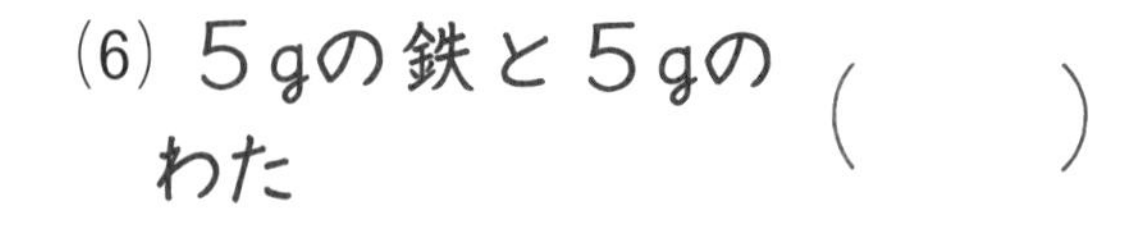

(6) 5gの鉄と5gのわた　（　　　）

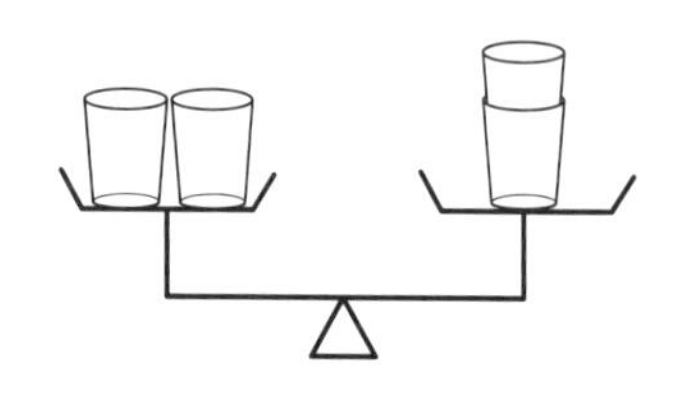

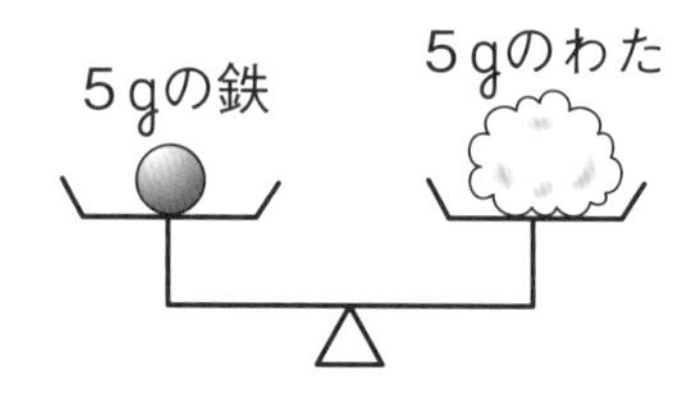

月　　日　名前　　　　　／100点

2 次(つぎ)の文で、正しいものには○、まちがっているものには×をかきましょう。（1つ5点）

①（　　）てんびんで2つのものの重さをくらべたとき、つりあったときは、2つの重さは同じです。

②（　　）同じ体せきのものは、どんなものでも同じ重さになります。

③（　　）体せきが同じでも、しゅるいがちがうと、重さもちがいます。

④（　　）てんびんで、2つのものをくらべたとき、重い方が下がります。

⑤（　　）てんびんで、2つのものをくらべたとき、重い方が上がります。

⑥（　　）同じ体せきのねん土は、丸くすると重さが軽(かる)くなります。

⑦（　　）ねん土を丸めても、2つに分けても、同じ体せきのときは、同じ重さです。

⑧（　　）ふくろに入ったビスケットをこなごなにして、形をかえても、ビスケットの重さはかわりません。

音のせいしつ

◆ なぞったり、色をぬったりしてイメージマップをつくりましょう

ものがふるえて音が出る

たたく — ふるえる

① 大だいこ

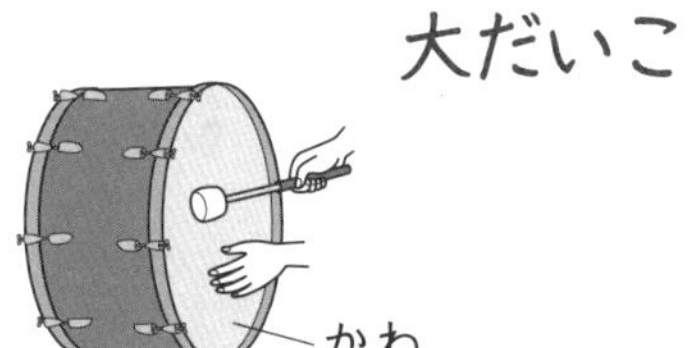

② トライアングル

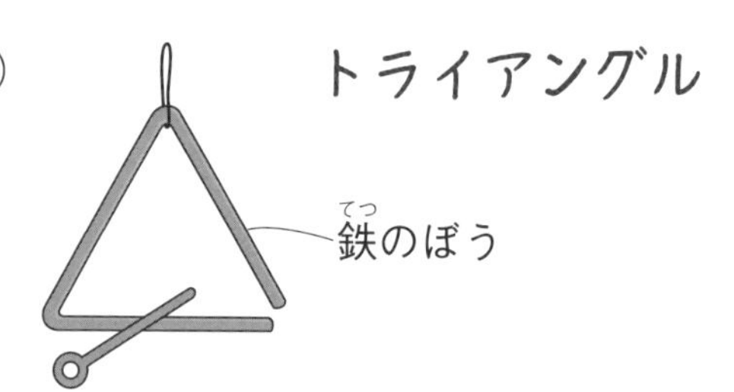

③

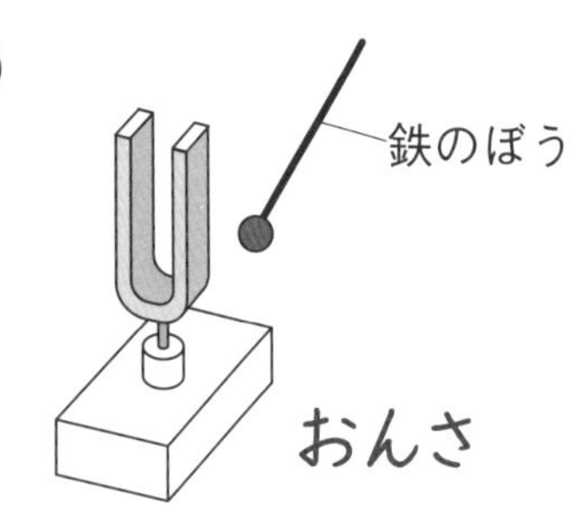

おんさ

はじく — ふるえる

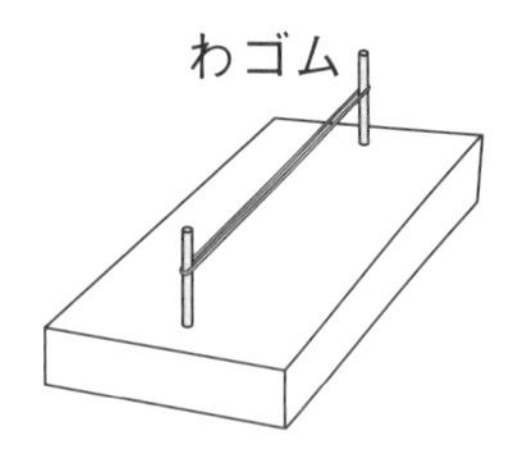

ふるえを調(しら)べる

水そう

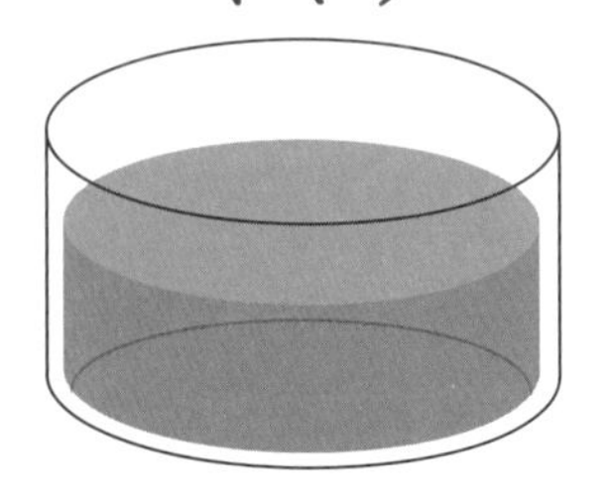

トライアングルをたたいて
水の中に入れてみる

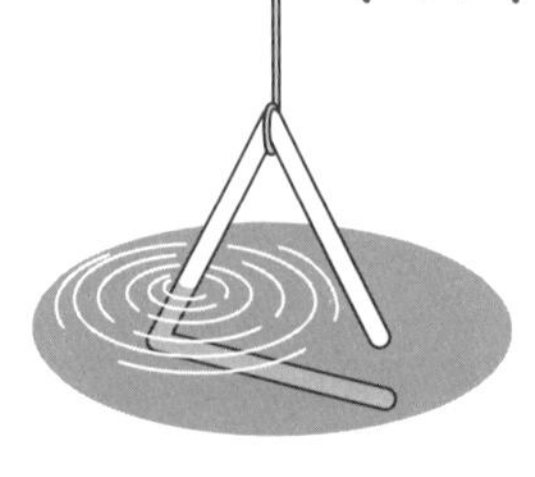

水がふるえて
波(なみ)が起(お)こる

月　　日　名前

音のつたわり方

大だいこ

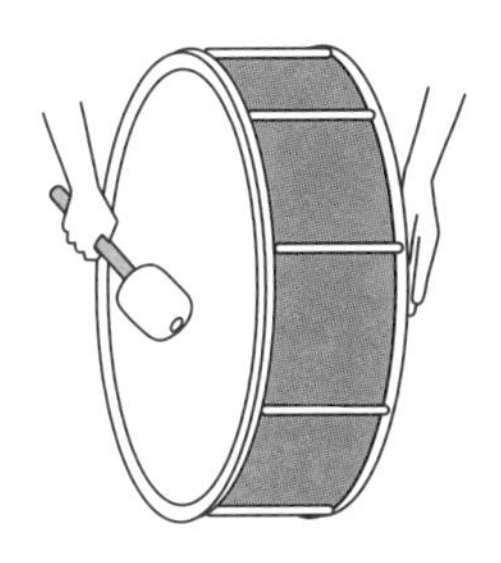

たいこの中

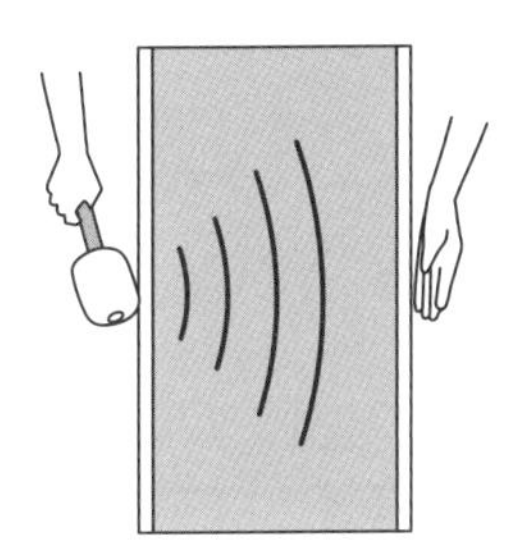

空気が
音のふるえを
つたえる

鉄ぼう

目に見えない
金物のふるえ

金物（かなもの）は音をよく
つたえる

糸電話

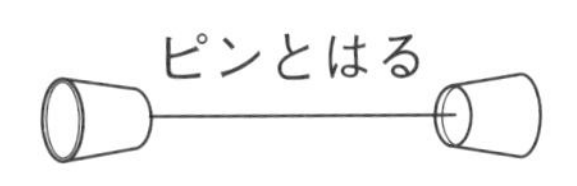

糸がふるえを
つたえる

糸がゆるんでいると
つたわりにくくなる

どう線（金物）だと
糸よりよくつたわる

音のせいしつ ①

音のつたわり方

1 次の(　　)にあてはまる言葉を□からえらんでかきましょう。

(1) じっけん1のように、トライアングルを(①　　　)、音を出し、水の入った水そうに入れました。すると、(②　　　)が、ふるえて(③　　　)が起こりました。

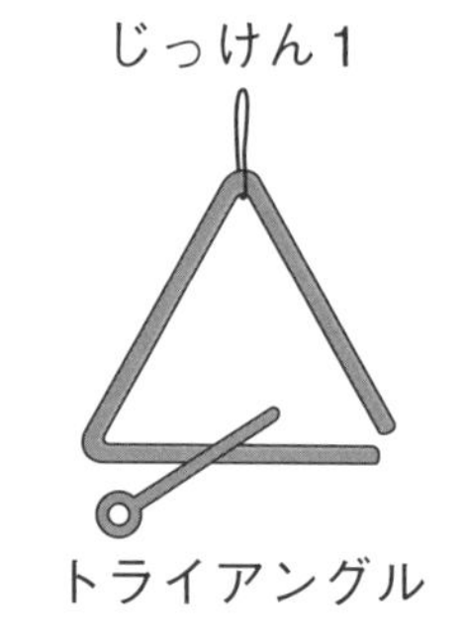

水	たたき	波

(2) じっけん2のような用具をつくり、ピンとはった(①　　　)を指で(②　　　)ました。するとわごムが(③　　　)音が出ました。

じっけん1～2で(④　　　)たたいたり、大きくはじいたりすると、どれも(⑤　　　)音になりました。大きな音は、小さな音にくらべて、ふれるはばが大きくなりました。

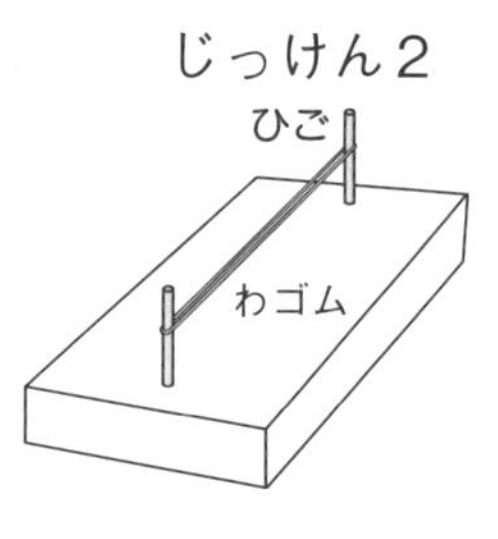

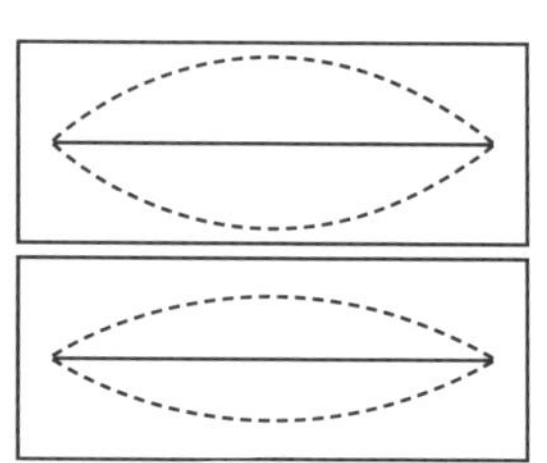

はじき	わゴム	大きな	強く	ふるえて

月　　日 名前

音はものがふるえることによって、つたわります。

2 次の(　　)にあてはまる言葉を□からえらんでかきましょう。

(1) 大だいこの㋐のがわをたたき、反対(はんたい)がわの㋑のようすを手をあてて調(しら)べました。

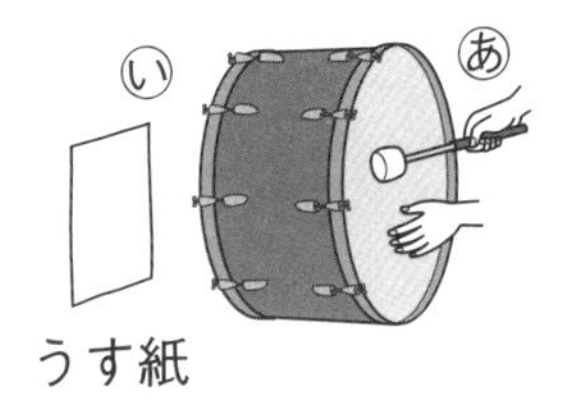

㋑のがわは、㋐のがわと(①　　　)ようにふるえていました。㋑のがわにおいた(②　　　)も同じように(③　　　)ていました。

このように(④　　　)を出すものは(⑤　　　)が空気中をつたわることがわかりました。

同じ	ふるえ	ふるえ	音	うす紙

(2) 鉄(てつ)ぼうなど(①　　　)でできたものを軽(かる)く(②　　　)、はなれたところでも、音はよく(③　　　)ました。

糸電話のじっけんをしました。糸電話の糸が(④　　　)、とちゅうを指でつまんでいると聞こえにくくなりました。それは糸のふるえが(⑤　　　)にくくなるからです。

金物(かなもの)	たるんだり	つたわり	つたわり	たたくと

音のせいしつ ②

音のつたわり方

1 次の(　　)にあてはまる言葉を□からえらんでかきましょう。

(1) 音は、音を出すものの(①　　　)が(②　　　)につたわると耳にとどき、聞こえます。

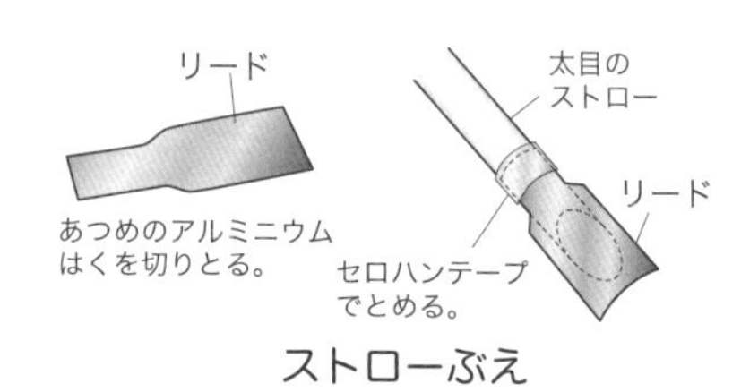
リード
太目のストロー
リード
あつめのアルミニウムはくを切りとる。
セロハンテープでとめる。
ストローぶえ

右のような(③　　　　)では口から出た(④　　　)がアルミはくでできたリードをふるわせて、そのふるえが(⑤　　　)につたわって耳にとどきます。

空気　　空気　　ふるえ　　ストローぶえ　　息

(2) 山やたて物に向かって(①　　　　)を出すと(②　　　　)が返ってくることがあります。これは、音にはかべのようなものにあたると、(③　　　　)せいしつがあるからです。

高速道路には、長い(④　　　)をつけているところがたくさんあります。これは、(⑤　　　)の音をかべではね返してそう音ぼう止をしているのです。

音楽ホールでは、かべや(⑥　　　　)にいろいろなくふうをして音が(⑦　　　)聞こえるようにしてあります。

美しく　　大きな声　　はね返る　　こだま　　天じょう かべ　　走る車

月　　日 名前

音のふるえは、強くはじくと大きくなり、弱くはじくと小さくなります。

2 お寺のかねの音がだんだん弱まるようすを考えましょう。次の文の(　　)にそのじゅん番をかきましょう。

① (　　　) かねつきぼうでかねをたたく。

② (　　　) かねのふるえがじょじょに小さくなる。

③ (　　　) かねが大きくふるえて音がひびく。

④ (　　　) ふるえが止まり、音もなくなる。

3 図を見て、あとの問いに答えましょう。

右図は、げんを強くはじいたものと、弱くはじいたものを表しています。

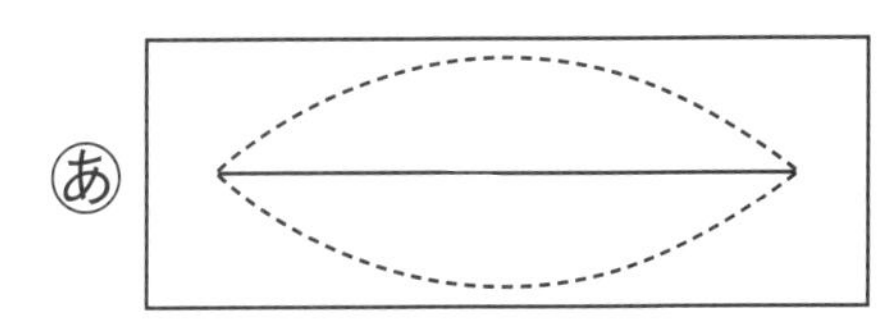

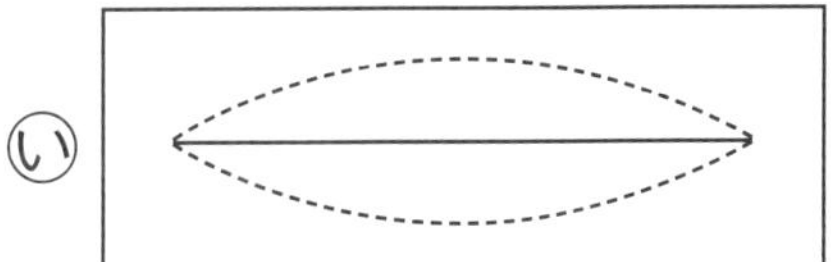

(1) 強くはじいたのはどちらですか。 (　　)

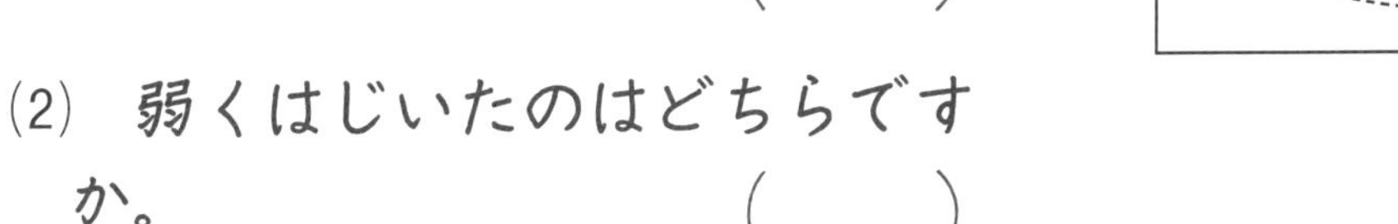

(2) 弱くはじいたのはどちらですか。 (　　)

(3) 音が大きいのはどちらですか。 (　　)

(4) 音が小さいのはどちらですか。 (　　)

(5) 音は、げんがどうなることでできますか。

(　　　　　　　　)

まとめテスト

音のせいしつ

1 次の(　　)にあてはまる言葉を□からえらんでかきましょう。

（１つ５点）

(1) じっけん1のように、大だいこの上に小さく切ったプラスチックへんをのせてたたきました。

たいこの(①　　　)とともに、プラスチックへんは(②　　　　)。しばらくして音が(③　　　　)と、(④　　　　)も動かなくなりました。

動きました　　止まる　　音　　プラスチックへん

(2) じっけん2のように、大だいこのⓐのがわをたたき、反対がわのⓘのようすを手をあてて調べました。

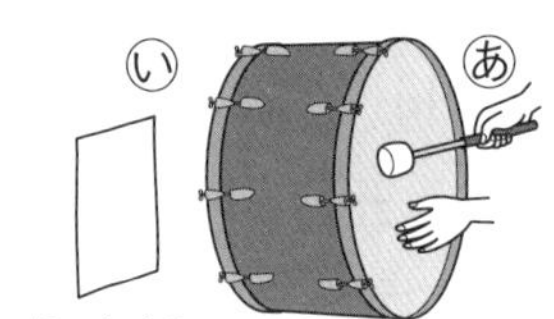

ⓘのがわは、ⓐのがわと同じように(①　　　)いました。ⓘのがわにおいた(②　　　)も同じようにふるえていました。

このように(③　　　)を出すものは(④　　　)が空気中を(⑤　　　)ことがわかりました。

うす紙　　ふるえて　　ふるえ　　つたわる　　音

月	日	名前	

2 次の(　　)にあてはまる言葉を□からえらんでかきましょう。（1つ5点）

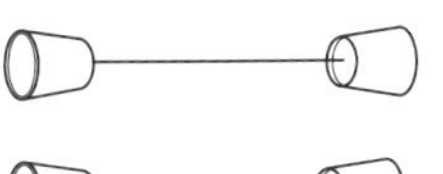

鉄ぼうなど(①　　　)でできたものを軽くたたくと、音はよく(②　　　　)ました。

糸電話のじっけんをしました。糸電話の糸が(③　　　　)、とちゅうを指でつまんでいると聞こえにくくなりました。それは糸のふるえが(④　　　　)にくくなるからです。

つたわり	つたわり	金物	たるんだり

3 右図は、げんを強くはじいたものと、弱くはじいたものを表しています。（1つ7点）

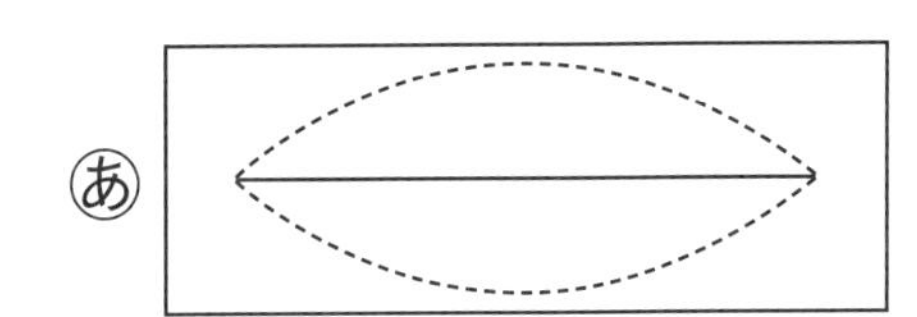

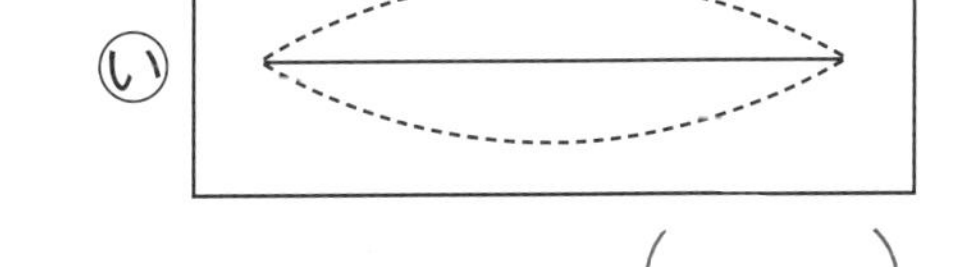

(1) 弱くはじいたのはどちらですか。(　　)

(2) 強くはじいたのはどちらですか。(　　)

(3) 音が小さいのはどちらですか。(　　)

(4) 音が大きいのはどちらですか。(　　)

(5) 音は、げんがどうなることでできますか。

(　　　　　　　　)

まとめテスト

音のせいしつ

1 次の(　　)にあてはまる言葉を□からえらんでかきましょう。
((1)、(2)1つ5点)

(1) 右図のように、大だいこを(①　　　　)とたいこの(②　　　　)がふるえて、反対がわの皮に(③　　　　)がつたわります。

音のふるえは、(④　　　　)でさわったり、(⑤　　　　)がふるえるようすを見ることでわかります。

うす紙　手　ふるえ　たたく　皮

(2) 次に、もっと大きい音を出すには、大だいこを前よりも(①　　　　)たたきます。すると、大だいこの(②　　　　)が前より(③　　　　)ふるえて、ⓘのうす紙も大きく(④　　　　)ました。

大きく　強く　皮　ふるえ

★(3) なぜ、はなれた場所にあるうす紙がふるえるのか、わけをかきましょう。
(5点)

[　　　　　　　　　　　　　　　　　　　　]

月　　　日　名前

100
点

2 次の（　　）にあてはまる言葉を□からえらんでかきましょう。（１つ５点）

(1) 音は、音を出すものの（①　　　　）が（②　　　　）につたわると耳にとどき、聞こえます。

右のような（③　　　　　　）では口から出た（④　　　　）がアルミはくでできたリードをふるわせて、そのふるえが（⑤　　　　）につたわって耳にとどきます。

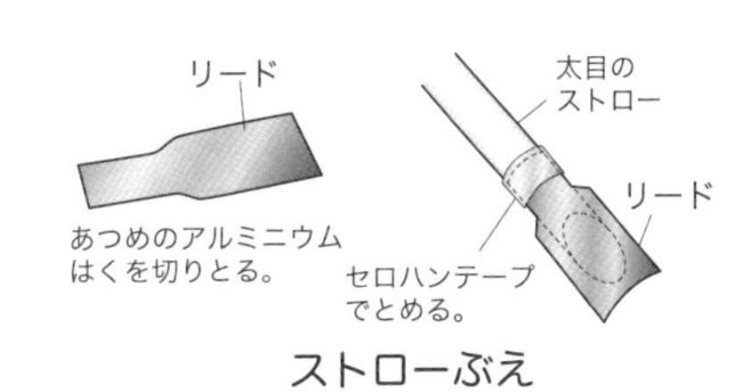
リード
あつめのアルミニウムはくを切りとる。
太目のストロー
リード
セロハンテープでとめる。
ストローぶえ

空気	空気	ふるえ	ストローぶえ	息（いき）

(2) 山やたて物（もの）に向（む）かって（①　　　　　）を出すとこだまが返（かえ）ってくることがあります。これは、音にはかべのようなものにあたると、（②　　　　　）せいしつがあるからです。

高速道路（こうそくどうろ）には、長いかべをつけているところがたくさんあります。これは、（③　　　　）の音をかべではね返して外に聞こえないようにしているのです。

音楽ホールでは、（④　　　　）や天じょうにいろいろなくふうをして音が（⑤　　　　）聞こえるようにしてあります。

美（うつく）しく	大きな声	はね返る	かべ	走る車

クロスワードクイズ

クロスワードにちょうせんしましょう。キとギは同じと考えます。

①❶		■	③❷		■	④
	■	■		■	■	
	■	❸				
■	❹					
②❺		■		■	■	
❻						
■	■	■	❼			■

タテのかぎ

① ミカンやサンショウの葉にたまごをうみます。よう虫は青虫です。

ヨコのかぎ

❶ 土の中にすをつくります。ぞろぞろと〇〇の行列を見ることもあります。

月　　日　名前

② こん虫のなかまではありません。からだは、頭とはらの２つに分かれ、あしは８本です。

③ 秋になると草むらで、コロコロとなき声がきこえます。スズムシのなかまです。

④ 林や野原にすんでいて、アブラムシを食べます。テントウムシの１つです。

ぼくのことだよ。

❷ じしゃくのきょくの１つです。このきょくとＮきょくは引きあいます。

❸ しっかりとえものをつかまえる、大きくて、するどくとがったあしがあります。

❹ 太陽（たいよう）を見るときに使（つか）う道具（どうぐ）。これを通して見ないと目をいためます。

❺ 植物（しょくぶつ）のからだは、葉と○○と根（ね）の３つの部分（ぶぶん）からできています。

❻ キャベツの葉にたまごをうみます。よう虫は青虫です。

❼ かん電池にどう線をつなぐ部分です。

理科ゲーム

答えは、どっち？

正しいものをえらんでね。

1　アブラナの葉(は)のうらでたまごを見つけました。アゲハ、モンシロチョウ、どっちのたまご？

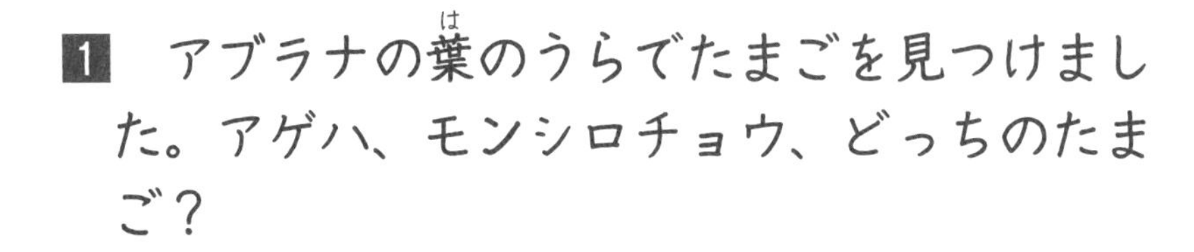

（　　　　　　）

2　キャー！　ゴキブリがでたぞ～！　ダンゴムシ、ゴキブリ、こん虫はどっち？

（　　　　　　）

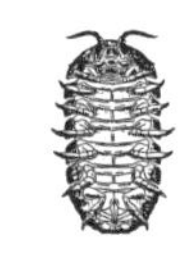

ダンゴムシ

3　ヒマワリのたねを植(う)えました。さいしょに開(ひら)くのは、子葉(しよう)、本葉(ほんば)、どっち？

（　　　　　　）

たね

4　タンポポとハルジオンがさいています。草たけが高いのはどっち？

（　　　　　　）

ハルジオン

5　日なたと日かげがあります。すずしいのはどっち？

（　　　　　　）

月　　　日　名前

6　大きい虫めがねと小さい虫めがねがあります。光を多く集められるのは、どっち？

（　　　　　　　）

7　金ぞくのスプーンとプラスチックのスプーンがあります。電気を通さないのは、どっち？

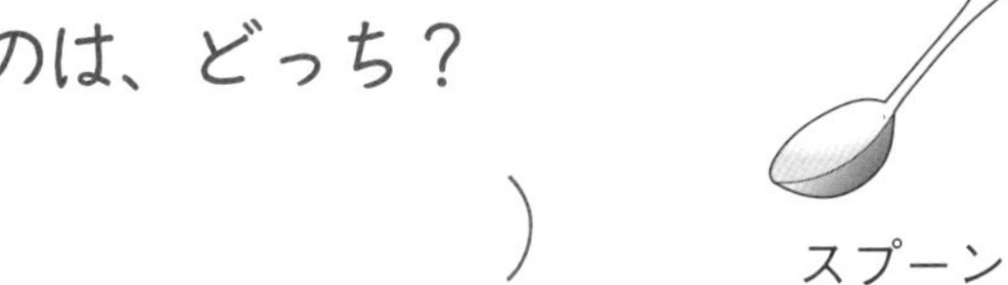

（　　　　　　　）

8　2本のぼうじしゃくが引きあいました。Nきょくをひきつけるのは、Nきょく、Sきょく、どっち？

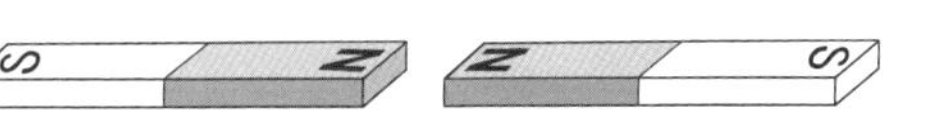

（　　　　　　　）

9　わゴムで車を走らせます。速く走るのは、わゴム1本、わゴム2本、どっち？

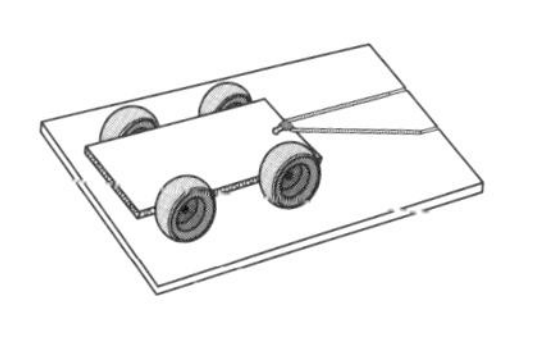

（　　　　　　　）

10　風を受けて走る車をつくりました。大きい「ほ」と小さい「ほ」があります。遠くまで走るのは、どっち？

（　　　　　　　）

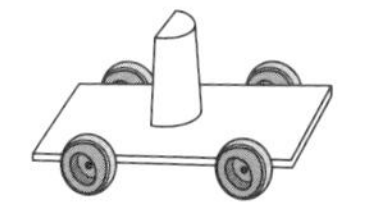

理科オリンピック

理科のじっけんのオリンピックです。1い、2い、3いを決めましょう。

1 丸いかがみを3まい使って図のように、日かげのかべに日光をはね返しました。

明るいところはどこですか。

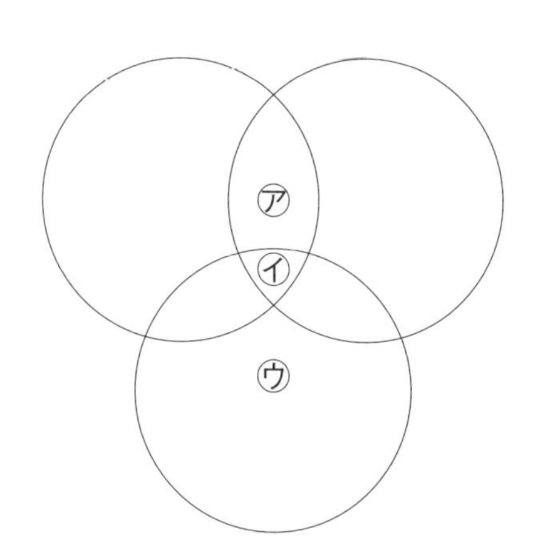

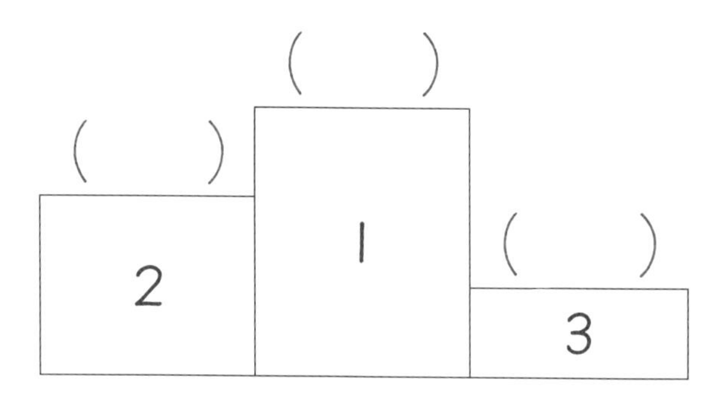

2 紙コップを「ほ」に使った車をつくりました。全体の重さは同じにしてあります。遠くまで走る車はどれですか。

ア
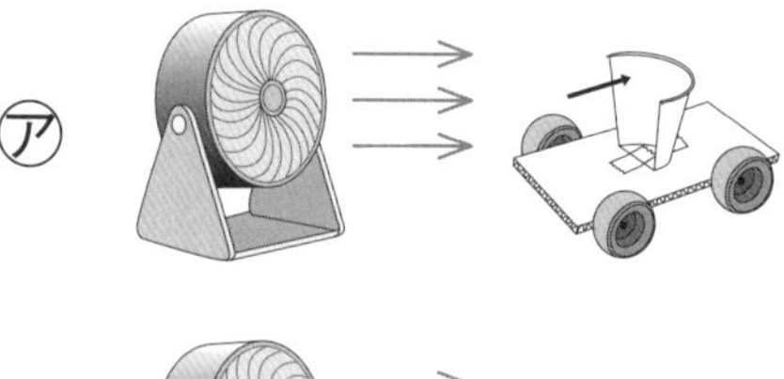

イ
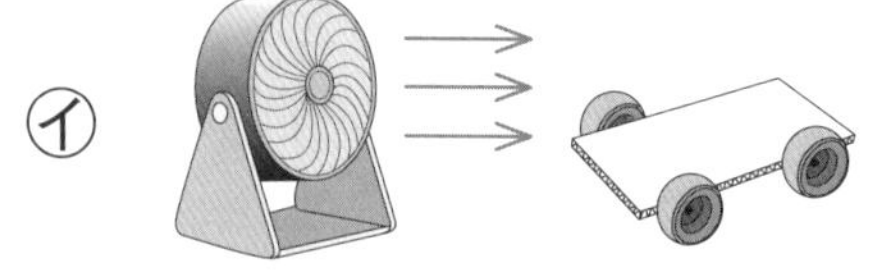

ウ
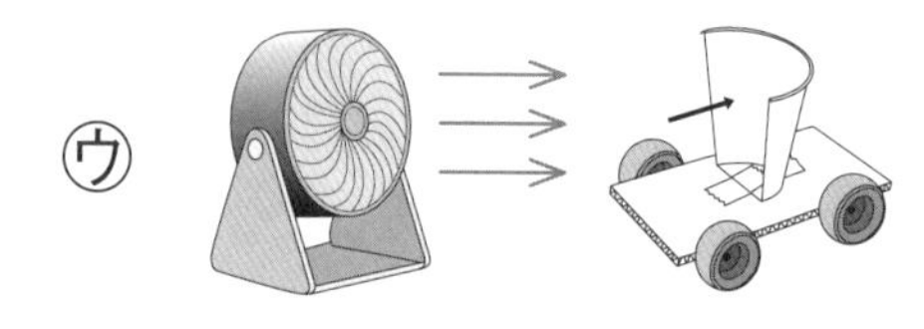

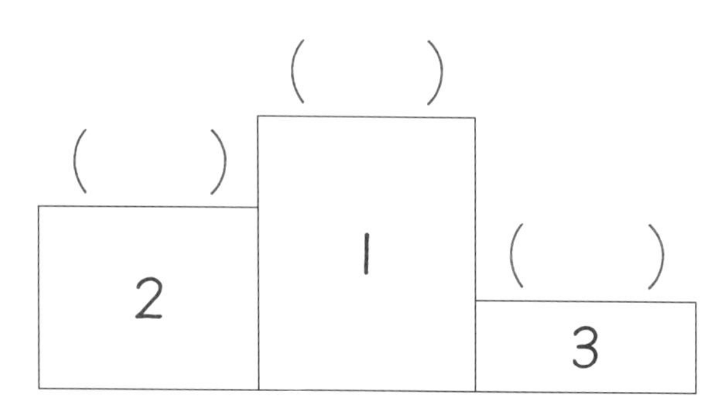

月　　日　名前

3　ゴムの力で動く車があります。わゴムの数を１本、２本、３本にしました。遠くまで走るのはどれですか。

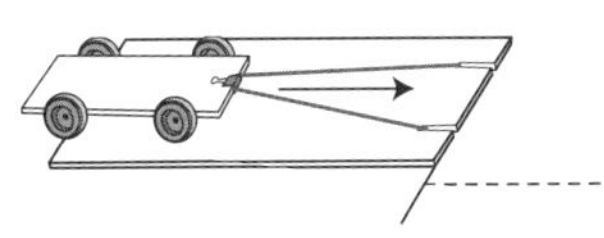
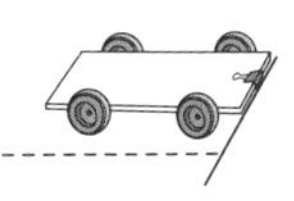

㋐　わゴム１本　　㋑　わゴム２本　　㋒　わゴム３本

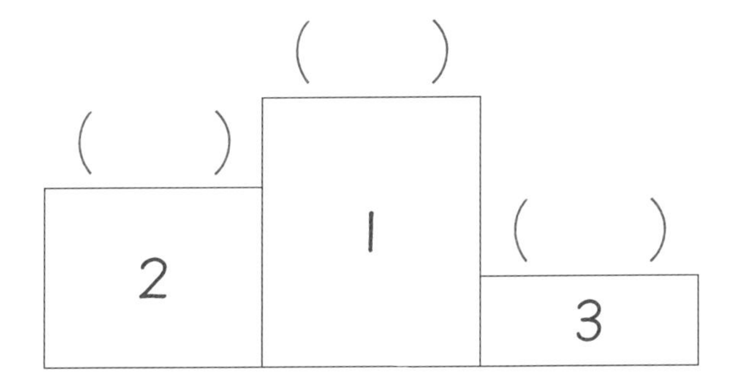

4　同じ体せきの鉄、ねん土、木の重さをくらべました。

㋐　鉄
㋑　ねん土
㋒　木

重いのはどれですか。

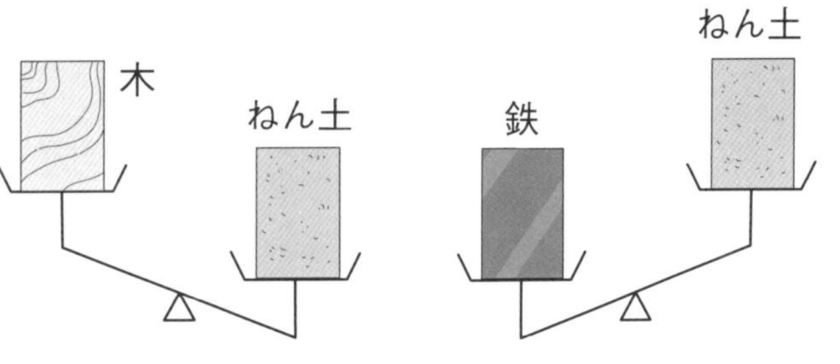

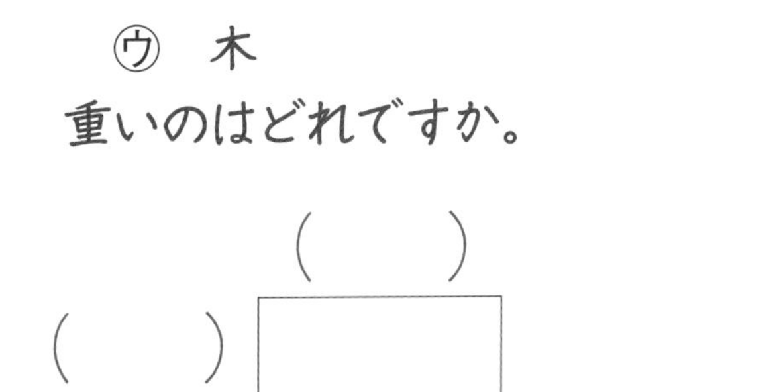

理科ゲーム

まちがいを直せ！

正しい言葉に直しましょう。

1 ハルアカネ？　（　　　　　）

秋に野山にとぶすがたがよく見られます。アカトンボともいいます。

2 クロネコアリ？　（　　　　　）

土の中にすんでいて、虫や木の実などを食べます。

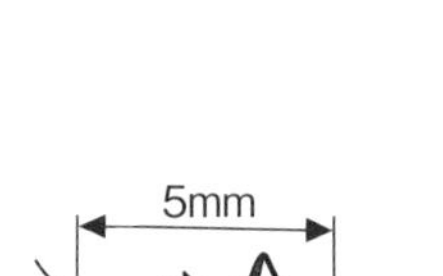

3 モンクロチョウ？　（　　　　　）

アブラナなどの葉のうらがわにたまごをうみます。花のみつをすいます。

4 なぎさ？　（　　　　　）

チョウのよう虫が、よう虫からせい虫になる間のときです。

5 フユジオン？　（　　　　　）

草たけの高い植物です。野原など日光のよくあたるところに育ちます。

月　　　　日　名前

6 めい路？　　　（　　　　　　）

かん電池、豆電球などをどう線でつなぎ、1つのわになる電気の通り道です。

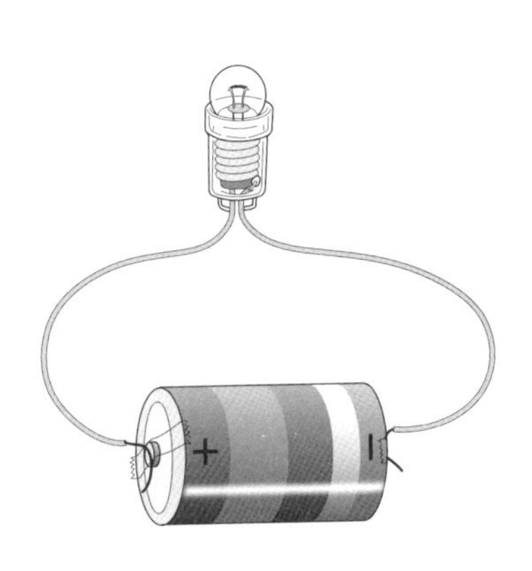

7 フェラメント？（　　　　　　）

豆電球の中にあって、ここに電気が流れると光ります。

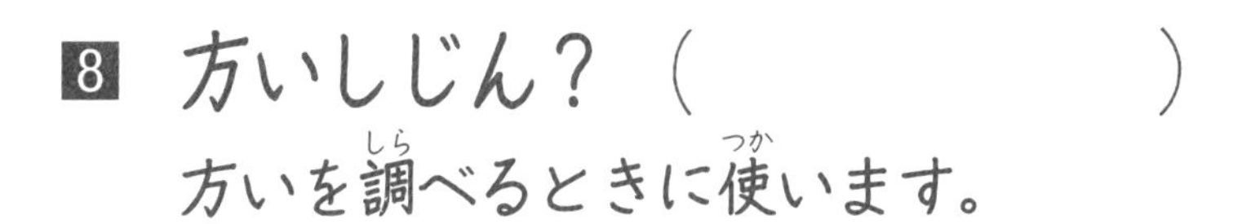

8 方いしじん？（　　　　　　）

方いを調べるときに使います。

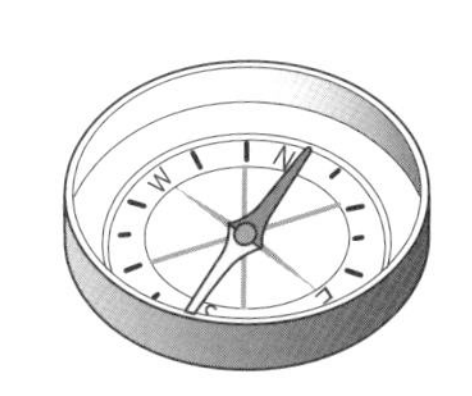

9 音頭計？　　　（　　　　　　）

もののあたたかさをはかるときに使います。

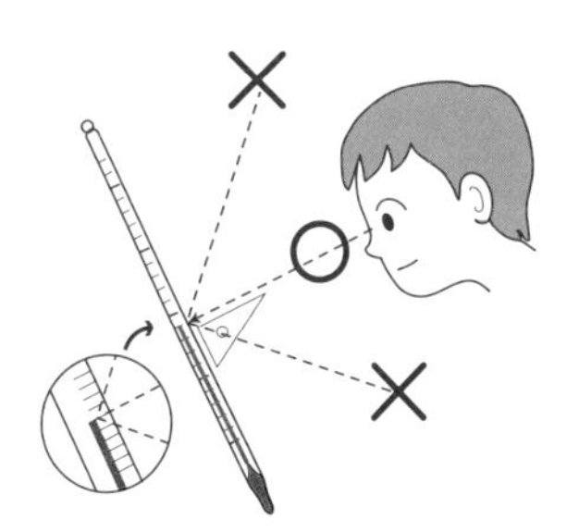

10 しゃ高板？（　　　　　　）

太陽を見るときに使います。

理科習熟プリント　小学３年生

2020年４月20日　発行

著　者　宮崎　彰嗣　横田　修一

発行者　蒔田　司郎

企　画　フォーラム・A

発行所　清　風　堂　書　店
〒530-0057　大阪市北区曽根崎２-11-16
TEL 06-6316-1460／FAX 06-6365-5607
振 替　00920-6-119910

制作編集担当　蒔田司郎
表紙デザイン　ウエナカデザイン事務所

理科3年生
習熟プリント
答え

答えの中にある※について
※①②③は、①、②、③に入る言葉は、そのじゅん番は自由です。

れい

月　　日　名前

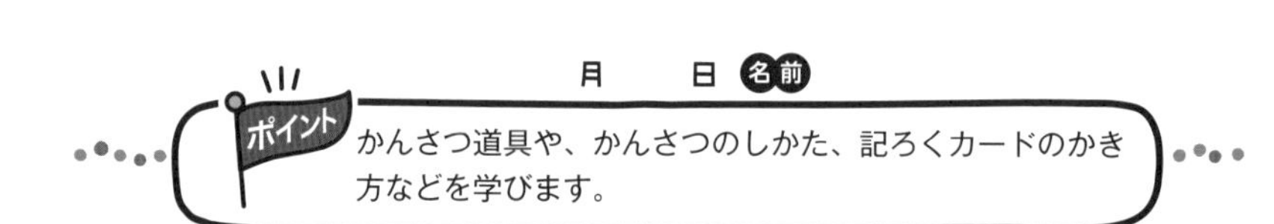
ポイント
かんさつ道具や、かんさつのしかた、記ろくカードのかき方などを学びます。

2 次の(　　)にあてはまる言葉を□からえらんでかきましょう。

(1) かんさつに出かけるときに、じゅんびする物は、かんさつの内ようを記ろくする(① 筆記用具)、(② かんさつカード)、(③ デジタルカメラ)などです。　※①②③

筆記用具	かんさつカード	デジタルカメラ

(2) 虫をつかまえるための(① あみ)や、つかまえた虫を入れる(② 虫かご)、虫のこまかい部分をかんさつする(③ 虫めがね)などもあればべんりです。

虫かご	虫めがね	あみ

(3) かんさつするときには、さしたり、かんだりする(① 虫)や、かぶれる(② 植物)に気をつけます。

また、かんさつする生き物だけをとり、コオロギやバッタなどの(③ かんさつ)が終わったら、元の場所に(④ にがして)あげましょう。

外から、帰ったら、(⑤ 手)をあらいます。

手	虫	植物	にがして	かんさつ

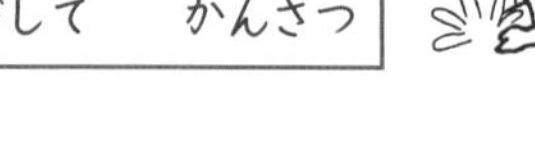

身近なしぜん ①
かんさつのしかた

月　日 名前

ポイント かんさつ道具や、かんさつのしかた、記ろくカードのかき方などを学びます。

1 チューリップとタンポポをかんさつし、カードに記ろくしました。あとの問いに答えましょう。

(1) かんさつカードはどのようにかきますか。図の(　)にあてはまる言葉を、□からえらんでかきましょう。

(①題名)をかく。
(②日時)をかく。
(③場所)をかく。
調べたことや(④気づいたこと)を絵や文でかく。

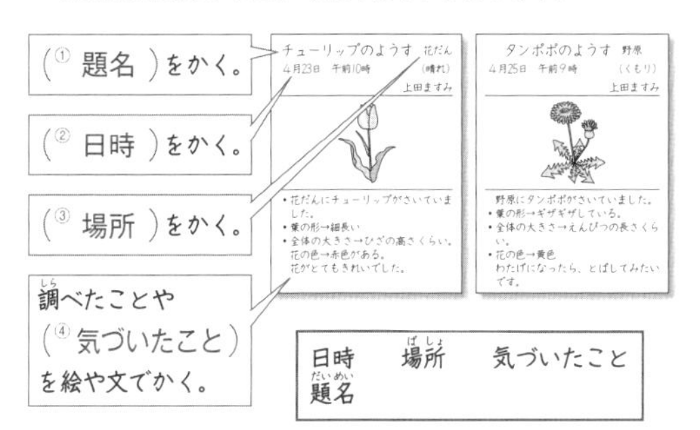

日時　場所　気づいたこと　題名

(2) このかんさつから、チューリップとタンポポの葉の形や全体の大きさ、花の色について、わかったことをかきましょう。

	チューリップ	タンポポ
① 葉の形	細長い	ギザギザしている
② 全体の大きさ	ひざの高さくらい	えんぴつの長さくらい
③ 花の色	赤色	黄色

2 次の(　)にあてはまる言葉を□からえらんでかきましょう。

(1) かんさつに出かけるときに、じゅんびする物は、かんさつの内ようを記ろくする(①筆記用具)、(②かんさつカード)、(③デジタルカメラ)などです。

※①②③

筆記用具　かんさつカード　デジタルカメラ

(2) 虫をつかまえるための(①あみ)や、つかまえた虫を入れる(②虫かご)、虫のこまかい部分をかんさつする(③虫めがね)などもあればべんりです。

虫かご　虫めがね　あみ

(3) かんさつするときには、さしたり、かんだりする(①虫)や、かぶれる(②植物)に気をつけます。

また、かんさつする生き物だけをとり、コオロギやバッタなどの(③かんさつ)が終わったら、元の場所に(④にがして)あげましょう。

外から、帰ったら、(⑤手)をあらいます。

手　虫　植物　にがして　かんさつ

身近なしぜん ②
草花のようす

月　日 名前

ポイント 春の草花のようすについて学びます。タンポポやハルジオンを学びます。

1 次のかんさつカードから、どんなことがわかりますか。あとの問いに答えましょう。

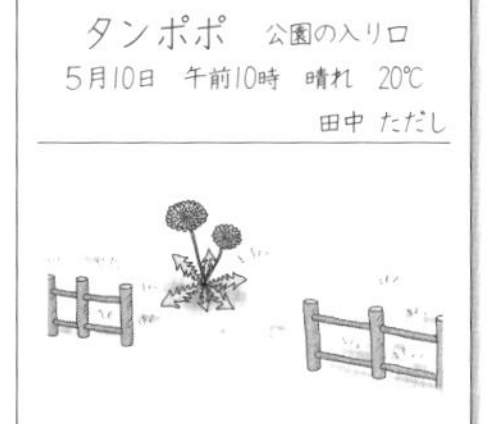

タンポポ　公園の入り口
5月10日　午前10時　晴れ　20℃
田中 ただし
・葉っぱが地面に広がっている。
・あながあいたり、やぶれた葉がある。
・まわりにせの高い草がない。
・近くにオオバコがたくさんある。

(1) 草花の名前は何ですか。
(タンポポ)

(2) どこで見つけましたか。
(公園の入り口)

(3) かんさつした日時はいつですか。
(5月10日午前10時)

(4) (　)にあてはまる言葉を□からえらんでかきましょう。

タンポポの葉で、あながあいたり、(①やぶれたり)しているものがあるのは、(②人)がよく通り、ふみつけられるからです。

まわりにせの高い草がないのは、ふみつけられたりして、(③育たない)からです。タンポポのまわりには、せたけのよくにた(④オオバコ)がはえています。

オオバコ　人　やぶれたり　育たない

2 次のかんさつカードから、どんなことがわかりますか。あとの問いに答えましょう。

ハルジオン　野原
5月18日　午前10時　(晴れ)
さとう めぐみ
・せの高い草がたくさんそだっている。
・日光がよくあたっていた。
・まわりには大きな木はない。
・白い花がたくさんさいていた。

(1) 草花の名前は何ですか。
(ハルジオン)

(2) どこで見つけましたか。
(野原)

(3) その日の天気は何ですか。
(晴れ)

(4) だれのかんさつ記ろくですか。
(さとう　めぐみ)

(5) (　)にあてはまる言葉を□からえらんでかきましょう。

野原には(①人)や自動車など、植物をふみつけたり、(②おったり)するものが入ってきません。また、野原は、森などとちがって(③日光)もよくあたります。そのため、せの(④高い)植物が多くはえています。

(⑤セイタカアワダチソウ)なども、その1つです。

日光　高い　セイタカアワダチソウ　人　おったり

身近なしぜん ③

こん虫のようす

1 次のかんさつカードから、どんなことがわかりますか。あとの問いに答えましょう。

(1) 生き物の名前は何ですか。
（ アリ ）

(2) どこで見つけましたか。
（ 花だんの近く ）

(3) かんさつした日時はいつですか。
（ 5月18日午前9時 ）

(4) その日の天気は何ですか。
（ 晴れ ）

アリ　花だんの近く
5月18日　午前9時　（晴れ）
三木 一ろう

・すあなに向かって行列して歩いていた。
・2～3びきで虫の死がいを運んでいた。
・うろうろしているアリもいた。
・すあなから、出てくるアリもいた。

(5) （　）にあてはまる言葉を□からえらんでかきましょう。

アリは（① 地面 ）の下にある、すあなに向かって（② 行列 ）して歩きます。また、中には、2～3びきが（③ 力 ）をあわせて、（④ エサ ）を運んでいることもあります。うろうろしているのは（⑤ エサ ）をさがしているのでしょう。

行列　地面　エサ　エサ　力

月　日　名前

ポイント　春のこん虫のようすについて調べます。アリの行列やカマキリのようすを学びます。

2 次のかんさつカードを見て、あとの問いに答えましょう。

(1) 題名は何ですか。
（ 見つけにくいカマキリ ）

(2) かんさつした日時はいつですか。
（ 5月25日午前10時 ）

(3) カマキリのあしは何本ですか。
（ 6本 ）

(4) カマキリは、何を食べていますか。
（ 小さい虫 ）

見つけにくいカマキリ　野原
5月25日　午前10時　（晴れ）
上田 さとし

・草原の中の葉にとまっていた。
・近くにエサになる小さい虫がたくさんいた。
・からだは緑色をしていて、見つけにくかった。
・前あしはかまのようになっていた。

(5) （　）にあてはまる言葉を□からえらんでかきましょう。

カマキリのからだの色は（① 緑色 ）です。そのため、まわりの（② 植物 ）の色にかくれてしまい、とても（③ 見つかりにくい ）です。

また、カマキリの前あしは（④ かま ）のような形をしていて、エサになる（⑤ 虫 ）をつかまえやすくなっています。

かま　植物　緑色　見つかりにくい　虫

まとめテスト

身近なしぜん

1 次の文は、いろいろな生き物についてかかれています。（　）にあてはまる言葉を□からえらんでかきましょう。（1つ5点）

(1) ダンゴ虫は、ブロックや（① 石 ）の下にたくさんいました。（② 暗い ）ところをこのんですんでいるようです。

ナナホシテントウが、カラスノエンドウにいた（③ アブラムシ ）を食べていました。ナナホシテントウの色は（④ だいだい色 ）で目立ちました。

モンシロチョウが、アブラナの花に止まっていました。長い（⑤ ストロー ）のような口で花の（⑥ みつ ）をすっていました。

ストロー　だいだい色　石　暗い　みつ　アブラムシ

(2) カマキリのからだの色はふつう（① 緑色 ）です。そのため、まわりの（② 植物 ）の色にかくれてとても（③ 見つかりにくい ）です。

ところが、土の上に長くいるカマキリは（④ 茶色 ）をしていることがあります。

これは、すむ場所の色にあわせて（⑤ 身 ）を守るためです。

身　植物　見つかりにくい　緑色　茶色

月　日　名前

2 次の（　）にあてはまる言葉を□からえらんでかきましょう。（1つ5点）

(1) 植物は、日光がなくては育ちません。そこで、それぞれの植物がどのようにして（① 日光 ）を多く受けるか、きそいあっています。

タンポポとハルジオンの（② せたけ ）のちがいを見ると、ハルジオンの方がせが（③ 高く ）て、日光をよく受けられそうです。

ところが、（④ 人や車 ）が通るところでは、草花の（⑤ くき ）がおれてしまい、大きく育ちません。

せたけ　日光　高く　人や車　くき

(2) タンポポは葉と根がとても（① じょうぶ ）で人や車にふまれてもかれたりしません。

それで、（② タンポポ ）は人や車の通る道の近い場所に、（③ ハルジオン ）は人や車がやってこない野原のおくの方に育っています。

植物は日光をたくさん受けるため、まわりの草花と（④ きょうそう ）しながら育っているのです。

タンポポ　じょうぶ　きょうそう　ハルジオン

まとめテスト

身近なしぜん

1 次の植物のせたけは、㋐タンポポ、㋑ハルジオンのどちらににていますか。(　)に記号をかきましょう。（1つ4点）

① オオバコ（㋐）　② カラスノエンドウ（㋑）

③ アブラナ（㋑）　④ ホトケノザ（㋐）

2 ハルジオンにくらべ、タンポポなどせのひくい植物はどんな場所にはえていますか。その理由もかきましょう。（8点）

タンポポはとてもじょうぶで人や車にふまれたりしてもかれないので、人や車の通る場所に多くはえています。

3 すんでいる場所でからだの色がかわる生き物がいます。

(1) すんでいる場所で、からだの色がかわるものには○、かわらないものには×をつけましょう。（1つ4点）

① カマキリ（○）　② アゲハ（×）

③ アリ（×）

(2) からだの色がかわるのは、なぜですか。次の中から正しいものを1つえらんで○をかきましょう。（4点）

①（○）すむ場所の色にあわせて、身を守るため
②（　）オス・メスですむ場所がかわるため
③（　）気温によって色がかわるため

月　日　名前　　/100点

4 次のこん虫の名前と食べ物とすむ場所を□からえらんでかきましょう。（1つ4点）

名前	食べ物	すむ場所
①（モンシロチョウ）	花のみつ	花だんや野原
②（ナナホシテントウ）	アブラムシ	林や野原
③（ショウリョウバッタ）	草の葉	野原
④（オオカマキリ）	小さな虫	野原
⑤（セミ）	木のしる	林

【名前】ショウリョウバッタ　モンシロチョウ　セミ　ナナホシテントウ　オオカマキリ
【食べ物】草の葉　アブラムシ　木のしる　花のみつ　小さい虫
【すむ場所】花だんや野原　林　林や野原　野原　野原

草花を育てよう ①

たねから子葉へ

ポイント　たねまきのようすから子葉が出るまでを学びます。ヒマワリ、ホウセンカ、マリーゴールドなどを調べます。

月　日　名前

1 図は、草花のたねです。たねの名前を□からえらんでかきましょう。

①

②

③

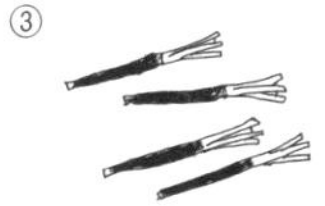

（ヒマワリ）（ホウセンカ）（マリーゴールド）

ホウセンカ　ヒマワリ　マリーゴールド

2 ホウセンカのたねをまきました。あとの問いに答えましょう。

(1) 正しいまき方に○をつけましょう。

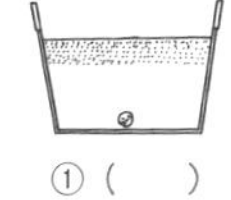

①（　）

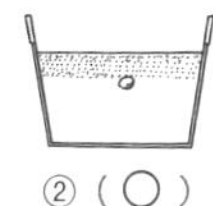

②（○）

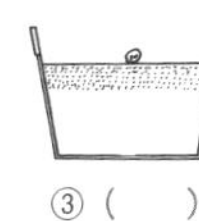

③（　）

(2) たねまきのあと、下のようなふだを立てました。よいものを1つえらんで、○をつけましょう。

①（　）

②（○）

③（　）

3 次の(　)にあてはまる言葉を□からえらんでかきましょう。

花だんにたねをまきます。ヒマワリは、たねとたねの間を（①50）cmくらい、ホウセンカは、（②10）cmくらいはなしてまきます。

ヒマワリは、めが出たあと、大きく育つので、たねとたねの間を広くしてまきます。

たねをまくあなの深さは、（③1～2）cmです。

たねをまいたら軽く（④土）をかぶせ、土がかわかないように（⑤水）をかけます。

土　水　50　1～2　10

4 次の(　)にあてはまる言葉を□からえらんでかきましょう。

(1) ホウセンカのたねをまきました。あのような葉が出ました。名前をかきましょう。　あ（子葉）

(2) ヒマワリのめが出ました。い～おの名前をかきましょう。

い（本葉）　う（子葉）
え（くき）　お（根）

子葉　子葉　本葉　根　くき

草花を育てよう ②

草花の育ちとつくり

1 次の文は、なえを植えかえるときにすることをかいたものです。どのようなじゅんじょで行いますか。行うじゅんに、（　）に数字をかきましょう。

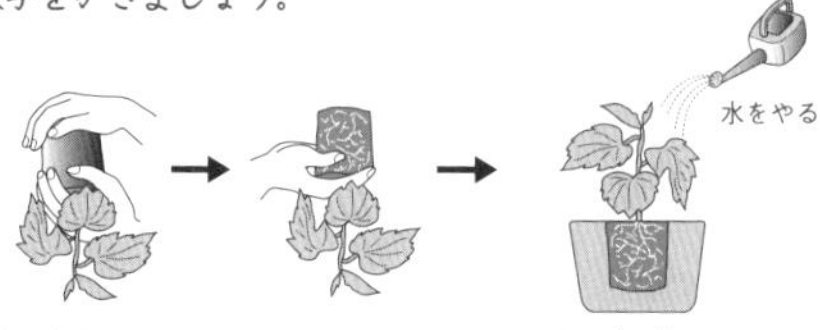

さかさまにして はちをはずす。　はちの土ごと、そっと植えかえる。

①（ 3 ）はちの土ごと、そっと植えかえる。
②（ 4 ）水をやる。
③（ 1 ）花だんなどの土をたがやして、ひりょうをまぜる。
④（ 2 ）はちが入るくらいのあなをほる。

2 次の文のうち正しいものには○、まちがっているものには×をかきましょう。

ヒマワリ　ホウセンカ

①（ × ）ヒマワリとホウセンカは同じ大きさで育ちます。
②（ ○ ）どちらにも葉・くき・根があります。
③（ ○ ）子葉の数は2まいです。
④（ × ）根の形は同じです。
⑤（ ○ ）葉の形や大きさはちがいます。

月　日 名前

ポイント 植えかえからあと、どのように育つか調べましょう。葉の数がふえ、草たけものび、根もしっかりつきます。

3 植えかえのしかたについて、次の（　）にあてはまる言葉を□からえらんでかきましょう。

(1) 葉の数が（① 4～6まい）になったら、（② 花だん）や大きい入れ物に植えかえをします。これは、（③ 根）がしっかり育つようにするためです。
植えかえる1週間ぐらい前に、（④ 土）をたがやして（⑤ ひりょう）を入れます。植えかえたあとには、しっかり（⑥ 水）をやります。

水　ひりょう　土　4～6まい　根　花だん

(2) 植物の根のはたらきは（① 水）をすいあげることと植物のからだを（② ささえる）ことです。からだが大きく育つと、土の中の（③ 根）もしっかりと育ちます。
また、（④ 葉）をたくさんつけるために植物の（⑤ 草たけ）も高くなります。

草たけ　ささえる　葉　水　根

草花を育てよう ③

花から実へ

1 図は、マリーゴールド、ホウセンカ、ヒマワリの育ち方をかいたものです。（　）に名前をかきましょう。

①（ホウセンカ）

②（マリーゴールド）

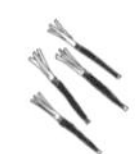   

③（ヒマワリ）

2 次の（　）にあてはまる言葉を□からえらんでかきましょう。

植物は、たねをまくと、めが出て（① 子葉）が開きます。そのあと、本葉が出てきます。ぐんぐん育って、（② つぼみ）ができ、（③ 花）がさきます。そのあとに（④ 実）ができて、中には（⑤ たね）が入っています。

たね　実　花　つぼみ　子葉

月　日 名前

ポイント 植物の一生やからだのつくりを学びます。

3 図は、ホウセンカのたねまきから実ができるまでのようすを表したものです。あとの問いに答えましょう。

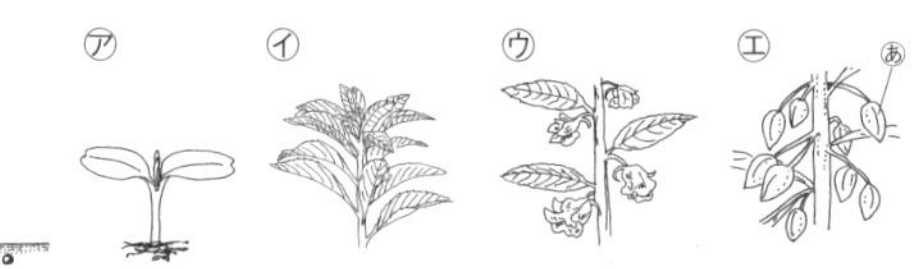

(1) 次の文は、ホウセンカの記ろくカードにかかれていたものです。㋐～㋓のどのようすについてかいたものですか。記号をかきましょう。

① めが出ました。子葉は2まいです。（ ㋐ ）
② 花がさいたあとに実ができました。実をさわるとはじけておもしろいです。（ ㋓ ）
③ 葉がたくさん出てきました。葉は細長くてぎざぎざしています。（ ㋑ ）
④ 大きく育って赤い花がたくさんさきました。（ ㋒ ）

(2) 6月14日と9月11日の記ろくカードがあります。それは上の図の㋑、㋓それぞれどちらのものですか。

6月14日（ ㋑ ）　9月11日（ ㋓ ）

(3) 図㋓のあの中には、何が入っていますか。

（ たね ）

草花を育てよう ④
花から実へ

1 図はホウセンカの育ち方を表しています。あとの問いに答えましょう。

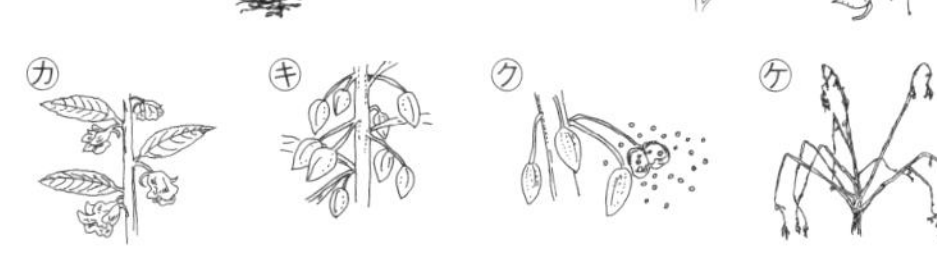

(1) 次の文は、どの図のことですか。(　　)に記号をかきましょう。

① (キ) 花びらがちって、実ができました。
② (カ) 花がさきました。
③ (イ) はじめての葉が開きました。
④ (ク) 実にさわるとたねがとび出しました。
⑤ (ウ) 少し形のちがう葉が出てきました。
⑥ (オ) 葉のついているくきのあたりにつぼみができました。
⑦ (エ) 根、くき、葉が大きくなってきました。
⑧ (ア) 植え木ばちにたねをまきました。
⑨ (ケ) すっかりかれてしまいました。

(2) 図のあといは、子葉ですか、本葉ですか。

あ (子葉)　い (本葉)

ポイント　植物の一生で、同じところ、ちがうところを学びます。

2 次の図はヒマワリの一生をかいた図です。
たねまきから、かれるまで正しいじゅんに記号でならべましょう。

(ア)→(エ)→(オ)→(イ)→(ウ)

3 ホウセンカとヒマワリの形や育ち方をくらべました。次の①～⑤で、ホウセンカとヒマワリが同じならば○を、ホウセンカとヒマワリがちがっていれば×をかきましょう。

① (×) 花や実の形。
② (○) １つのたねからめが出て、葉がしげり、花をさかせること。
③ (×) できたたねの大きさや形。
④ (○) 花は、さいたあと実になり、たくさんのたねをのこして、やがてかれること。
⑤ (○) はじめに子葉が開き、次に本葉が開くこと。

草花を育てよう

月　日 名前　/100点

1 次の文で、正しいものには○、まちがっているものには×をかきましょう。（１つ５点）

① (○) たねをまいたら土をかぶせ、水をやります。
② (○) 土の中からたねがめを出すと、さいしょに子葉が出ます。
③ (×) 土の中からめが出ると、さいしょに本葉が出ます。
④ (×) どの草花もたねの色、形、大きさは同じです。
⑤ (○) 草花によって本葉の形はちがいます。

2 かんさつ記ろくを見て、あとの問いに答えましょう。（１つ５点）

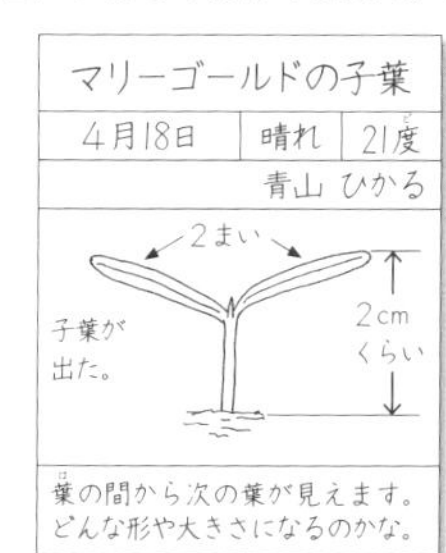
マリーゴールドの子葉
4月18日　晴れ　21度
青山 ひかる
2まい
2cmくらい
子葉が出た。
葉の間から次の葉が見えます。どんな形や大きさになるのかな。

(1) 何のかんさつですか。
(マリーゴールドの子葉)

(2) かんさつした日はいつですか。
(4月18日)

(3) かんさつしたのはだれですか。
(青山　ひかる)

(4) 子葉は何まいですか。
(2まい)

(5) 子葉までの高さは何cmくらいですか。
(2cm)

3 右の図はホウセンカです。次の(　)にあてはまる言葉を□からえらんでかきましょう。（１つ５点）

あ
い

図の葉あは(①本葉)といい、葉いは(②子葉)といいます。
めが出たころより(③くき)ものび、せが(④高く)なり、葉の(⑤数)も多くなっています。

くき	本葉	高く	数	子葉

4 虫めがねの使い方で、正しいものには○、まちがっているものには×をかきましょう。（１つ５点）

① (○) 虫めがねを目に近づけ、手に持った花を動かして見ます。
② (×) 手に持った花に、虫めがねを近づけて見ます。
③ (○) ぜったいに太陽を見てはいけません。
④ (×) 虫めがねで太陽を見てもだいじょうぶです。
⑤ (○) 動かせないものを見るときは、虫めがねを動かして見ます。

まとめテスト

草花を育てよう

1 かんさつ記ろくを見て、あとの問いに答えましょう。

㋐
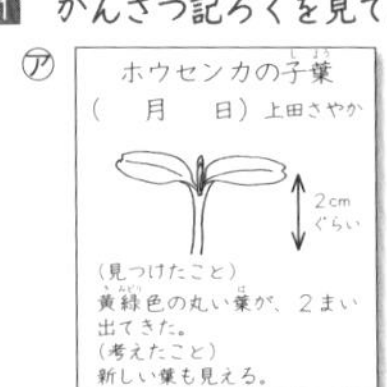

ホウセンカの子葉
（　月　日）上田さやか
2cmぐらい
（見つけたこと）
黄緑色の丸い葉が、2まい出てきた。
（考えたこと）
新しい葉も見える。

㋑
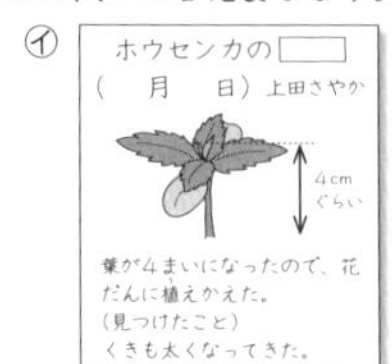

ホウセンカの□
（　月　日）上田さやか
4cmぐらい
葉が4まいになったので、花だんに植えかえた。
（見つけたこと）
くきも太くなってきた。

㋒
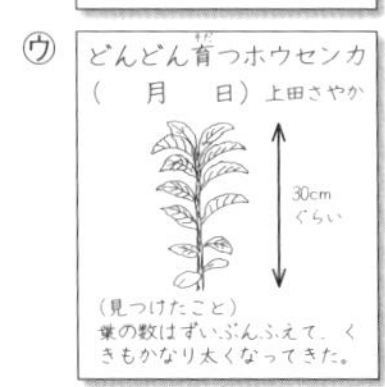

どんどん育つホウセンカ
（　月　日）上田さやか
30cmぐらい
（見つけたこと）
葉の数はずいぶんふえて、くきもかなり太くなってきた。

㋓
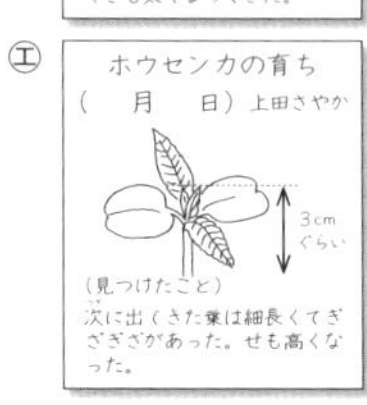

ホウセンカの育ち
（　月　日）上田さやか
3cmぐらい
（見つけたこと）
次に出てきた葉は細長くてぎざぎざがあった。せも高くなった。

(1) ㋐〜㋓のかんさつした日はどれですか。(　)に記号をかきましょう。（1つ5点）

4月27日（㋐）　5月4日（㋓）
5月8日（㋑）　7月1日（㋒）

(2) 右の図は、㋑、㋒の根を表したものです。(　)に記号をかきましょう。（1つ5点）

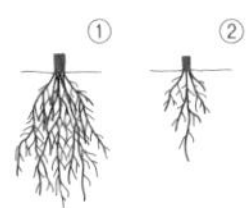

①（㋒）　②（㋑）

(3) ㋑の題名は何ですか。よい方に○をつけましょう。（10点）

①（○）植えかえ　②（　）くき

月　日　名前　/100点

2 図を見て、あとの問いに答えましょう。（1つ5点）

(1) ホウセンカのからだは、根、くき、葉からできています。㋐〜㋒はそれぞれ何ですか。

ホウセンカ

㋐（葉）
㋑（くき）
㋒（根）

(2) 次の(　)にあてはまる言葉を□からえらんでかきましょう。

どの植物もからだのつくりは、根、くき、葉で(①同じ)ですが、大きさや色や(②形)はさまざまです。㋒のはたらきは(③水)をすい上げることと、からだを(④ささえる)ことです。これがしっかり育たないと、植物は(⑤大きく)なることができません。

大きく　水　ささえる　形　同じ

★3 ヒマワリのたねをまくときには、たねとたねの間を50cmくらいはなし、広い目にあけて植えます。なぜでしょう。（20点）

ヒマワリは、せいちょうすると大きくなるので
たねとたねの間を広くして植えます。

まとめテスト

草花を育てよう

1 図の(　)にあてはまる言葉を□からえらんでかきましょう。（1つ5点）

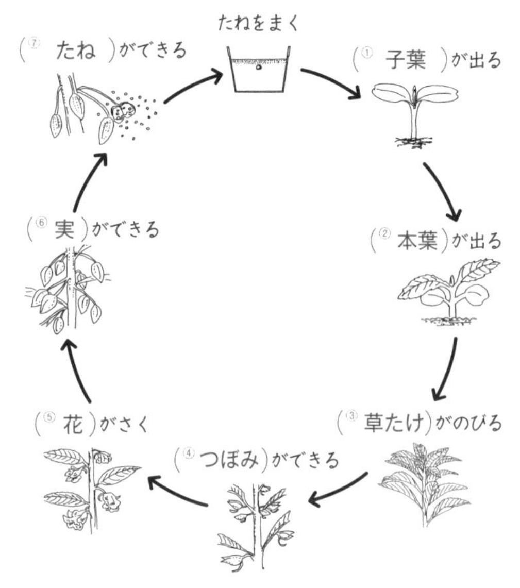

花　つぼみ　実　草たけ　本葉　子葉　たね

月　日　名前　/100点

2 次の(　)にあてはまる言葉を□からえらんでかきましょう。（1つ5点）

植物は、たねをまくと、めが出て(①子葉)が開きます。そのあとに本葉が出てきます。くきがのびて、葉がしげり(②花)がさきます。花がさいたあと、(③実)ができます。実の中には(④たね)ができています。そして(⑤かれて)いきます。これが植物の一生です。

子葉　かれて　花　たね　実

3 花の名前・たね・花・実を線でむすびましょう。（線1本5点）

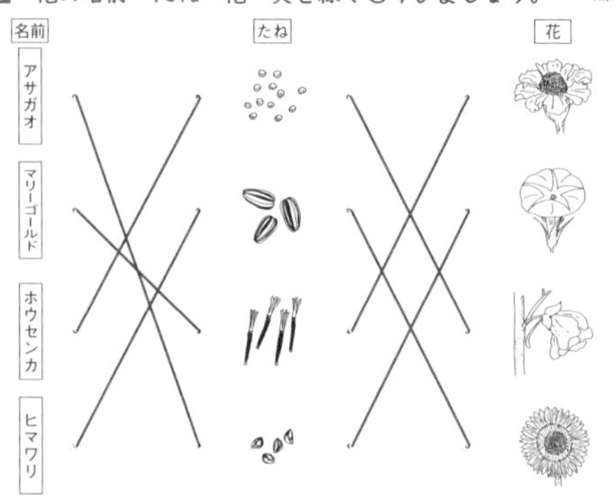

チョウを育てよう ①

チョウのたまごと食べ物

1 次の(　)にあてはまる言葉を□からえらんでかきましょう。

(1) モンシロチョウのたまごは、(①キャベツ)や(②アブラナ)の葉のうらで見つけられます。たまごの色は(③黄色)で(④細長い)形をしています。※①②

黄色	細長い	キャベツ	アブラナ

(2) アゲハのたまごは、(①ミカン)や(②サンショウ)や(③ カラタチ)の木の葉をさがすと見つけられます。たまごの色は、(④黄色)で(⑤丸い)形をしています。※①②③

ミカン	サンショウ	カラタチ	黄色	丸い

(3) モンシロチョウのたまごから出てきたよう虫の色は(①黄色)で、はじめに(②たまご)のからを食べます。

食べ物の葉を(③かじる)ように食べて、からだの色は(④緑色)にかわります。

かじる	緑色	黄色	たまご

月　日 名前

ポイント チョウのたまごの形や、かえってからのようすを学びます。

2 モンシロチョウとアゲハについて、答えましょう。

㋐ (モンシロチョウ)　㋑ (アゲハ)

(1) ㋐、㋑の名前をかきましょう。

(2) ㋐、㋑のたまごの色は何色ですか。①～④からえらんで○をかきましょう。

① 青(　)　② 黄(○)
③ 緑(　)　④ 白(　)

(3) ㋐のチョウが、たまごをうみつけるものを、下から2つえらんで○をかきましょう。

①(　)ヒマワリ　②(　)スミレ
③(○)キャベツ　④(　)ホウセンカ
⑤(○)アブラナ　⑥(　)タンポポ

(4) ㋑のチョウが、たまごをうみつける木を、下から2つえらんで○をかきましょう。

①(○)ミカン　②(　)ヒマワリ
③(　)カキ　④(　)クリ
⑤(　)サクラ　⑥(○)サンショウ

チョウを育てよう ②

チョウの育ち方

1 モンシロチョウの図を見て、あとの問いに答えましょう。

㋐  ㋑  ㋒  ㋓ 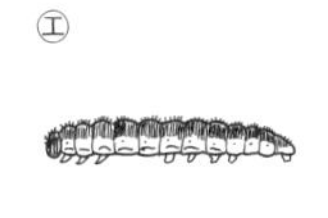

(1) ㋐～㋓のそれぞれの名前を□からえらんでかきましょう。

㋐ (せい虫)　㋑ (たまご)
㋒ (さなぎ)　㋓ (よう虫)

たまご	せい虫	よう虫	さなぎ

(2) ㋐～㋓の育つじゅんに、記号でかきましょう。

(㋑)→(㋓)→(㋒)→(㋐)

(3) ㋐～㋓で食べ物を食べないときは、どのときですか。記号でかきましょう。　(㋑)(㋒)

(4) モンシロチョウのよう虫とせい虫の食べ物を□からえらんでかきましょう。

よう虫……(アブラナ)の葉、(キャベツ)の葉
せい虫……(花)のみつ

花	アブラナ	キャベツ

月　日 名前

ポイント モンシロチョウとアゲハのよう虫の育ち方を学びます。

2 アゲハの図を見て、あとの問いに答えましょう。

㋐  ㋑  ㋒ 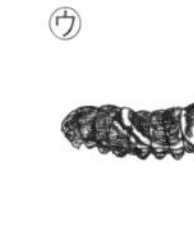 ㋓ 

(1) ㋐～㋓のそれぞれの名前を□からえらんでかきましょう。

㋐ (たまご)　㋑ (さなぎ)
㋒ (よう虫)　㋓ (せい虫)

たまご	せい虫	よう虫	さなぎ

(2) ㋐～㋓の育つじゅんに、記号でかきましょう。

(㋐)→(㋒)→(㋑)→(㋓)

(3) ㋐～㋓で食べ物を食べないときは、どのときですか。記号でかきましょう。　(㋐)(㋑)

(4) アゲハのよう虫とせい虫の食べ物を□からえらんでかきましょう。

よう虫……(ミカン)の葉、(サンショウ)の葉
せい虫……(花)のみつ

ミカン	花	サンショウ

チョウを育てよう ③
チョウの育ち方

1 図を見て、あとの問いに答えましょう。

(1) 何をしていますか。よい方に○をかきましょう。
① (　) 葉を食べている。
② (○) たまごをうみつけている。

(2) 図のようなことは、葉のどこでよく見られますか。よい方に○をかきましょう。
① (　) 葉のおもて　② (○) 葉のうら

(3) モンシロチョウのたまごはどれですか。正しい方に○をかきましょう。
① (　)　② (○)

(4) (　)にあてはまる言葉を□からえらんでかきましょう。

モンシロチョウのたまごがついている葉をとってきました。ようきの中に(① 水)でしめらせた紙をしき、その上に(② 葉)ごとおきます。ようきのふたには、(③ あな)をあけておきます。
たまごからかえったよう虫は、はじめにたまごのからを食べます。そのあと、(④ キャベツ)などの葉を食べてからだの色が(⑤ 緑色)にかわります。

葉　水　あな　キャベツ　緑色

ポイント チョウのよう虫は、5回皮をぬいでさなぎになります。さなぎのときは食べ物はとりません。

2 モンシロチョウのよう虫が、右の図のようになりました。

(1) よう虫は、何をしていますか。次の中からえらびましょう。(①)
① からだが大きくなるので、皮をぬいでいます。
② からだを大きくさせるため、皮をきています。
③ 自分の皮を食べようとしています。

(2) 何回かこのようなことをして、よう虫は大きくなります。何回しますか。次の中からえらびましょう。(③)
① 3回　② 4回　③ 5回

(3) 下の図のように、よう虫がからだに糸をかけて、さいごの皮をぬぐと何になりますか。次の中からえらびましょう。(②)
① たまご　② さなぎ　③ せい虫

(4) また、(3)のとき、何を食べますか。(食べない)

(5) (3)のあと、モンシロチョウは何になりますか。次の中からえらびましょう。(③)
① たまご　② さなぎ　③ せい虫

チョウを育てよう ④
からだのしくみ

1 モンシロチョウとアゲハについて、あとの問いに答えましょう。

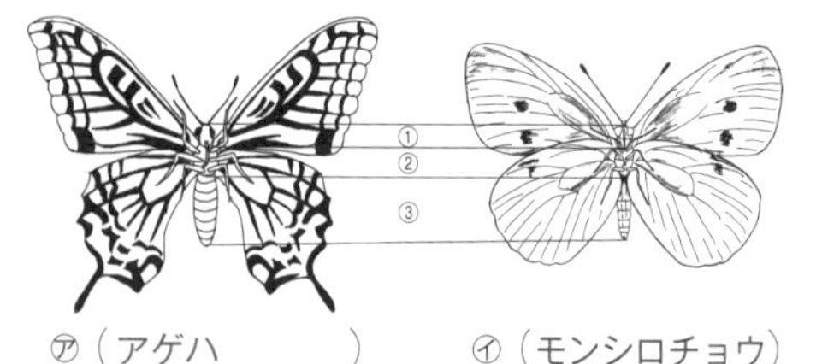

㋐ (アゲハ)　㋑ (モンシロチョウ)

(1) チョウの名前を㋐、㋑にかきましょう。

(2) ①～③の部分の名前を□からえらんでかきましょう。
① (頭) ② (むね) ③ (はら)

頭　はら　むね

(3) チョウのあしの数とはねの数をかきましょう。
あし (6 本)　はね (4 まい)

(4) チョウのあしやはねは、からだのどの部分についていますか。正しいものに○をかきましょう。
① (　) 頭　② (○) むね　③ (　) はら

(5) 頭の部分にあるものに○をかきましょう。
① (○) 口　② (○) 目
③ (　) はね　④ (○) しょっ角

ポイント チョウのせい虫のからだについて学びます。頭、むね、はらの3つの部分があります。

2 右のモンシロチョウの図を見て、あとの問いに答えましょう。

(1) 次の㋐～㋔はからだのどこをさしていますか。(　)に記号をかきましょう。
口 (㋓)　あし (㋔)
目 (㋒)　はね (㋐)
しょっ角 (㋑)

(2) ㋐～㋔は、頭・むね・はらのどの部分についていますか。
㋐ (むね) ㋑ (頭) ㋒ (頭)
㋓ (頭) ㋔ (むね)

3 右は、モンシロチョウのせい虫とよう虫の口の図です。あとの問いに答えましょう。

㋐

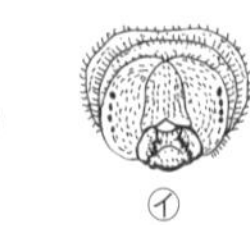
㋑

(1) どちらがせい虫かよう虫かを記号でかきましょう。
せい虫 (㋐)　よう虫 (㋑)

(2) ㋐、㋑の口は、すう口か、かむ口かをかきましょう。
㋐ (すう口)　㋑ (かむ口)

(3) 食べ物は、キャベツの葉、花のみつのどちらですか。
せい虫 (花のみつ)　よう虫 (キャベツの葉)

まとめテスト チョウを育てよう

月　日 名前　/100点

1 次の(　)にあてはまる言葉を□からえらんでかきましょう。（1つ5点）

(1) モンシロチョウのたまごは、(①キャベツ)や(②アブラナ)の葉のうらで見つけられます。たまごの色は(③黄色)で(④細長い)形をしています。※①②

黄色　細長い　キャベツ　アブラナ

(2) たまごから出てきたモンシロチョウのよう虫の色は(①黄色)で、はじめにたまごの(②から)を食べます。
キャベツの葉を(③かじる)ように食べて、からだの色は(④緑色)にかわります。

かじる　緑色　黄色　から

(3) アゲハのたまごは、(①ミカン)や(②カラタチ)や(③サンショウ)の木の葉をさがすと見つけられます。それらは、アゲハの(④よう虫)のエサとなるからです。たまごの形は(⑤丸く)、色は(⑥黄色)です。

ミカン　サンショウ　カラタチ　黄色　よう虫　丸く

※①②③

2 モンシロチョウの一生を、図のように表しました。あとの問いに答えましょう。（1つ5点）

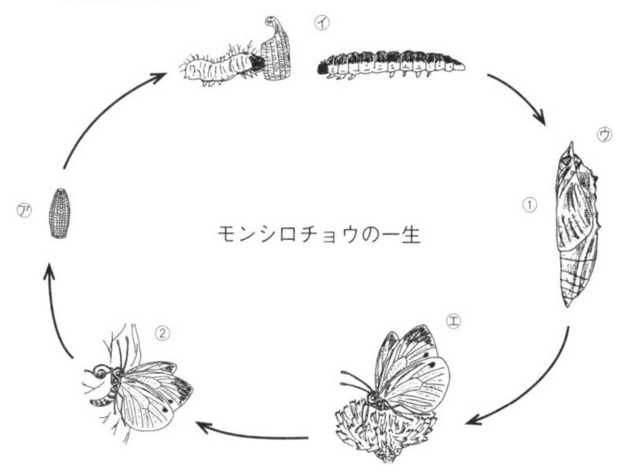

(1) ㋐～㋓のそれぞれの名前は何ですか。
㋐(たまご)　㋑(よう虫)
㋒(さなぎ)　㋓(せい虫)

(2) 上の図の①、②について、次の問いに答えましょう。
①のとき、食べ物を食べますか。(食べない)
②でたまごをうんでいます。たまごをうむのは、ミカンの葉ですか、それともキャベツの葉ですか。(キャベツの葉)

まとめテスト チョウを育てよう

月　日 名前　/100点

1 図を見て、あとの問いに答えましょう。（1つ5点）

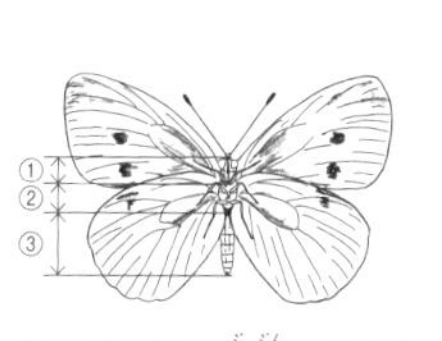

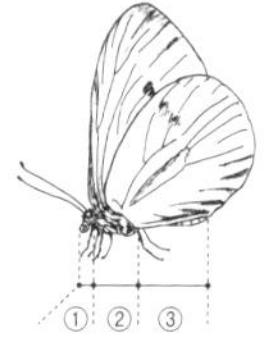

(1) ①～③の部分の名前をかきましょう。
①(頭)　②(むね)　③(はら)

(2) 口、目、しょっ角は、①～③のどこにありますか。(①)

(3) はねは、①～③のどの部分に何まいついていますか。
(②)の部分に(4 まい)

(4) あしは、①～③のどの部分に何本ついていますか。
(②)の部分に(6 本)

2 図の①、②は何のよう虫ですか。またそれらが見られる場所を□からえらんで記号で答えましょう。（1つ5点）

① (アゲハ)〔㋑, ㋒〕
② (モンシロチョウ)〔㋐, ㋓〕

㋐ キャベツの葉　㋑ ミカンの木　㋒ カラタチの木
㋓ アブラナの葉

3 モンシロチョウを育てます。次の(　)にあてはまる言葉を□からえらんでかきましょう。（1つ5点）

(1) モンシロチョウの(①たまご)がついている葉をとってきます。
ようきの中に(②水)でしめらせた紙をしき、その上に(③葉)ごとおきます。ようきのふたには、小さなあなをあけておきます。

葉　水　たまご

(2) たまごからかえったばかりのモンシロチョウのよう虫の色は黄色です。よう虫は、はじめに(①たまごのから)を食べます。そのあと、キャベツなどの葉を食べて、からだの色が、緑色にかわります。
よう虫は、からだの皮を4回ぬいで大きくなります。さいごに(②5回)目の皮をぬいで(③さなぎ)になります。
さなぎがわれて、中からモンシロチョウのせい虫が出てきます。

5回　さなぎ　たまごのから

まとめテスト

チョウを育てよう

1 図を見て、あとの問いに答えましょう。（1つ5点）

(1) 次の部分は、それぞれ㋐～㋔のどれですか。記号で答えましょう。

① 口（ ㋓ ）　② あし（ ㋔ ）

③ 目（ ㋒ ）　④ はね（ ㋐ ）

⑤ しょっ角（ ㋑ ）

(2) ㋐～㋔は、頭・むね・はらのどの部分についていますか。

㋐（ むね ）㋑（ 頭 ）㋒（ 頭 ）

㋓（ 頭 ）㋔（ むね ）

2 右の図は、モンシロチョウのせい虫とよう虫の口の図です。（1つ5点）

(1) どちらがせい虫かよう虫かを記号でかきましょう。

せい虫（ ㋐ ）　よう虫（ ㋑ ）

(2) ㋐、㋑は、すう口か、かむ口かを答えましょう。

㋐（ すう口 ）　㋑（ かむ口 ）

(3) ㋐、㋑の食べ物は、キャベツの葉、花のみつのどれですか。

せい虫（ 花のみつ ）よう虫（キャベツの葉）

月　日　名前　　/100点

3 モンシロチョウのよう虫が、図のようになりました。（1つ5点）

(1) よう虫は、何をしていますか。次の中からえらびましょう。（ ① ）

① からだが大きくなるので、皮をぬいでいます。
② からだを大きくさせるため、皮をきています。
③ 自分の皮を食べようとしています。

(2) よう虫が、からだに糸をかけて、さいごの皮をぬぐと何になりますか。次の中からえらびましょう。（ ② ）

① たまご　② さなぎ　③ せい虫

4 下の図を見て、あとの問いに答えましょう。（1つ5点）

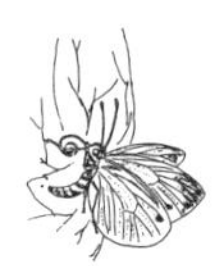

モンシロチョウがキャベツの葉のうらにたまごをうんでいます。

(1) なぜキャベツの葉にたまごをうむのでしょう。

［キャベツの葉は、よう虫の食べ物になるからです。］

(2) なぜ、葉のうらにたまごをうむのでしょう。

［てきから見えないように葉のうらがわにうみます。］

こん虫をさがそう ①

こん虫のすみか

1 次の（　）にあてはまる言葉を□からえらんでかきましょう。

(1) こん虫のからだの（①色）や（②形）や大きさは、しゅるいによってちがい、すむところや（③食べ物）もちがいます。

色　食べ物　形

※①②

(2) （①コクワガタ）を見つけました。（①）は（②林）にすんでいます。食べ物は（③木のしる）です。

木のしる　林　コクワガタ

(3) （①アゲハ）を見つけました。（①）は（②野原）にすんでいます。（③花のみつ）をすいます。

アゲハ　花のみつ　野原

(4) （①エンマコオロギ）を見つけました。（①）は（②草）や石のかげにすんでいます。草やほかの（③虫）を食べています。

草　エンマコオロギ　虫

月　日　名前

ポイント　こん虫のすんでいるところは、こん虫によってさまざまです。林の中や草原、土の中、水の中などです。

2 こん虫には水の中や、土の中にすむものもいます。次の（　）にあてはまる言葉を□からえらんでかきましょう。

(1) （①水）の中でタイコウチを見つけました。大きさはやく（②4cm）ぐらいで、こん虫をつかまえて食べます。からだの色は（③こげ茶色）をしています。

水　4cm　こげ茶色

(2) （①土）の中でクロヤマアリを見つけました。大きさはやく（②5mm）ぐらいで、虫の死がいや小さい虫などを食べています。からだの色は（③黒色）です。

土　5mm　黒色

(3) こん虫の中には、ほかのこん虫をつかまえて食べるものもあります。

ナミテントウは、（①アブラムシ）を食べます。また、（②オオカマキリ）は、バッタなど小さい虫をつかまえて食べます。

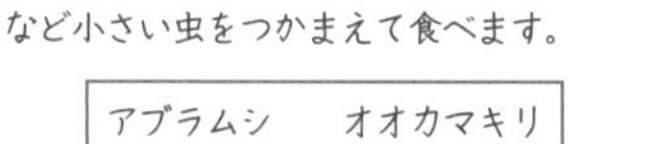

アブラムシ　オオカマキリ

こん虫をさがそう ②
こん虫のからだ

月　日 名前

ポイント こん虫のからだのつくりを学びます。こん虫は、頭、むね、はらの3つの部分があり、あしは6本です。

1 次の(　)にあてはまる言葉を□からえらんでかきましょう。

(1) こん虫のからだは(①頭)、むね、(②はら)の3つの部分からできています。あしの数は(③6本)で、からだの(④むね)の部分についています。※①②

頭　むね　はら　6本

(2) トンボにははねが(①4まい)ありますが、ハエのようにはねが(②2まい)のこん虫や、アリのようにはねが(③ない)こん虫もいます。

ない　2まい　4まい

(3) 頭には、目や(①口)や(②しょっ角)がついていて、口は(③食べ物)によりいろいろな形があります。※①②

しょっ角　口　食べ物

(4) クモのからだは(①2)つに分かれていて、あしは(②8本)あります。クモは(③こん虫)のなかまではありません。

こん虫　2　8本

クモ

2 図を見て、あとの問いに答えましょう。

(1) アキアカネのしょっ角、目、口はどれですか。図の記号をかきましょう。

しょっ角 (あ)
目 (い)
口 (う)

(2) こん虫の目やしょっ角は、どのようなことに役立っていますか。次の㋐～㋒から1つえらびましょう。(㋑)

㋐ えさをはさむのに役立っている。
㋑ まわりのようすを知るのに役立っている。
㋒ からだをささえるのに役立っている。

3 図は、こん虫の口を表したものです。①～③はどのこん虫のどんな口ですか。□からえらんでかきましょう。

①  ②  ③ 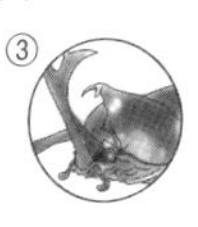

	①	②	③
こん虫の名前	(カマキリ)	(セミ)	(カブトムシ)
口の形	〔かむ口〕	〔すう口〕	〔なめる口〕

カブトムシ　セミ　カマキリ すう口　かむ口　なめる口

こん虫をさがそう ③
こん虫の育ち方

月　日 名前

ポイント こん虫にはカブトムシのようにさなぎになるものや、コオロギのようにさなぎにならないものがあります。

1 次の(　)にあてはまる言葉を□からえらんでかきましょう。

(1) カブトムシは、たまごを(①くさった葉)のまじった土の中にうみつけます。たまごがかえると(②よう虫)になり、(②)は土にまじった落ち葉や(③かれた木)などを食べて大きくなります。

かれた木　くさった葉　よう虫

(2) よう虫は、はじめ(①白)色をしていますが、何度か(②皮をぬぎ)、さなぎになります。さなぎは、白色からだいだい色、茶色と色がかわり、やがて(③黒)色になります。(③)色になったさなぎは、からがわれて中から(④せい虫)が出てきます。カブトムシの一生は(⑤チョウ)の一生ににています。

チョウ　せい虫 黒　白　皮をぬぎ

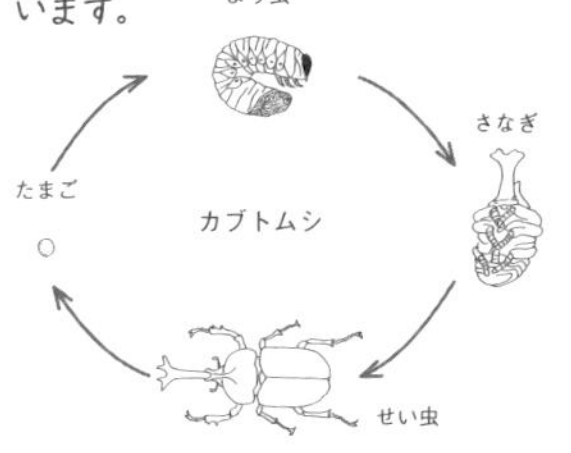

2 次の(　)にあてはまる言葉を□からえらんでかきましょう。

(1) 秋の終わりに、(①土)の中にうみつけられたコオロギのたまごは、冬をこします。次の年の(②夏のはじめ)ごろに(③よう虫)になります。

よう虫になったばかりのコオロギは、はねが短く小さいですが、(④せい虫)とよくにた形をしています。

何回か(⑤皮をぬいで)、夏の終わりごろ、せい虫になります。

夏のはじめ　土 よう虫　皮をぬいで せい虫

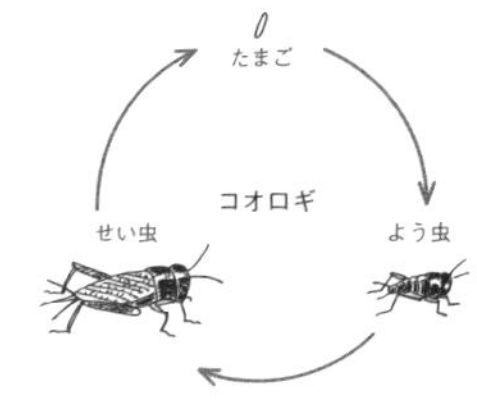

3 次の虫の中で、カブトムシの一生ににたこん虫に◎、コオロギの一生ににたこん虫に○、あてはまらないものに×をかきましょう。

(◎) アゲハ　(×) クモ　(○) カマキリ
(×) ダンゴムシ　(○) トンボ　(◎) クワガタ

こん虫をさがそう ④

こん虫の育ち方

1 こん虫の育ち方で、それぞれのときの名前（たまご、よう虫、さなぎ、せい虫）をかきましょう。また、下の□に育つじゅんに記号をかきましょう。

(1) カブトムシ

㋐  ㋑ 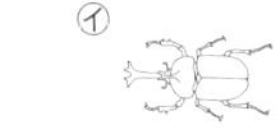 ㋒ 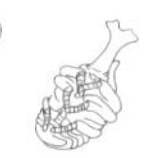 ㋓ 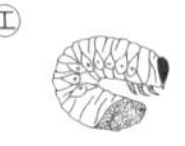

（ たまご ）（ せい虫 ）（ さなぎ ）（ よう虫 ）

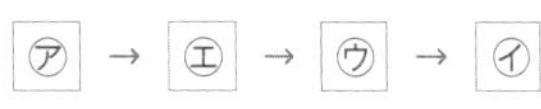

㋐ → ㋓ → ㋒ → ㋑

(2) モンシロチョウ

㋐  ㋑  ㋒  ㋓ 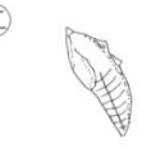

（ せい虫 ）（ よう虫 ）（ たまご ）（ さなぎ ）

㋒ → ㋑ → ㋓ → ㋐

(3) アキアカネ

㋐   ㋑  ㋒ 

（ せい虫 ）（ たまご ）（ よう虫 ）

㋑ → ㋒ → ㋐

月　日 名前

ポイント トンボのよう虫は水中で生活して、水上にあがりトンボのせい虫になります。このときさなぎにはなりません。

2 次の図は、こん虫のよう虫とせい虫を表したものです。こん虫の名前とせい虫のときの食べ物を□からえらんで（　）にかきましょう。

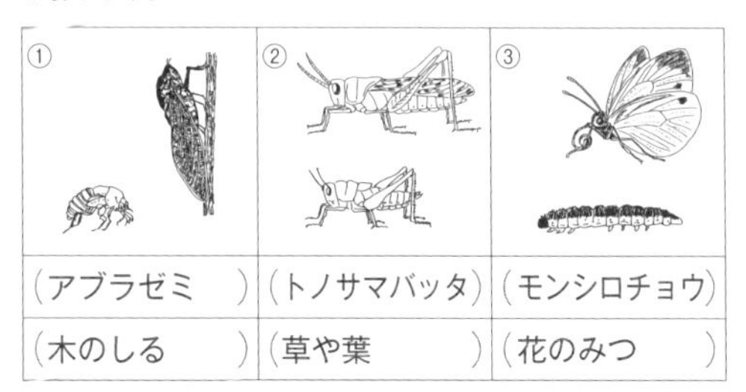

①	②	③
（アブラゼミ）	（トノサマバッタ）	（モンシロチョウ）
（木のしる）	（草や葉）	（花のみつ）

モンシロチョウ　アブラゼミ　トノサマバッタ 草や葉　木のしる　花のみつ

3 次の文で、正しいものには○、まちがっているものには×をかきましょう。

①（ ○ ） アゲハは、さなぎになってからせい虫になります。
②（ ○ ） アキアカネは、たまごを水の中にうみます。
③（ × ） トノサマバッタは、さなぎになってからせい虫になります。
④（ ○ ） セミは、さなぎにならずにせい虫になります。
⑤（ × ） アゲハのよう虫は、キャベツの葉を食べます。

まとめテスト

こん虫をさがそう

月　日 名前

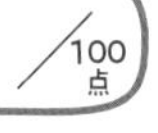

/100点

1 次の（　）にあてはまる言葉を□からえらんでかきましょう。（1つ5点）

こん虫のからだは（① 頭 ）、むね、（② はら ）の3つの部分からできています。あしの数は（③ 6本 ）で、からだの（④ むね ）の部分についています。

カブトムシには、はねが（⑤ 4まい ）あります。外がわの（⑥ かたいはね ）の中にとぶための（⑦ うすいはね ）がかくれています。また、ハエのようにはねが（⑧ 2まい ）のこん虫や、アリのようにはねが（⑨ ない ）こん虫もいます。　※①②

はら　むね　頭　6本　かたいはね 2まい　4まい　ない　うすいはね

2 こん虫のすみかを□からえらんで答えましょう。（1つ5点）

① トノサマバッタ　② クワガタ　③ ハナアブ

（ 草むら ）（ 林 ）（ 花だん ）

花だん　林　草むら

3 あとの問いに答えましょう。

(1) 次のこん虫の育ち方で、それぞれのときの名前をかき、下の□に育つじゅんに記号をかきましょう。（①、②それぞれ16点）

① アゲハ

㋐  ㋑  ㋒   ㋓ 

（ よう虫 ）（ たまご ）（ せい虫 ）（ さなぎ ）

㋑ → ㋐ → ㋓ → ㋒

② ショウリョウバッタ

㋐  ㋑  ㋒ 

（ せい虫 ）（ たまご ）（ よう虫 ）

㋑ → ㋒ → ㋐

(2) 次のこん虫の育ち方がアゲハがたであれば①、ショウリョウバッタがたであれば②を（　）にかきましょう。（1つ2点）

㋍（ ② ）コオロギ　　㋑（ ② ）トノサマバッタ
㋒（ ① ）モンシロチョウ　　㋓（ ① ）カブトムシ

まとめテスト

こん虫をさがそう

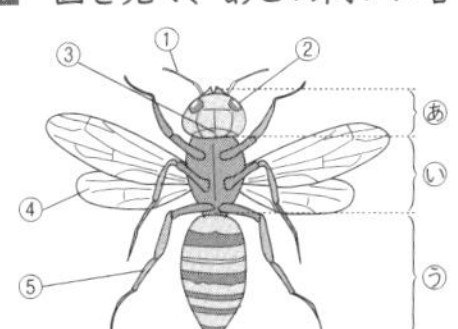

1 図を見て、あとの問いに答えましょう。（1つ5点）

(1) あ、い、うの部分の名前は何ですか。

あ（頭）
い（むね）
う（はら）

(2) ①〜⑤の名前を□からえらんでかきましょう。

①（しょっ角）②（目）③（口）
④（はね）⑤（あし）

はね　あし　しょっ角　目　口

2 次の生き物で、こん虫に○をかきましょう。（1つ6点）

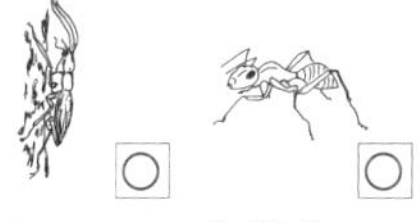
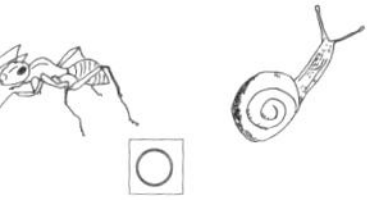
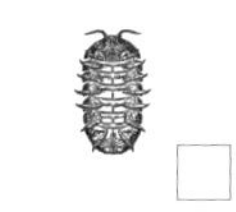

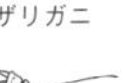
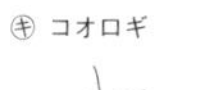

ア クワガタムシ ○　イ アリ ○　ウ カタツムリ　エ ダンゴムシ
オ クモ　カ ザリガニ　キ コオロギ ○　ク ムカデ

月　日 名前　/100点

3 次の図は、こん虫の口を表しています。すう口、なめる口、かむ口の3つに分けます。

(1) 口の形を分け、記号をかきましょう。（1つ4点）

ア チョウ　イ カマキリ　ウ カブトムシ
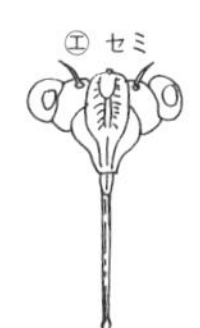
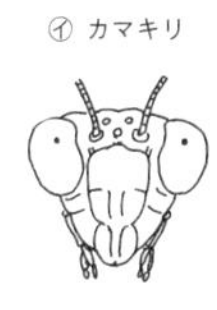
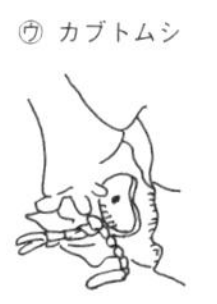

エ セミ　オ カミキリムシ　カ ハエ

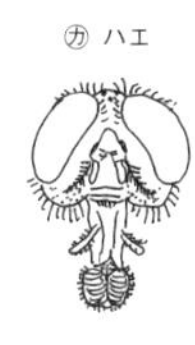

① すう（ア、エ）② なめる（ウ、カ）
③ かむ（イ、オ）

(2) ア、イ、ウの口のこん虫の食べ物を□からえらんでかきましょう。（1つ6点）

ア（花のみつ）イ（小さい虫）
ウ（木のしる）

木のしる　小さい虫　花のみつ

まとめテスト

こん虫をさがそう

1 次のこん虫について、名前と食べ物を□からえらんでかきましょう。（1つ5点）

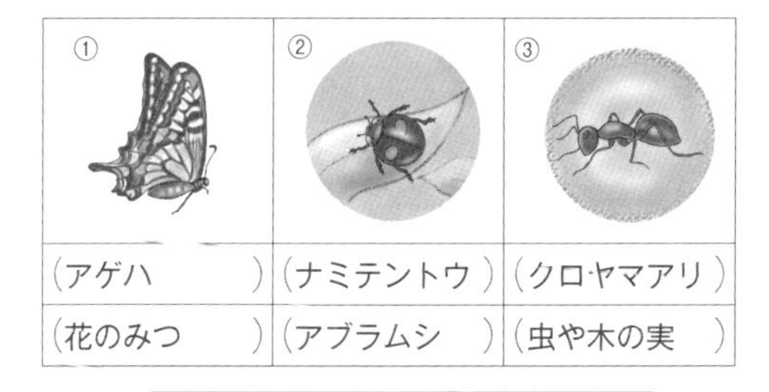

①	②	③
（アゲハ）	（ナミテントウ）	（クロヤマアリ）
（花のみつ）	（アブラムシ）	（虫や木の実）

クロヤマアリ　ナミテントウ　アゲハ　花のみつ　虫や木の実　アブラムシ

2 次の（　）にあてはまる言葉を□からえらんでかきましょう。（1つ5点）

こん虫の（① 目）や（② しょっ角）は、（③ 食べ物）をさがしたり（④ きけん）を感じたりするはたらきをしています。また、まわりのようすを知るはたらきをします。

食べ物　しょっ角　目　きけん

※①②

月　日 名前　/100点

3 次の文は、カマキリ、クワガタ、バッタについてかいています。それぞれ、下から2つずつえらびましょう。（1つ5点）

① カマキリ（ア）（カ）
② クワガタ（ウ）（エ）
③ バッタ（イ）（オ）

ア えものをかみくだくときに使う、とがった口があります。
イ 草をかみくだくことのできるじょうぶな口があります。
ウ たたかうときに使う、大きなつののようなあごがあります。
エ 木をしっかりつかめるあしがあります。
オ 力強くジャンプができる、太くて長いあしがあります。
カ しっかりとえものをつかまえられる、かまのような前あしがあります。

4 クモはこん虫ではありません。
どんなところがこん虫とはちがうのでしょう。2つかきましょう。（20点）

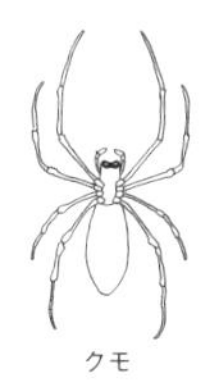
クモ

クモは、からだが2つの部分に分かれています。
あしが8本あります。

かげと太陽 ① かげのできた方

1 次の（　）にあてはまる言葉を□からえらんでかきましょう。

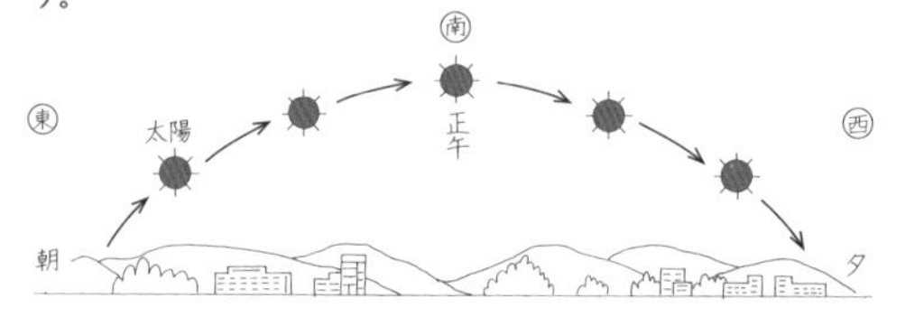

(1) 太陽は（①　東　）から出て（②　南　）の高いところを通り、（③　西　）にしずみます。（④　太陽）が動くとかげの向きもかわります。

太陽	西	東	南

(2) かげは、（①　日光）をさえぎるものがあると太陽の（②　反対がわ）にできます。人や物が動くとかげも（③　動き）ます。

日時計は、太陽が動くと（④　かげ）の向きがかわることをりようしたものです。かげの向きで（⑤　時こく）を読みとります。

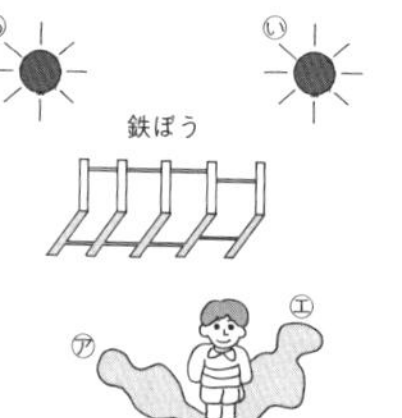

かげ	動き	時こく	日光	反対がわ

月　日 名前

ポイント 太陽の向きと、かげのでき方を調べます。また、方いじしんについても学びます。

2 次の（　）にあてはまる言葉を□からえらんでかきましょう。

この道具の名前は、（①　方いじしん）といいます。これを手に持って、（②　はり）の動きが止まると、はりは北と（③　南　）をさします。

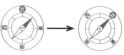

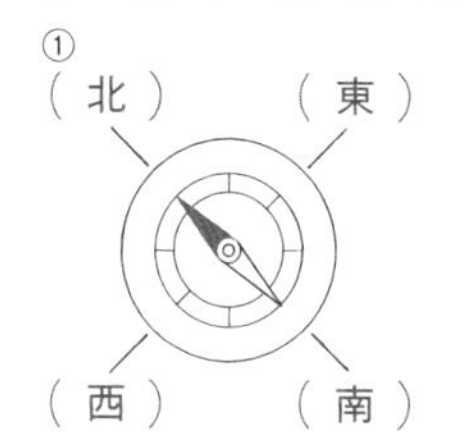

色をぬってある方が、（④　北　）です。文字ばんをゆっくり（⑤　回し）て、北にあわせるとほかの（⑥　方い）もわかります。

方い	方いじしん	北	南	回し	はり

3 方いじしんのはりが次の図のように止まりました。それぞれの方い（東・西・南・北）をかきましょう。

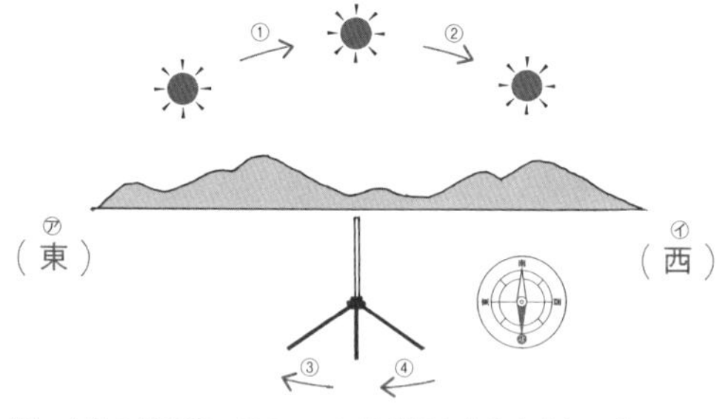

かげと太陽 ② かげのでき方

1 日なたにできるかげの向きについて、あとの問いに答えましょう。

(1) 鉄ぼうのかげから考えると、人のかげは㋐〜㋓のどれですか。

（　㋑　）

(2) このときの太陽はあ、いのどれですか。

（　い　）

2 かげふみあそびの絵を見て、あとの問いに答えましょう。

(1) かげの向きが正しくない人が2人います。何番と何番ですか。

（　④　）（　⑤　）

(2) かげのできない人が2人います。何番と何番ですか。

（　②　）（　③　）

(3) 木のかげは、このあと㋐、㋑のどちらへ動きますか。（　㋐　）

月　日 名前

ポイント 太陽は東からのぼり、南の空を通って、西にしずみます。太陽によってできるかげは、西から東へとうつります。

3 太陽の動きとかげの動きを調べています。あとの問いに答えましょう。

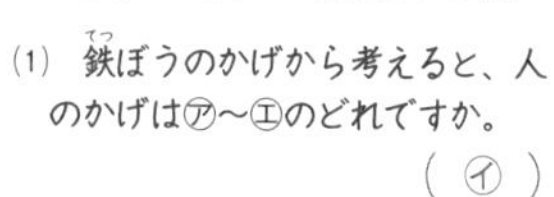

㋐（東）　㋑（西）

(1) 太陽の動き①、②の――に矢じるしをかきましょう。

(2) かげの動き③、④の――に矢じるしをかきましょう。

(3) ㋐、㋑の方いを（　）にかきましょう。

4 お昼の12時ごろ太陽に向かって立ちました。そのときの方い（東西南北）を（　）にかきましょう。

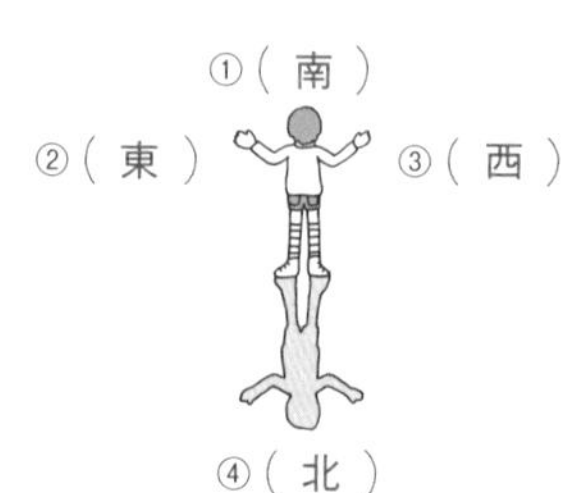

かげと太陽 ③

日なたと日かげ

1 図のように、日なたと日かげの地面のようすを調べました。

(1) 手を使って地面のあたたかさをくらべました。㋐と㋑とどちらの地面があたたかいですか。

(㋐)

(2) 手でさわるのではなく、地面のあたたかさのちがいをはかる道具があります。道具㋐の名前をかきましょう。

(温度計)

(3) 日なたと日かげの地面のようすを表にまとめます。①～④にあてはまる言葉を□からえらんでかきましょう。

	日なた	日かげ
明るさ	① 明るい	② 暗い
あたたかさ	③ あたたかい	つめたい
しめりぐあい	かわいている	④ 少ししめっている

明るい　暗い　あたたかい　少ししめっている

月　日　名前

ポイント　日なたと日かげの温度を調べます。日なたは、明るくあたたかですが、日かげは、暗くしめった感じがします。

2 次の( )にあてはまる言葉を□からえらんでかきましょう。

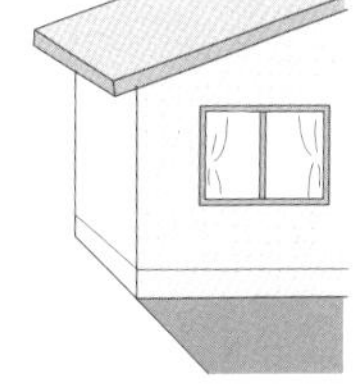

(1) 日なたの地面の方が、日かげの地面より温度は(① 高く)なります。
これは(② 日なた)の地面の方が(③ 日光)によってあたためられるからです。

日なた　日光　高く

(2) 日かげは(① 日光)がさえぎられるので、明るさは日なたよりも(② 暗く)なります。また、日かげは(③ すずしく)感じられます。

日光　暗く　すずしく

3 温度計の目もりを正しく読むには、㋐、㋑、㋒のどこから見るのがよいですか。記号でかきましょう。 (㋑)

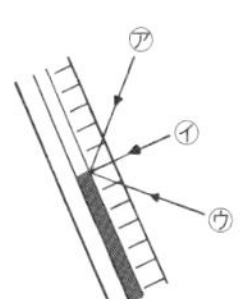

かげと太陽 ④

日なたと日かげ

1 図のように、㋐、㋑、㋒に水を同じりょうだけまきました。

(1) まいた水が速くかわくじゅんに、記号をかきましょう。

(㋒) → (㋑) → (㋐)

(2) ㋐と㋒では、どちらの地面の温度が高いですか。 (㋒)

(3) ㋑の場所の、これからの日のあたり方はどうなりますか。①～③からえらんで○をかきましょう。

① (○) 全部太陽があたるようになります。
② (　) 全部太陽があたらなくなります。
③ (　) 太陽のあたりかたはかわりません。

2 温度計で地面の温度をはかります。次の文で正しいものには○、まちがっているものには×をかきましょう。

① (○) 地面を少しほって、えきだめを入れ、土をかぶせます。
② (×) 地面の温度をはかるから、温度計に太陽があたってもかまいません。
③ (○) 温度計のえきの先が、20より21の方に近いときは、21℃と読みます。

月　日　名前

ポイント　日なたと日かげで、水のかわく速さは、あたたかい日なたの方が日かげより速くなります。

3 日なたと日かげの地面の温度を右のように記ろくしました。( )にあてはまる言葉を□からえらんでかきましょう。

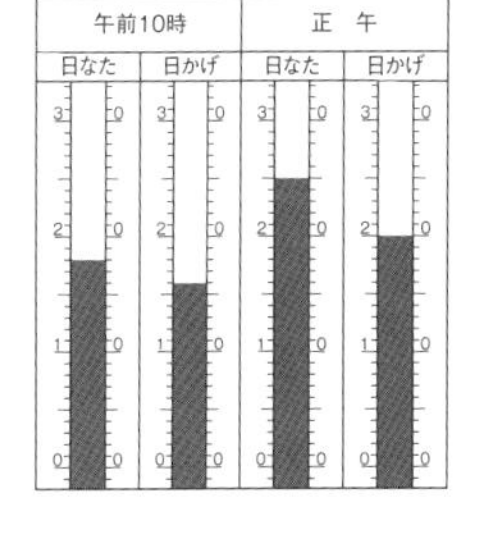

(1) (① 温度計)を使って午前(② 10時)と、(③ 正午)の地面の温度を記ろくしました。

正午　10時　温度計

(2) 午前10時の日なたの温度は(① 18℃)、日かげの温度は(② 16℃)です。
正午の(③ 日なた)の温度は25℃、(④ 日かげ)の温度は20℃です。
地面は(⑤ 日光)によってあたためられるから、日なたの方が日かげよりも地面の温度が(⑥ 高く)なります。

高く　日かげ　日なた　16℃　18℃　日光

4 太陽の光はまぶしいので、右の図のような道具を使って見ます。道具の名前をえらびましょう。

① 方いじしん　② しゃ光板　(②)

まとめテスト

かげと太陽

月　日 名前　/100点

1 次の図を見て、あとの問いに答えましょう。（1つ5点）

(1) 午前7時のかげは、㋐〜㋔のどれですか。（ ㋔ ）

(2) 午後3時のかげは、㋐〜㋔のどれですか。（ ㋑ ）

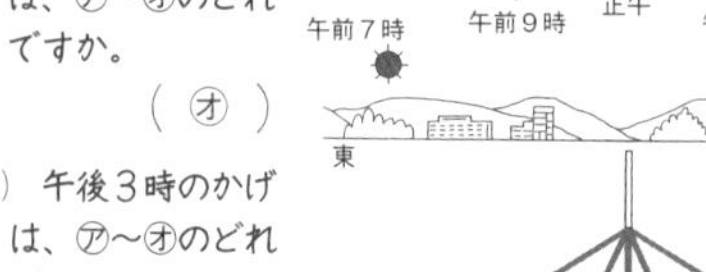

(3) 太陽が動くと、かげはあ、いのどちらに動きますか。（ い ）

(4) ㋐〜㋔のかげについて、正しいものには〇、まちがっているものには×をかきましょう。

① （ × ） かげの長さは、動くにつれて長くなります。

② （ × ） かげの長さは、1日中かわりません。

③ （ 〇 ） かげの長さは、朝夕は長く、お昼ごろは短くなります。

④ （ 〇 ） 正午のかげは、北の方向にできます。

⑤ （ × ） かげの動きは、午前中は速く午後はおそくなります。

⑥ （ 〇 ） 夜は、太陽がしずむから太陽の光によるかげはできません。

2 図は午前9時の鉄ぼうのかげのようすです。（1つ5点）

(1) このときの太陽は①、②のどちらのいちですか。（ ① ）

(2) 正午になると、かげはどうなりますか。正しいものには〇、まちがっているものには×をかきましょう。

① （ × ） 午前9時にくらべかげは長くなっています。

② （ 〇 ） 午前9時にくらべかげは短くなっています。

③ （ 〇 ） 午前9時にくらべかげの向きがかわっています。

④ （ × ） 午前9時にくらべかげの向きはかわりません。

3 太陽と太陽によってできるかげについて、正しいものには〇、まちがっているものには×をかきましょう。（1つ5点）

① （ × ） 校しゃのかげの中に入ってもかげができます。

② （ 〇 ） かげは、太陽に向かって反対がわにできます。

③ （ × ） 同じ木のかげは、太陽の動く方向へ動いていきます。

④ （ 〇 ） 太陽は東から西へ、かげは西から東へ動いていきます。

⑤ （ × ） 地面においたボールのかげは、正しい円の形です。

⑥ （ 〇 ） 電線がゆれると、電線のかげも動きます。

まとめテスト

かげと太陽

月　日 名前　/100点

1 図のように、日なたと日かげの地面のあたたかさのちがいを、手でさわってくらべます。（1つ5点）

(1) ㋐と㋑で日なたと日かげはどちらですか。

㋐（日なた）　㋑（日かげ）

(2) 地面があたたかいのは、㋐か㋑のどちらですか。（ ㋐ ）

(3) 図は午前10時のかげです。時間がたつと㋑は、日なたになりますか。それとも日かげのままですか。（日なたになる）

2 かげと太陽を調べるのに、右のような道具を使います。（1つ5点）

(1) ㋐〜㋒の名前をかきましょう。

㋐（しゃ光板）

㋑（温度計）

㋒（方いじしん）

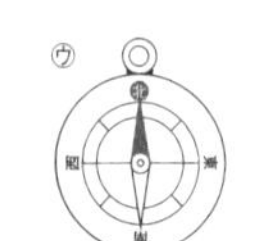

(2) ㋐〜㋒の道具の使い方はどれですか。

① （ ㋐ ） 太陽を見るときに使います。

② （ ㋒ ） 方いを調べるときに使います。

③ （ ㋑ ） もののあたたかさをはかるときに使います。

3 図は、午前10時と正午にはかった、日なたと日かげの地面の温度です。次の時こくの温度をかきましょう。（1つ5点）

① 午前10時の日なた（18℃）

② 午前10時の日かげ（16℃）

③ 正午の日なた（25℃）

④ 正午の日かげ（20℃）

4 次の文で、日なたのことには〇、日かげのことには×をかきましょう。（1つ5点）

① （ 〇 ） まぶしくて明るいです。

② （ × ） 地面に自分のかげができません。

③ （ × ） 地面にさわると、しめっぽくつめたく感じます。

④ （ 〇 ） 地面に自分のかげができます。

⑤ （ 〇 ） 夜にふった雨が速くかわきました。

⑥ （ × ） 日ざしの強いときは、ここがすずしいです。

まとめテスト

かげと太陽

月　　日　名前　　　/100点

1 次の方いじしんを見て、(　)に東、西、南、北をかきましょう。（1つ5点）

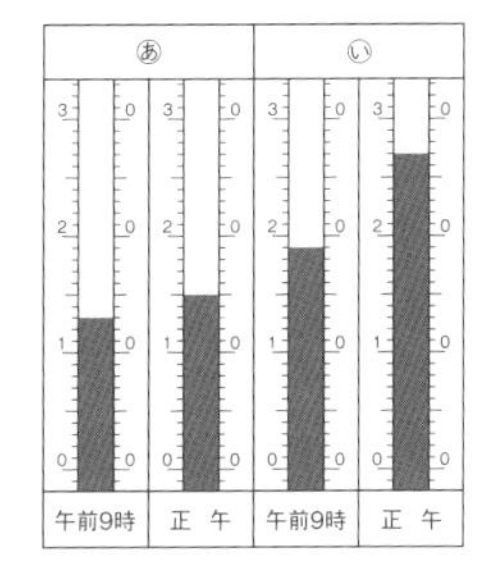

㋐(　北　)
㋑(　東　)
㋒(　南　)
㋓(　西　)

2 晴れた日の午前9時と正午に、日なたと日かげの地面の温度をはかりました。（1つ10点）

(1) ㋐と㋑では、どちらがあたたかいですか。（㋑）

(2) ぬれている地面は、㋐と㋑のどちらが速くかわきますか。（㋑）

(3) ㋐と㋑のどちらが日なたですか。（㋑）

㋐		㋑	
午前9時	正午	午前9時	正午

3 図のように、㋐、㋑、㋒に水を同じりょうだけまきました。

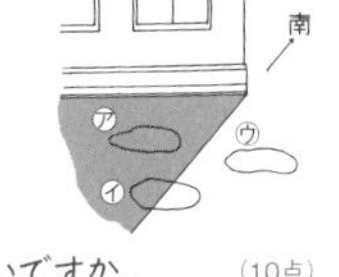

(1) まいた水が速くかわくじゅんに、記号をかきましょう。（全部で10点）
（㋒）→（㋑）→（㋐）

(2) ㋐と㋒では、どちらの地面の温度が高いですか。（10点）
（㋒）

(3) ㋑の場所の、これからの日のあたり方はどうなりますか。①～③からえらんで○をかきましょう。（10点）
①（○）全部太陽があたるようになります。
②（　）全部太陽があたらなくなります。
③（　）太陽のあたりかたはかわりません。

4 図は午前10時の鉄ぼうのかげです。あとの問いに答えましょう。

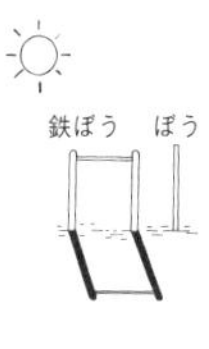

(1) ぼうのかげを、図にかきましょう。（5点）

(2) 午後3時になったときの、鉄ぼうとぼうのかげをかきましょう。（絵5点、わけ10点）
また、かげが動いたわけをかきましょう。

太陽が、東から西へと動くと、かげは、西から東へ動くのでそうなります。

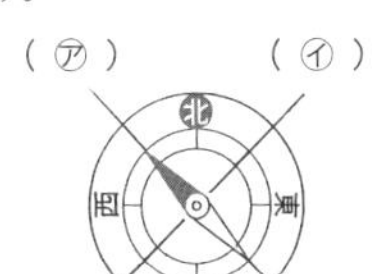

光のせいしつ ①

まっすぐ進む

1 かがみで日光をはね返して、かべにうつします。次の(　)にあてはまる言葉を□からえらんでかきましょう。

かがみで(①日光)をはね返すことができ、その光はまっすぐ進みます。そして光のあたったところは(②明るく)なります。

太陽を直せつ見ると(③目)をいためます。だから、はね返った光を、人の(④顔)にあててはいけません。

丸いかがみで日光をはね返すと(⑤丸)く、四角いかがみなら(⑥四角)く、三角のかがみなら(⑦三角)にうつります。

目　顔　日光　明るく　四角　三角　丸

2 図を見て、あとの問いに答えましょう。

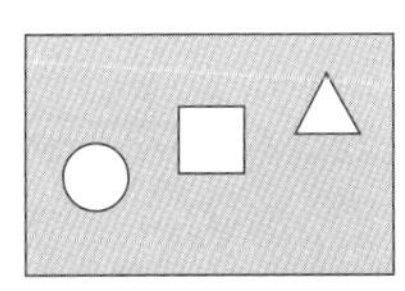

(1) かがみを上にかたむけると、Ⓐはどの方向に動きますか。（上）

(2) かがみを右にかたむけると、Ⓐはどの方向に動きますか。（右）

(3) Ⓐを㋐のところに動かすには、かがみをどちらへかたむけますか。（下）

月　　日　名前

ポイント　かがみではね返した光は、どのように進むか学びます。

3 光の通り道にかんをおきました。かんは光を通さないのでかげができます。

①～③の図で正しいのはどれですか。正しいものに○をかきましょう。

①（　）
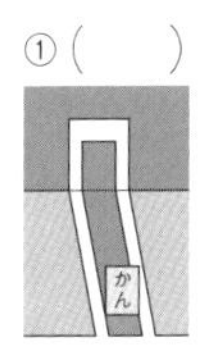

②（○）
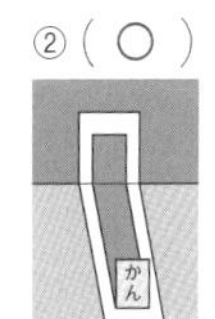

③（　）
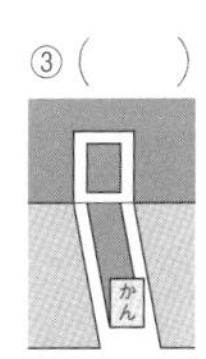

4 右の図のように、かがみを使って、光をはね返しています。次の(　)にあてはまる言葉を□からえらんでかきましょう。

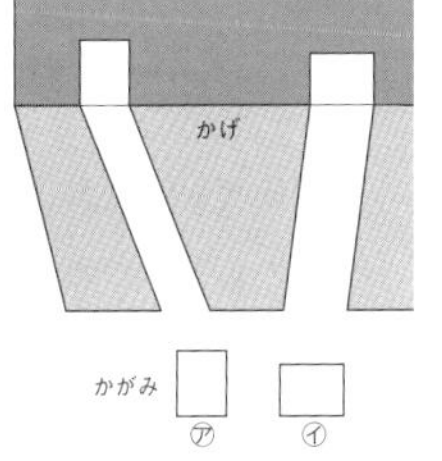

日光は(①まっすぐ)に進みます。かがみで(②はね返った)日光もまっすぐに進みます。

はね返った(③日光)を日かげにあてると、その部分は(④明るく)なり、温度は(⑤高く)なります。

明るく　まっすぐ　はね返った　日光　高く

光のせいしつ ②
光を集める

1 次の(　　)にあてはまる言葉を□からえらんでかきましょう。

3まいのかがみで光をはね返しました。

㋐はかがみ１まい、㋑はかがみ２まい、㋒はかがみ(① 3)まいでした。

はね返した光を集めれば、集めるほど(② 明るく)、温度は(③ 高く)なります。

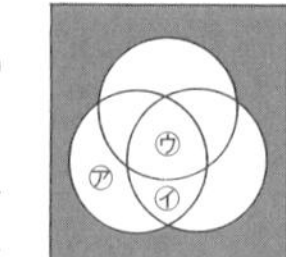

3　明るく　高く

2 丸いかがみを３まい、四角いかがみを２まい使って、図のように、日かげのかべに日光をはね返しました。

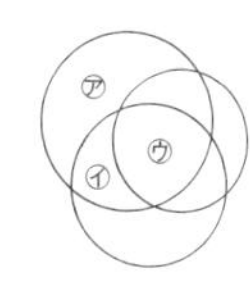

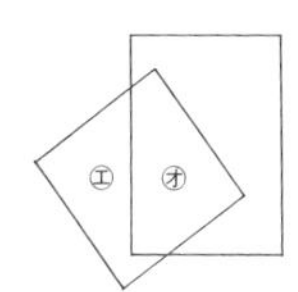

(1) ㋐〜㋒の中で、一番明るいのはどこですか。　(㋒)

(2) ㋐〜㋒の中で、一番あたたかいのはどこですか。　(㋒)

(3) ㋓と同じ明るさになっているのは、㋐〜㋒のどこですか。　(㋐)

(4) ㋔と同じ明るさになっているのは、㋐〜㋒のどこですか。　(㋑)

月　日 名前

ポイント　かがみを使って光をはね返したり、虫めがねで光を集めたりします。

3 虫めがねで日光を集めています。

(1) (　　)にあてはまる言葉を□からえらんでかきましょう。

虫めがねを使うと(① 日光)を集めることができます。

虫めがねを紙に近づけると明るいところは(② 大きく)なり、少し遠ざけると(③ 小さく)なります。

あといをくらべると、いの方が(④ 明るく)、温度が(⑤ 高く)なります。

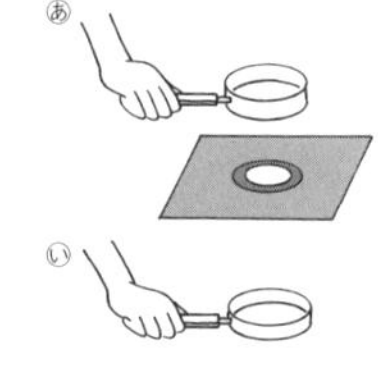
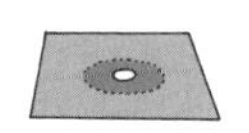

大きく　小さく　高く　明るく　日光

(2) ㋐〜㋒の3つの虫めがねがあります。光を集めるところが広いじゅんに記号をかきましょう。また、光を集めたとき、一番明るいのはどれですか。

広いじゅん (㋐) → (㋒) → (㋑)

一番明るい (㋐)

まとめテスト
光のせいしつ

1 かがみにあたった日光が、はね返ってかべにうつりました。あとの問いに答えましょう。

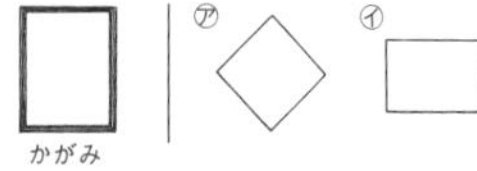

(1) かべにうつる形は、㋐〜㋓のどれですか。(15点)　(㋓)

(2) 光をあてるのによい方のかべに○をかきましょう。(15点)

① (○) 日かげのかべ　② (　　) 日なたのかべ

2 次の(　　)にあてはまる言葉を□からえらんでかきましょう。(1つ5点)

(① 日光)は、まっすぐ進みます。日光がかがみにあたると(② はね返り)ます。三角形のかがみで日光をはね返すと、(③ 三角形)の光がかべにうつり、かがみが四角形なら(④ 四角形)の光がうつります。

かがみを上に向けると、はね返った光は(⑤ 上)に動き、かがみを左に向けると、はね返った光は(⑥ 左)に動きます。はね返った光の向きは、かがみの(⑦ 向き)できまります。

はね返り　四角形　三角形　向き　左　上　日光

月　日 名前

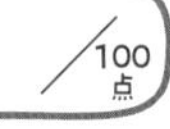

3 虫めがねで日光を集めています。(　　)にあてはまる言葉を□からえらんでかきましょう。(1つ5点)

あの虫めがねを紙に(① 近づける)と、明るいところは、大きくなり、少し遠ざけると、明るいところは、(② 小さく)なります。明るいところが小さいほど、そこは(③ 明るく)なります。あの虫めがねを遠ざけて、いのようにすると、明るいところは(④ 小さく)なり、明るさは、さらに(⑤ 明るく)なります。

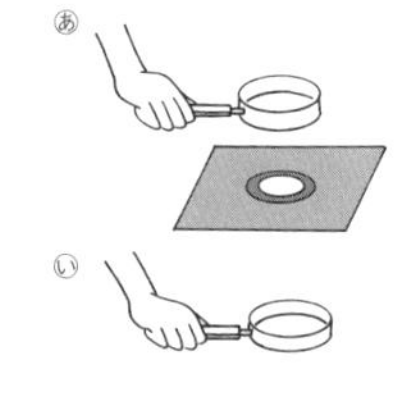
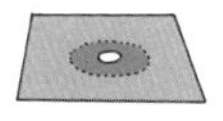

小さく　明るく　近づける　◉何度も使う言葉もあります。

4 光の通り道にかんをおきました。かんは光を通さないのでかげができます。(10点)

①〜③の図で正しいのはどれですか。正しいものに○をかきましょう。

① (　　)　② (○)　③ (　　)

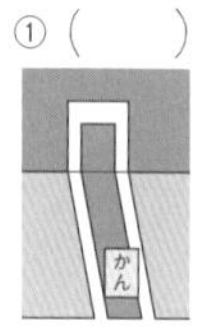
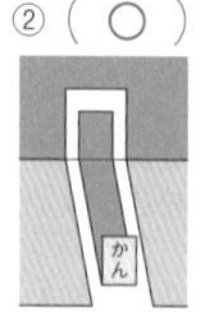
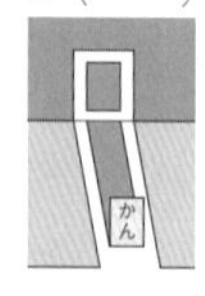

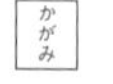

まとめテスト

光のせいしつ

1 丸いかがみを３まい、四角いかがみを２まい使って、図のように、日かげのかべに日光をはね返しました。あとの問いに答えましょう。
（１つ10点）

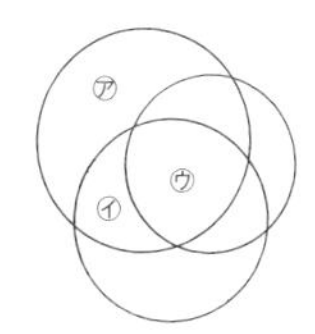

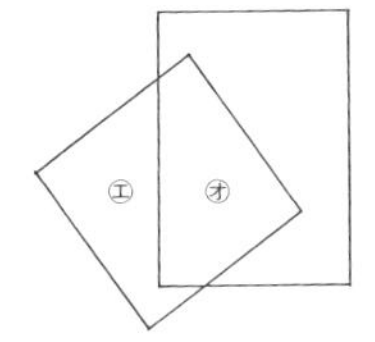

(1) ア～ウの中で、一番明るいのはどこですか。 （ ウ ）

(2) ア～ウの中で、一番あたたかいのはどこですか。 （ ウ ）

(3) エと同じ明るさになっているのは、ア～ウのどこですか。 （ ア ）

(4) オと同じ明るさになっているのは、ア～ウのどこですか。 （ イ ）

(5) 丸いかがみの方で、アと同じ明るさのところは、アとはべつに何こありますか。 （ ２こ ）

(6) 丸いかがみの方で、イと同じ明るさのところは、イとはべつに何こありますか。 （ ２こ ）

月　日　名前　／100点

2 日光をかがみではね返し、温度計を入れた空きかんにあてています。図や表を見て、あとの問いに答えましょう。

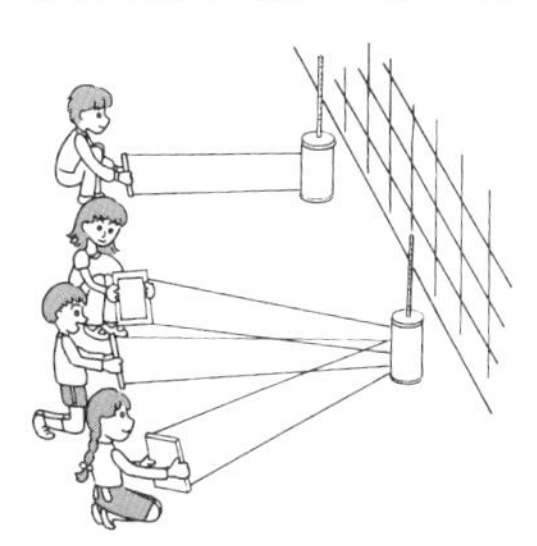

かんの中の空気の温度のかわり方

	①	②
はじめ	20℃	20℃
２分後	20℃	25℃
４分後	20℃	29℃
６分後	21℃	34℃

(1) 表を見て、①、②に「かがみ１まい」「かがみ３まい」のどちらかをかきましょう。
（１つ５点）

① （かがみ１まい） ② （かがみ３まい）

(2) ４分後の「かがみ１まい」と「かがみ３まい」の温度は、何度ですか。
（１つ５点）

① かがみ１まい（20℃） ② かがみ３まい（29℃）

★(3) このじっけんから、かがみのまい数とあたたまり方について、わかることをかきましょう。
（20点）

かがみのまい数が多い方が、あたたまり方も速くなります。

明かりをつけよう ①

豆電球

1 明かりをつけるものを集めました。図を見て（　）にあてはまる言葉を□からえらんでかきましょう。

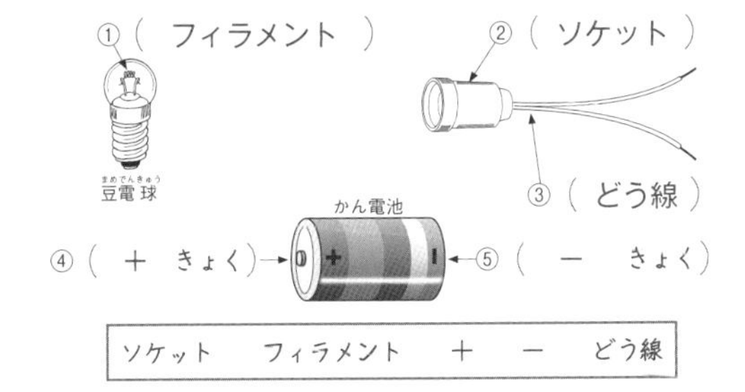

ソケット　フィラメント　＋　－　どう線

2 ソケットを使って、豆電球とかん電池をつなぎました。

ア～エで明かりがつくものには〇、つかないものには×をかきましょう。

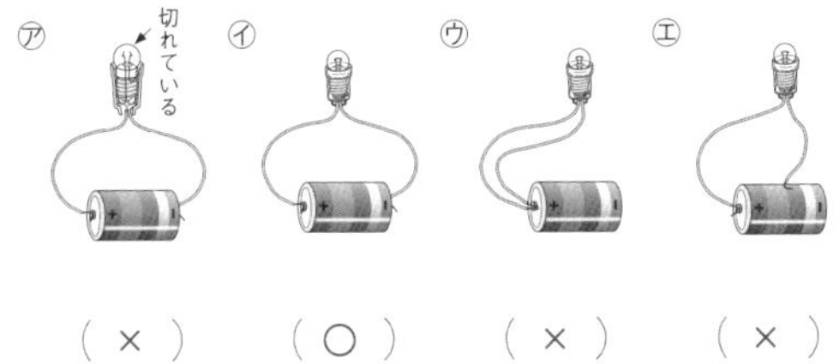

ア（ × ）　イ（ 〇 ）　ウ（ × ）　エ（ × ）

月　日　名前

ポイント　明かりがつくときのつなぎ方を学びます。電気の通り道が１つのわの形になったものを回路といいます。

3 次の（　）にあてはまる言葉を□からえらんでかきましょう。

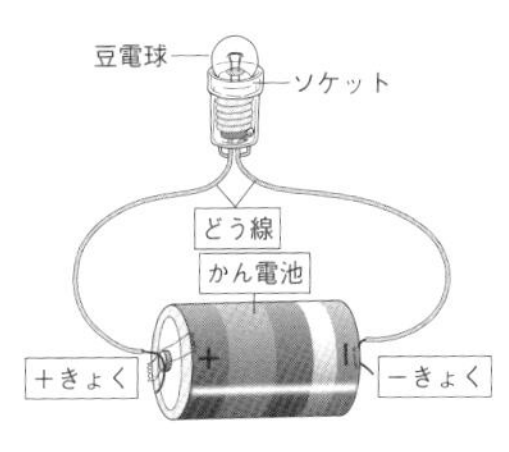

(1) かん電池の（① ＋ ）きょく、豆電球、かん電池の－きょくを（② どう線）で１つのわになるようにつなぐと、電気の（③ 通り道）ができて電気が流れ、豆電球の明かりがつきます。この１つのわのことを（④ 回路）といいます。

どう線　通り道　＋　回路

(2) 豆電球の明かりがつかないとき、豆電球が（① ゆるんで）いないか、豆電球の（② フィラメント）が切れていないか、電池の（③ きょく）にどう線がきちんと（④ ついて）いるかなどをたしかめます。

また、（⑤ 電池）が古くて切れていることもあります。

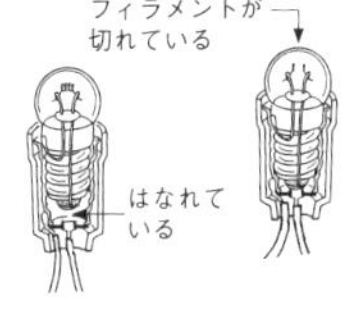

電池　ゆるんで　ついて　フィラメント　きょく

明かりをつけよう ②
豆電球

1 豆電球(まめでんきゅう)に明かりがついています。電気の通り道を赤色で、ぬりましょう。（電池の中はぬりません。）また、①～⑤の名前を□からえらんで（　）にかきましょう。

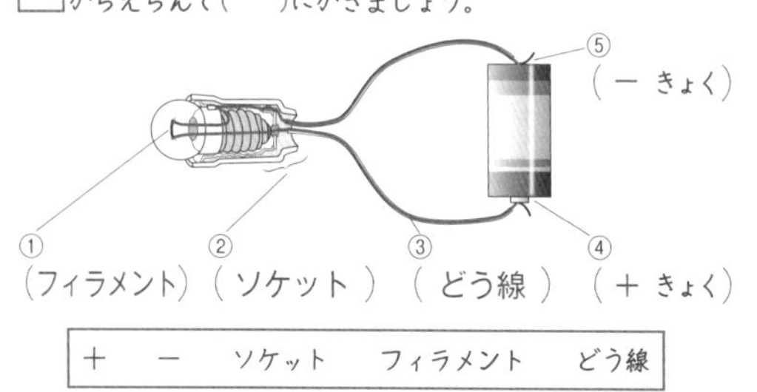

⑤（－ きょく）

①（フィラメント）　②（ソケット）　③（どう線）　④（＋ きょく）

＋	－	ソケット	フィラメント	どう線

2 次(つぎ)の（　）にあてはまる言葉(ことば)を□からえらんでかきましょう。

右の図のように（①豆電球）と（②かん電池）をどう線でむすび１つの（③ わ ）のような形になると、（④電気）が流(なが)れて、豆電球がつきます。電気の通り道のことを（⑤ 回路）といいます。回路(かいろ)が１か所(しょ)でも切れていると（⑥明かり）はつきません。

※①②

豆電球	電気	わ	かん電池	明かり	回路

月　　日 名前

ポイント　電気の通り道の回路がつながると豆電球はつきます。回路がどこかで切れていると豆電球はつきません。

3 次の図で豆電球に明かりがつくもの２つに○をつけましょう。

①（　　）　②（　　）　③（ ○ ）

④（　　）　⑤（ ○ ）　⑥（　　）

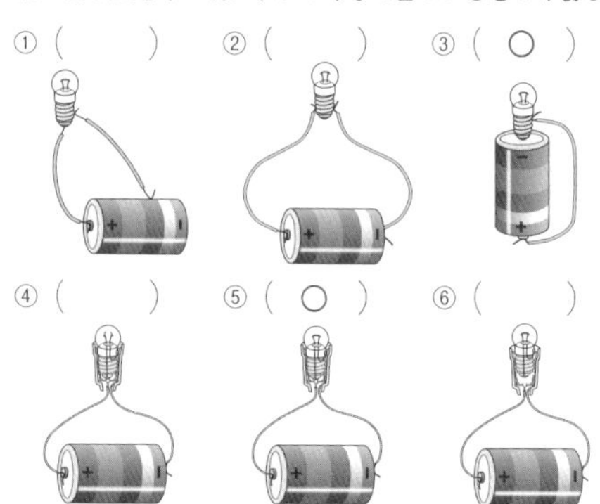

4 次の図で、かん電池をつなげても豆電球に明かりがつかないものが２つあります。㋐～㋒のどれですか。　（ ㋐ ）（ ㋒ ）

㋐

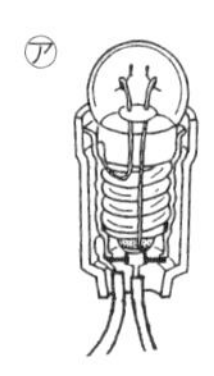

㋑

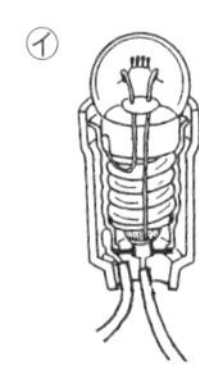

㋒

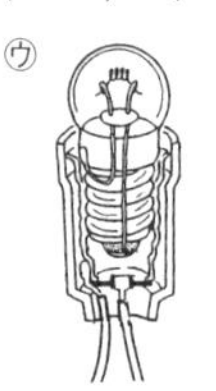

明かりをつけよう ③
電気を通す・通さない

1 図の㋐、㋑のところに、次(つぎ)のものをつなぎ、電気を通すものと通さないものを調(しら)べるじっけんをしました。電気を通すものには○を、通さないものには×をかきましょう。

①（ ○ ）

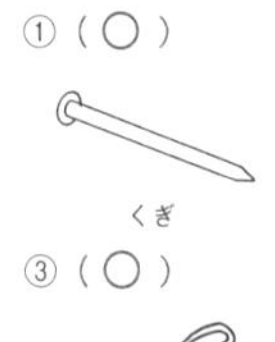

くぎ

②（ × ）

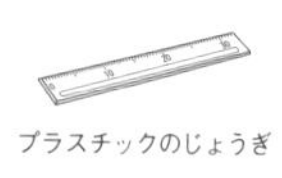

プラスチックのじょうぎ

③（ ○ ）　鉄(てつ)のはさみ

④（ × ）　木のわりばし

⑤（ ○ ）

100円玉

⑥（ × ）

ガラスコップ

⑦（ × ）

消しゴム

⑧（ × ）

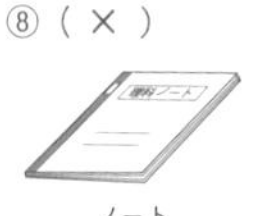

ノート

2 次の（　）にあてはまる言葉(ことば)を□からえらんでかきましょう。

くぎや100円玉、鉄のはさみは（①金ぞく）でできていて電気を通します。金ぞくでない（②プラスチック）のじょうぎや木の（③わりばし）、ガラスの（④コップ）などは電気を通しません。

コップ	プラスチック	わりばし	金ぞく

月　　日 名前

ポイント　電気を通すものは金ぞくで、プラスチック、木、ガラスなどは電気を通しません。

3 図のように、かん電池と豆電球(まめでんきゅう)とジュースのかん（スチールかん）をどう線でつなぎます。次の（　）にあてはまる言葉を□からえらんでかきましょう。

(1) ㋮のようにつなぎました。
豆電球の明かりは（①つきません）。
スチールかんの上には、（②ペンキ）などがぬってあり（②）は電気を（③通しません）。

通しません	つきません	ペンキ

(2) ㋑のようにジュースのかんの（①表面）を紙やすりでみがくと、㋐のように（②金ぞく）の部分(ぶぶん)があらわれました。
（②）は電気を（③通す）ので明かりは（④つきます）。

金ぞく	表面(ひょうめん)	通す	つきます

明かりをつけよう ④

電気を通す・通さない

1 次(つぎ)の(　　)にあてはまる言葉(ことば)を□からえらんでかきましょう。

明かりがつくものは、鉄(てつ)やどう、(①アルミニウム)などの(②金ぞく)とよばれるものでできています。これらは電気を(③通す)せいしつがあります。

一方、明かりがつかないものは(④　紙　)や(⑤ガラス)、プラスチックや木などでできています。これらは電気を(⑥通し)ません。

※④⑤

通す	通し	アルミニウム	金ぞく	紙	ガラス

2 下の図のようにつなぐと明かりがつきました。電気の回路(かいろ)を赤えんぴつでなぞりましょう。

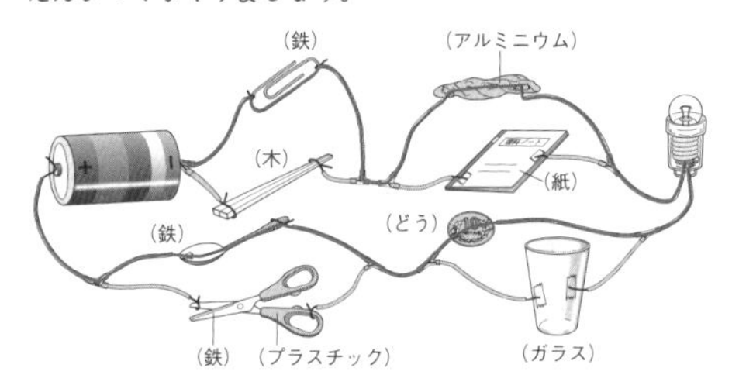

月　　日 名前

ポイント　電気を通す金ぞくで回路をつくります。

3 電気を通すものと通さないものに分けます。次のもので電気を通すものに○、通さないものに×をかきましょう。

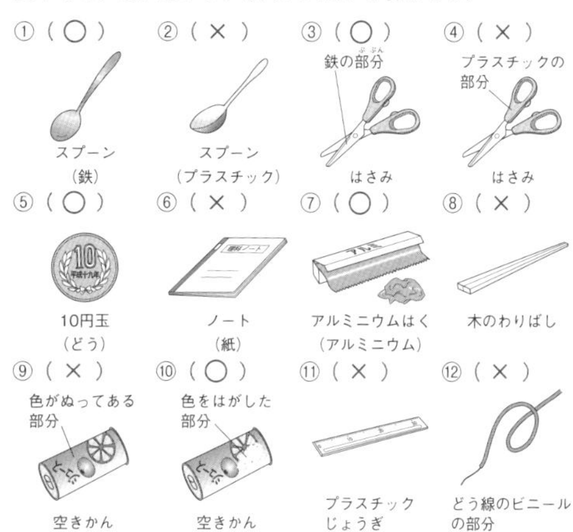

4 次の文で、正しいものには○、まちがっているものには×をかきましょう。

①(○) ビニールでつつまれたどう線を回路に使(つか)うときには、つなぐところのビニールをはがして使います。

②(×) スイッチは、電気を通すものだけでできています。

③(×) アルミかんにぬってあるペンキなどは電気を通します。

まとめテスト

明かりをつけよう

1 明かりをつけるのにひつような物(もの)を集(あつ)めます。それぞれの名前を□からえらんでかきましょう。　(1つ5点)

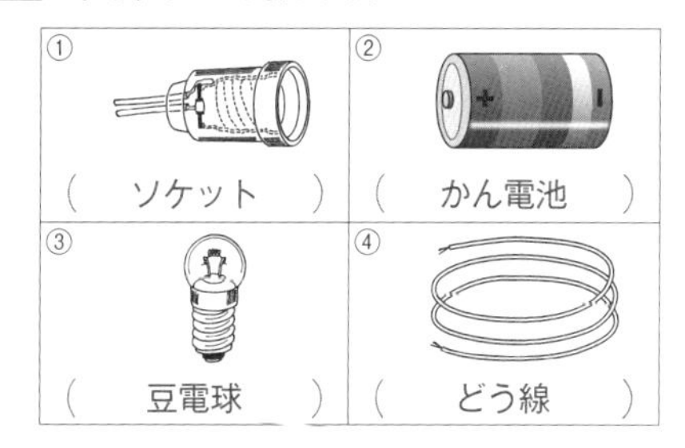

豆電球(まめでんきゅう)	かん電池	ソケット	どう線

2 次(つぎ)の(　　)にあてはまる言葉(ことば)を□からえらんでかきましょう。　(1つ8点)

右の図のようにかん電池の(①＋きょく)と(②豆電球)とかん電池の－きょくをどう線でむすび、1つの(③　わ　)のような形にすると(④電気)が流(なが)れて豆電球がつきます。この電気の通り道を(⑤回路)といいます。

回路(かいろ)	豆電球	＋きょく	わ	電気

3 図の①～⑨のうち、豆電球に明かりがつくのはどれですか。3つえらび(　　)に○をかきましょう。　(1つ8点)

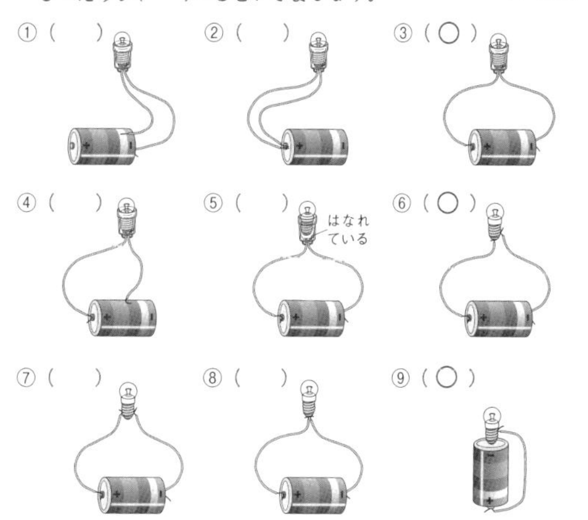

4 次の文で、正しいもの2つに○をかきましょう。　(1つ8点)

①(○) フィラメントが切れていると明かりはつきません。

②(　) 空きかんは表面(ひょうめん)にぬってあるものをはがしても電気を通しません。

③(○) どう線を使(つか)うときには、つなぐところのビニールをはがします。

まとめテスト

明かりをつけよう

1 次の(　)にあてはまる言葉を□からえらんでかきましょう。（1つ5点）

明かりがつくものは、(① 鉄)やどう、アルミニウムなどの(② 金ぞく)とよばれるものでできています。

これらは、電気を(③ 通す)せいしつがあります。

一方、明かりがつかないものは、紙やガラス、(④ 木)や(⑤ プラスチック)などでできています。これらは電気を(⑥ 通し)ません。

※④⑤

プラスチック　木　通し　鉄　通す　金ぞく

2 次のうち、電気を通すものをえらび(　)に○をつけましょう。（1つ5点）

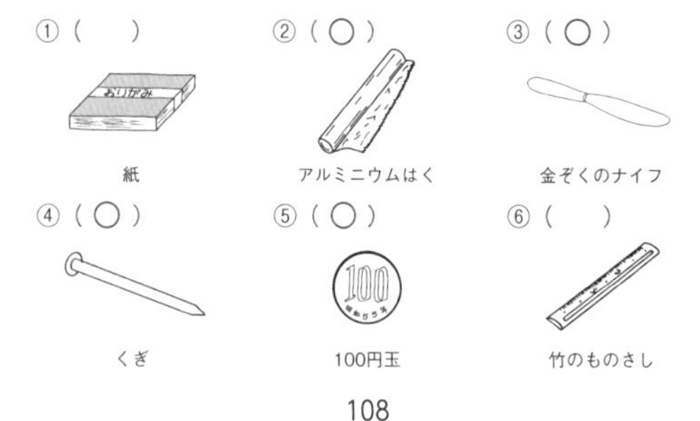

月　日　名前　　/100点

3 明かりのつくものを4つえらび、○をつけましょう。（1つ5点）

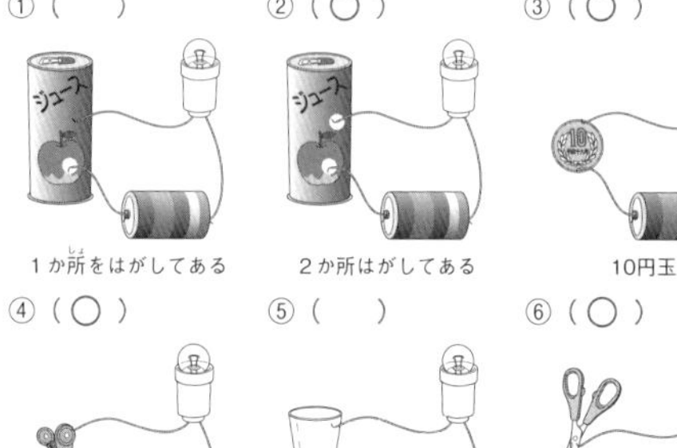

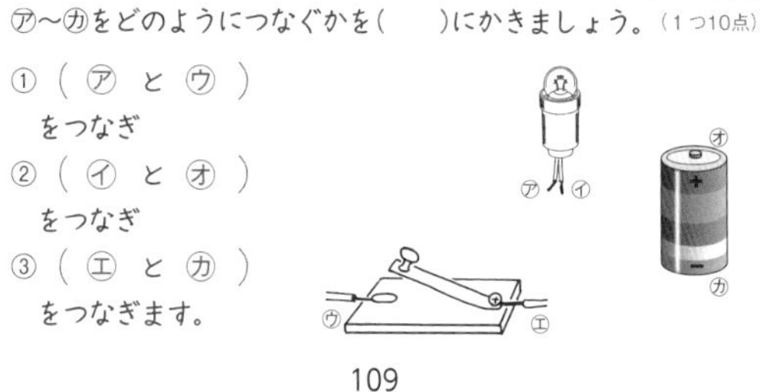

4 スイッチをおすと、豆電球に明かりがつくようにつなぎます。㋐～㋕をどのようにつなぐかを(　)にかきましょう。（1つ10点）

①（ ㋐ と ㋒ ）をつなぎ
②（ ㋑ と ㋔ ）をつなぎ
③（ ㋓ と ㋕ ）をつなぎます。

まとめテスト

明かりをつけよう

1 豆電球に明かりがついています。電気の通り道を赤色で、ぬりましょう。（電池の中はぬりません。）また、①～⑤の名前を□からえらんで(　)にかきましょう。（色5点、1つ5点）

⑤（ － きょく）

①（フィラメント）②（ ソケット ）③（ どう線 ）④（ ＋ きょく）

＋　－　ソケット　フィラメント　どう線

2 次の図は、豆電球がつきません。回路が切れている部分を見つけ、そこに○をかきましょう。（1つ5点）

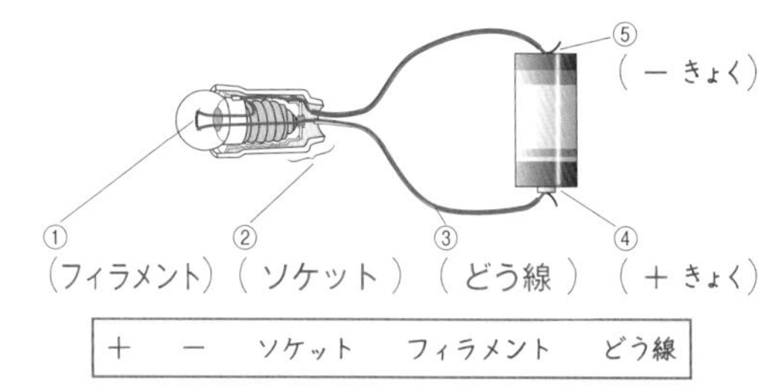

①　②　③　④

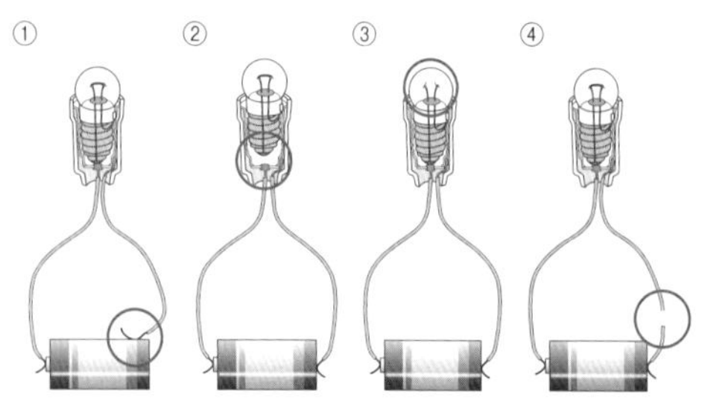

月　日　名前　　/100点

3 ソケットを使わないで豆電球に明かりをつけるには、豆電球にどう線をどのようにつなげばよいですか。

(1) 次の㋐～㋓からえらびましょう。（10点）（ ㋒ ）

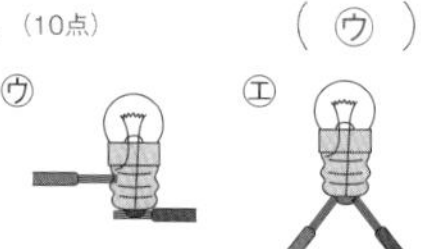

㋐　㋑　㋒　㋓

★(2) このとき、どう線の先のビニールをはがすのはなぜですか。（10点）

［どう線のビニールは、電気を通さないため、電気が通るようにはがします。］

4 図で、スイッチⒶをおすと青の豆電球がつき、スイッチⒷをおすと、赤の豆電球がつくように回路をつなぎます。(　)に㋐～㋕をかきましょう。（1つ10点）

①（ ㋑ と ㋔ ）をつなぎ
②（ ㋒ と ㋕ ）をつなぎ
③（ ㋓ と ㋐ ）をつなぎます。

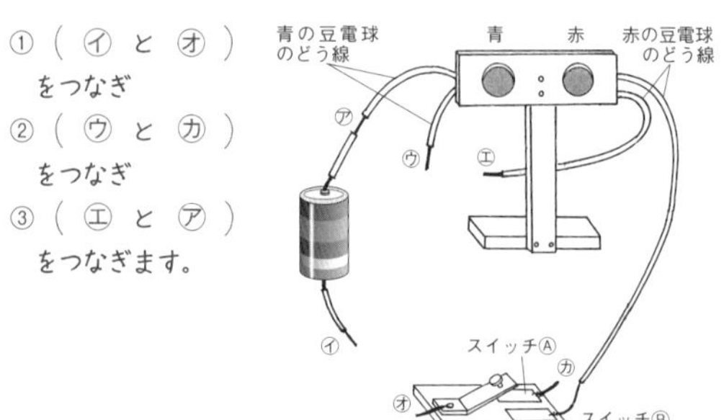

じしゃくの力 ①
じしゃくのきょく

1 次(つぎ)の(　　)にあてはまる言葉(ことば)を□からえらんでかきましょう。

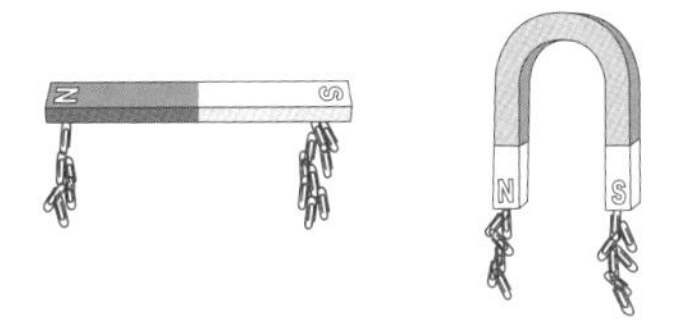

じしゃくがもっとも強く(① 鉄)を引きつける(② 両はし)の部分(ぶぶん)を(③ きょく)といいます。

どんな形や大きさのじしゃくにも(④ Nきょく)と(⑤ Sきょく)があります。　※④⑤

Nきょく　Sきょく　きょく　鉄(てつ)　両(りょう)はし

2 図のように、2つのじしゃくを近づけたときに、引きあうものには○、しりぞけあうものには×をかきましょう。

① (×)　② (○)

③ (×)　④ (○)

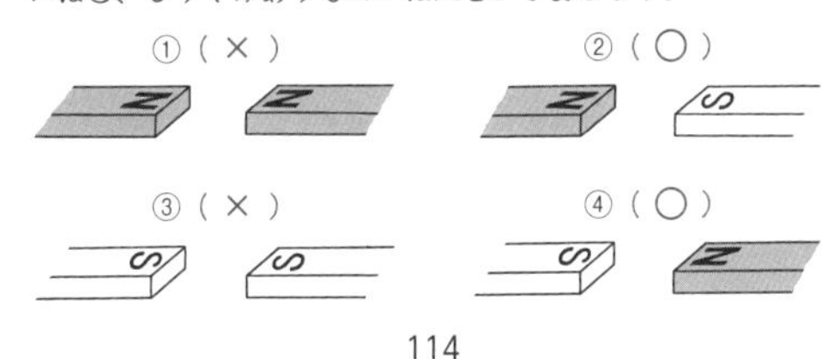

ポイント　じしゃくのきょくのはたらきを調べます。ちがうきょくは引きあい、同じきょくはしりぞけあいます。

3 丸いドーナツがたのじしゃくが2つあります。１つはぼうを通して下におきます。もう１つをぼうの上の方から落(お)とします。

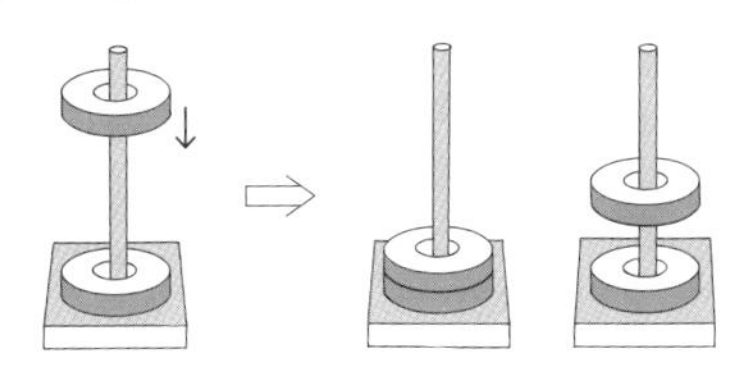

次の文で、正しいものには○、まちがっているものには×をかきましょう。

① (○) 上のじしゃくが、下のじしゃくにくっつくときは、ちがうきょくが向(む)きあっています。

② (×) 上のじしゃくが、下のじしゃくにくっつくときは、同じきょくが向きあっています。

③ (×) 上のじしゃくと下のじしゃくは、きょくにかんけいなく、かならずくっつきます。

④ (×) 上のじしゃくが、下のじしゃくにくっつかずにういているときは、ちがうきょくが向きあっています。

⑤ (○) 上のじしゃくが、下のじしゃくにくっつかずにういているときは、同じきょくが向きあっています。

じしゃくの力 ②
じしゃくのきょく

1 次(つぎ)の(　　)にあてはまる言葉(ことば)を□からえらんでかきましょう。

じしゃくは(① 鉄)を引きつけます。じしゃくには、(② Nきょく)と(③ Sきょく)があります。ぼうじしゃくでは、きょくのところがじしゃくの力は一番(④ 強く)なります。

じしゃくのNきょくと、べつのじしゃくの(⑤ Sきょく)は引きあいます。じしゃくのNきょくと、べつのじしゃくの(⑥ Nきょく)はしりぞけあいます。　※②③

強く　Nきょく　Sきょく　鉄(てつ) ●何回も使(つか)う言葉もあります。

2 図のように、ぼうじしゃくの上に鉄のくぎを近づけます。

(1) 鉄のくぎが、じしゃくによくついたのは、㋐～㋒のどこですか。2つ答えましょう。

(㋐)(㋒)

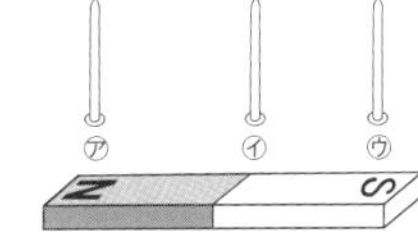

(2) じしゃくの力が弱いところがあります。それは、どこですか。記号(きごう)で答えましょう。(㋑)

(3) くぎがよくついたきょくの名前をかきましょう。

(N きょく)(S きょく)

方いじしんは、じしゃくのせいしつをりようしています。

3 次の(　　)にあてはまる言葉を□からえらんでかきましょう。

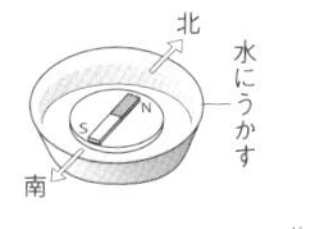

(1) 上の図のようにじしゃくを自由(じゆう)に(① 動く)ようにしておくと、どこでも(② Nきょく)は北を、(③ Sきょく)は南をさして止まります。(④ 方いじしん)は、そのせいしつをりようした道具(どうぐ)です。

方いじしん　Nきょく　Sきょく　動(うご)く

(2) この北をさしている方いじしんに横(よこ)からぼうじしゃくを近づけると方いじしんの北をさしているはりは(① 西)をさしました。これは、ぼうじしゃくのNきょくが、はりの(② S)きょくを引きつけたからです。

このように、方いじしんの近くに(③ じしゃく)があると、正しい方いを知ることができなくなります。

S　じしゃく　西

じしゃくの力 ③

じしゃくにつく・つかない

1 図の中で、じしゃくにつくものには○、つかないものには×をかきましょう。

2 次の（　）にあてはまる言葉を□からえらんでかきましょう。

じしゃくは、くぎなど（① 鉄 ）でできたものを引きつけます。一方（② 紙 ）やガラス、プラスチックなどは、引きつけられません。また、（③ どう ）や（④ アルミニウム ）などの金ぞくも引きつけられません。

※③④

紙　どう　鉄　アルミニウム

月　日 名前

ポイント じしゃくにつくのは鉄です。アルミニウムやどうは金ぞくですが、じしゃくにつきません。

3 じしゃくについて、正しいものには○、まちがっているものには×をかきましょう。

①（×）じしゃくは、金ぞくなら何でも引きつけます。
②（○）じしゃくの形は、いろいろあります。
③（○）じしゃくは、プラスチックを引きつけません。
④（○）じしゃくは、鉄を引きつけます。
⑤（×）じしゃくは、ガラスを引きつけます。
⑥（○）じしゃくは、ゴムは引きつけません。

4 次の（　）にあてはまる言葉を□からえらんでかきましょう。

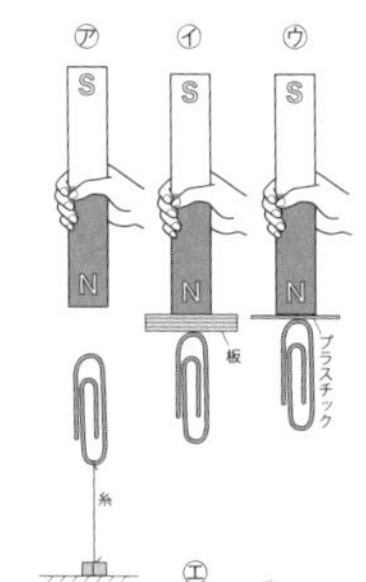

図㋐のように、じしゃくが直せつクリップに（① ふれて ）いなくてもクリップを引きつけます。

また、図㋑、㋒のように、じしゃくとクリップなどの間に（② 板 ）や（③ プラスチック ）をはさんでもクリップを引きつけます。

図㋓のように、鉄のくぎを（④ じしゃく ）でこすると、鉄のくぎもじしゃくになります。

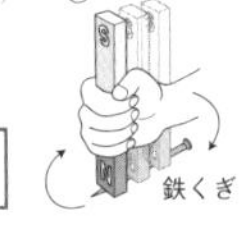

※②③

プラスチック　ふれて　板　じしゃく

じしゃくの力 ④

じしゃくをつくる

1 図のように、じしゃくに鉄くぎをつけてしばらくして、じしゃくからはずすと、２本のくぎはくっついたままになります。

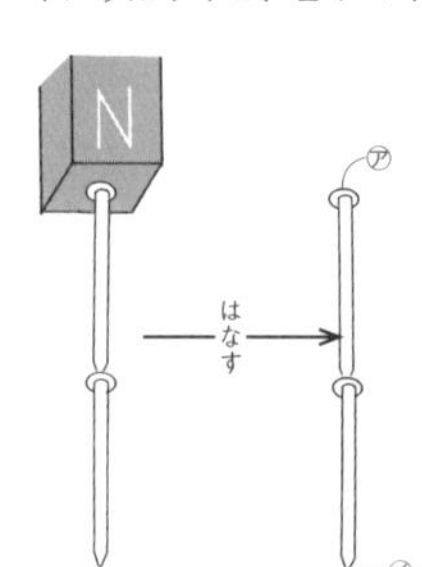

あとの問いに答えましょう。

① このくぎは、何になったといえますか。（ じしゃく ）

② ㋐は、NきょくとSきょくのどちらですか。（ Sきょく ）

③ ㋑は、NきょくとSきょくのどちらですか。（ Nきょく ）

2 次の（　）にあてはまる言葉を□からえらんでかきましょう。

㋐ 鉄くぎ

図㋐のようにしばらくじしゃくについていた鉄くぎは、じしゃくからはなしても（① じしゃく ）になっていることがあります。

図㋑のようにじしゃくで鉄くぎを（② こすって ）も、じしゃくになります。

じしゃく　こすって

月　日 名前

ポイント じしゃくのつくり方について調べます。また、地球も大きなじしゃくになっています。

3 じしゃくにつけたくぎが、じしゃくになっているかどうかを調べます。次の（　）にあてはまる言葉を□からえらんでかきましょう。

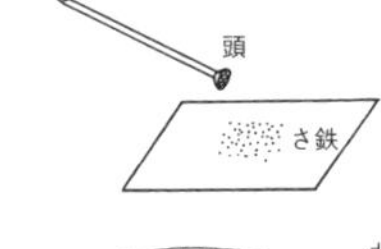

くぎをさ鉄の中に入れると、くぎの頭と先の両方にさ鉄がついたので、（① じしゃく ）になっています。

くぎを水にうかべると、くぎの先が北をさして止まったので、くぎの先は（② N ）きょくになっています。

くぎを方いじしんに近づけると、方いじしんのはりが（③ 動きました ）。

動きました　N　じしゃく

4 次の（　）にあてはまる言葉を□からえらんでかきましょう。

地球は大きな（① じしゃく ）です。方いじしんのNきょくは（② 北 ）をさします。地球の北きょくは、Nきょくを引きつけるので（③ Sきょく ）で、南きょくは（④ Nきょく ）です。

Nきょく　Sきょく　北　じしゃく

じしゃくの力

1 次のもので、じしゃくにつくものには○、つかないものには×をかきましょう。（1つ5点）

①（○）鉄のはさみ	②（×）おりづる	③（○）鉄のくぎ
④（×）本	⑤（○）ゼムクリップ	⑥（×）10円玉（どう）
⑦（○）鉄の目玉クリップ	⑧（×）アルミかん	⑨（○）ホッチキスのしん
⑩（×）消しゴム		

月　日　名前　/100点

2 図のように、2つのじしゃくを近づけたときに、引きあうものには○、しりぞけあうものには×をかきましょう。（1つ5点）

①（×）　②（○）

③（×）　④（○）

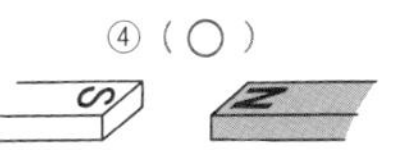

3 次の文で、正しいものには○、まちがっているものには×をかきましょう。（1つ5点）

①（○）じしゃくには、NきょくとSきょくがあります。

②（×）丸いじしゃくには、NきょくもSきょくもありません。

③（×）じしゃくは、どんな金ぞくでも引きつけます。

④（○）方いじしんのNきょくは北をさします。

⑤（○）鉄くぎを、じしゃくで同じ方向へこすると、じしゃくになります。

⑥（○）じしゃくは、自由に動くようにすると、北と南をさして止まります。

じしゃくの力

1 次のもののうち、じしゃくにつくものには○、つかないものには×をかきましょう。（1つ4点）

①（×）アルミかん　②（×）竹のものさし

③（×）チョーク　④（○）鉄のはさみ

⑤（×）5円玉　⑥（×）プラスチックじょうぎ

⑦（○）ぶらんこのくさり　⑧（×）ガラスのコップ

⑨（○）鉄のはりがね　⑩（×）消しゴム

2 図を見て、あとの問いに答えましょう。（1つ4点）

(1) じしゃくで、引きつける力の強いところは、①～⑤のどこですか。番号で答えましょう。

㋐
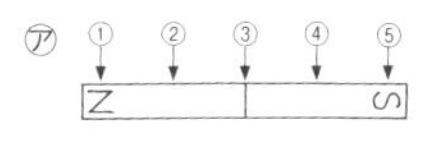

（①）（⑤）

㋑
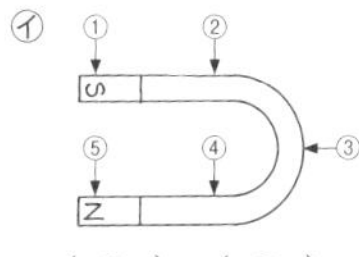

（①）（⑤）

(2) 引きつける力の強いところを何といいますか。

（きょく）

月　日　名前　/100点

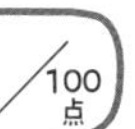

3 図のように、丸いドーナツがたじしゃくと、ぼうじしゃくを使って、同じ部屋でじっけんをしました。2つのじしゃくを自由に動くようにしておくと、しばらくして止まりました。（1つ4点）

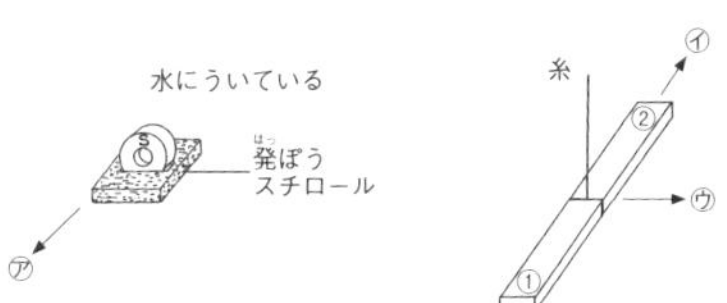

(1) ㋐～㋒の方いをかきましょう。

㋐（南）　㋑（北）　㋒（東）

(2) ①と②のきょくをかきましょう。

①（Sきょく）　②（Nきょく）

(3) じしゃくのこのせいしつを使った道具の名前をかきましょう。

（方いじしん）

4 次の文で正しいものには○、まちがっているものには×をかきましょう。（1つ4点）

①（×）NきょくとNきょくは引きあいます。

②（○）SきょくとSきょくはしりぞけあいます。

③（○）NきょくとSきょくは引きあいます。

④（×）NきょくとSきょくはしりぞけあいます。

じしゃくの力

月　日 名前　　／100点

1 次の(　)にあてはまる言葉を□からえらんでかきましょう。（1つ5点）

(1) じしゃくは(①鉄)でできたものを引きつけます。
(②紙)やガラス、プラスチックなどは、じしゃくにつきません。また(③アルミニウム)や(④どう)などの金ぞくもじしゃくにつきません。　※③④

紙　鉄　アルミニウム　どう

(2) じしゃくの力が一番強いところを(①きょく)といいます。きょくには(②Nきょく)と(③Sきょく)があります。
また、同じきょくを近づけると(④しりぞけ)あい、ちがうきょくを近づけると(⑤引き)あいます。　※②③

Nきょく　しりぞけ　Sきょく　引き　きょく

(3) じしゃくの(①Nきょく)は北をさし、(②Sきょく)は南をさします。このせいしつを使った道具を(③方いじしん)といいます。

Sきょく　Nきょく　方いじしん

2 丸いドーナツがたのじしゃくが2つあります。1つはぼうを通して下におきます。もう1つをぼうの上の方から落とすと、図のようになりました。

(1) ㋐と㋑は、Nきょくと Sきょくのどちらですか。（1つ5点）
㋐(Nきょく)
㋑(Sきょく)

(2) 次に、同じように、もう1つのじしゃくを上から落とすと図のようになりました。㋐と㋑は、何きょくですか。（1つ5点）
㋐(Sきょく)
㋑(Nきょく)

★(3) (2)のようになったわけをかきましょう。（20点）
[下のじしゃくのNきょくと、上のじしゃくのNきょくがしりぞけあっているので、ういています。]

風やゴムのはたらき ①

風のはたらき

月　日 名前

1 次の(　)にあてはまる言葉を□からえらんでかきましょう。

(1) ビニールぶくろにつめこんだ(①空気)をおし出すと(②風)が起こります。人が(③息)をはき出しても風は起こります。

風　息　空気

(2) 風には力があります。
人の息を、もえているローソクの火にふきかけて(①消す)ことができます。せんこうのけむりが、そよっと(②動く)ような(③小さな)力から、台風のように木を(④たおし)たり、屋根の(⑤かわら)をとばしたりするような(⑥大きな)力まであります。

動く　たおし　消す　小さな　大きな　かわら

2 ふき流しをつくり、せん風きの風の強さを調べました。それぞれのふき流しは、強・中・弱・切のどれですか。

① (強) ② (切) ③ (弱) ④ (中)

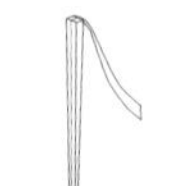

風には、はく息のように小さな力のものや、台風のように大きな力のものがあります。

2 次の(　)にあてはまる言葉を□からえらんでかきましょう。

(1) 風の力をはかるものに(①ふき流し)があります。

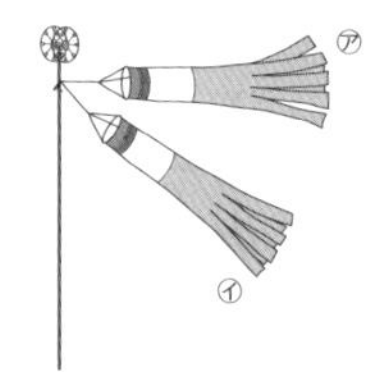

右の図のように風が(②強い)ときには㋐のように大きくたなびき、風の力が(③弱い)ときには㋑のようになります。
(①)のほかに、プロペラの回転する(④速さ)で、風の強さをはかるものもあります。

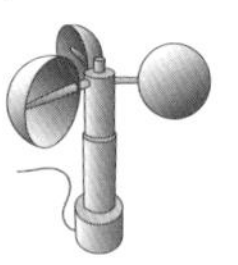

弱い　強い　ふき流し　速さ

(2) 身のまわりには、風の力をりようしたものがたくさんあります。(①ヨット)のような乗り物や大きな(②プロペラ)をまわして電気をつくる風力発電き、風の力でゴミをすいこむ(③そうじき)などです。(④うちわ)や(⑤せん風き)も、風の力ですずしくしています。　※④⑤

うちわ　せん風き　プロペラ　そうじき　ヨット

風やゴムのはたらき ②

風のはたらき

1 図のような「ほ」のついた車を走らせるじっけんをしました。車の重さは同じにします。グラフを見て、(　　)にあてはまる言葉を□からえらんでかきましょう。

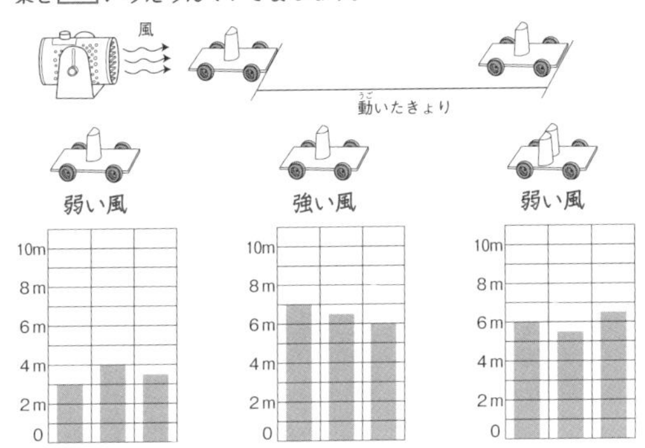

このじっけんでは、3回の(①けっか)をくらべています。それは、1回より(②正かく)なけっかになるようにするためです。どの車の(③ 重さ)も(④ 同じ)にしています。重さがちがうと走る(⑤きょり)がちがって、くらべることができないからです。

同じ　　きょり　　正かく　　重さ　　けっか

月　　日 名前

ポイント 風の力を「ほ」に受けて走る車があります。受ける力が大きいほど遠くまで走ります。

2 **1**のじっけんを見て、正しいものには○、まちがっているものには×をかきましょう。

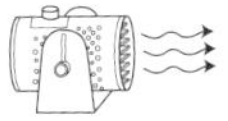

① (○) 「ほ」が大きい方が動くきょりが長いです。
② (×) 「ほ」の大きさは、動くきょりにかんけいありません。
③ (○) 風が強い方が遠くまで動きます。
④ (×) 風の強さは、動くきょりにかんけいありません。
⑤ (○) 風が強くて、「ほ」の大きいものが、一番動くきょりが長いです。

3 次のような風船のはたらきで動く車をつくりました。(　　)にあてはまる言葉を□からえらんでかきましょう。

わゴムでとめる　風船　ストロー

ゴムでできた風船を大きくふくらませ、ストローからたくさんの(①空気)が出るようにすると車は(②遠く)まで走ることができます。

また、おし出す力の(③強い)風船をつけると車は(④速く)走ります。

速く　　空気　　遠く　　強い

風やゴムのはたらき ③

ゴムのはたらき

1 ゴムの力をりようしたおもちゃつくりをしました。次のようなものができました。

㋐

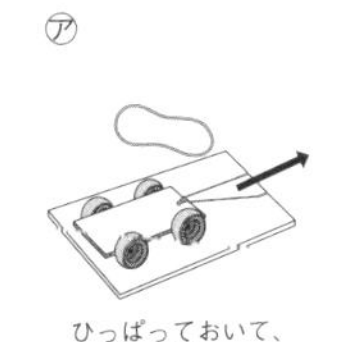

ひっぱっておいて、はなすと動く

㋑

ひもをひっぱってはなすと動く

㋒

おり曲げておいてはなすとはねる

(1) ゴムがのびたり、ちぢんだりする力をりようしたものは、どれですか。記号で答えましょう。(㋐ , ㋒)

(2) ゴムのねじれを元にもどす力をりようしたものは、どれですか。記号で答えましょう。(㋑)

(3) ㋐の車を少しでも遠くまで動かすには、ゴムの数をどうすればよいですか。(ゴムの数をふやす)

(4) ㋑の車は、10回まきと20回まきでは、どちらがたくさん動きますか。(20回まき)

(5) ㋒のカエルをより高くはねさせるには、ゴムを太いものにするか、細いものにするか、どちらがよいですか。(太いもの)

月　　日 名前

ポイント ゴムののびたり、ちぢんだりする力やねじれを元にもどす力によってプロペラを回したりします。

2 次の図のようなプロペラのはたらきで動く車をつくりました。あとの問いに答えましょう。

(1) プロペラを回すと、何が起こりますか。(風)

(2) この車の場合、何の力でプロペラを回していますか。

(ゴム)

(3) 次の(　　)にあてはまる言葉を□からえらんでかきましょう。

プロペラのはたらきで動く車は、ねじれた(①ゴム)が(②元にもどる)力をりようして、(③プロペラ)を回し、(④ 風)を起こして動きます。

走る(⑤ 速さ)や動くきょりは、わゴムの数やわゴムの(⑥強さ)によってちがいます。

プロペラをまいてゴムに力をためます。プロペラをまく(⑦回数)が多いほど(⑧遠く)まで進みます。

回数　　速さ　　強さ　　ゴム　　遠く 元にもどる　　プロペラ　　風

風やゴムのはたらき ④

ゴムのはたらき

1 右の図のように、手をはなすとパチンととび上がるパッチンガエルをつくりました。

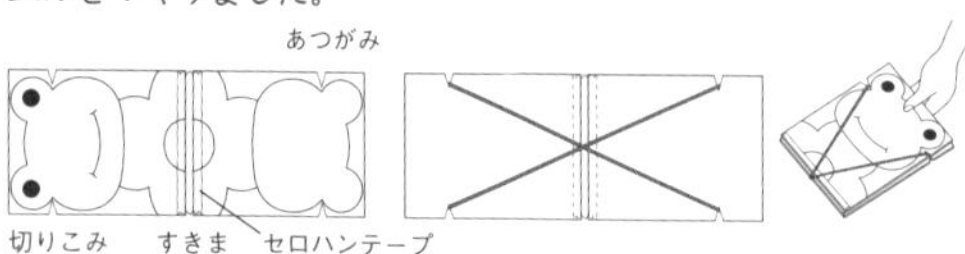

(1) パッチンガエルは、ゴムのどのはたらきをりようしていますか。次の中からえらびましょう。（ ㋑ ）

㋐ ねじれの力　　㋑ のびちぢみの力

(2) パッチンガエルを高くとび上がらせるには、どうすればよいですか。次の中からえらびましょう。（ ㋐ ）

㋐ ゴムを二重にする　　㋑ ゴムをつないで長くする

2 同じ太さで長さ10cmと15cmのゴムがあります。

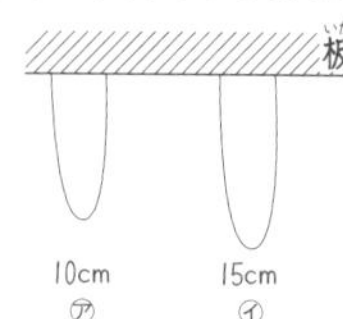

(1) ㋐と㋑に同じ車をつけて、ひっぱりました。たくさんのびるのは、どちらですか。（ ㋑ ）

(2) はなすと遠くまで進むのはどちらですか。（ ㋑ ）

(3) ㋐に10cmのゴムをもう1本くわえました。はじめにくらべて車の動きはどうなりますか。（ あ ）

あ いきおいが強くなる　　い 同じ
う いきおいが弱くなる

ポイント わゴムは、細いものより、太いものの方が元にもどろうとする力は大きくなります。

3 図のようなおもちゃをつくりました。あとの問いに答えましょう。

(1) （　）にあてはまる言葉を□からえらんでかきましょう。

このおもちゃは、手で（① ひも）を引いて、カップの中の（② かん電池）にくくりつけた（③ わゴム）をねじります。ひもを（④ ゆるめた）とき(③)が元にもどろうとします。

それは、ひもを引くことによって（②）にくくりつけた（③）をねじっているからです。

プリンカップのカメ

ゆるめた　ひも　わゴム　かん電池

(2) ひもを引く長さは同じにして、このおもちゃを力強く動くようにするには、次のどれがよいですか。（　）に○を2つかきましょう。

①（　）長いわゴムをつける。

②（ ○ ）太さが2倍のわゴムをつける。

③（ ○ ）わゴムを二重にする。

④（　）細いわゴムにする。

まとめテスト

風やゴムのはたらき

1 次の文は、風についてかかれています。正しいものには○、まちがっているものには×をかきましょう。（1つ5点）

①（ ○ ）風りんは、風の力で音を出します。

②（ ○ ）台風でかわらがとぶこともあります。

③（ ○ ）風が強いと、こいのぼりがよく泳ぎます。

④（ × ）うちわでは、風はつくれません。

⑤（ × ）人のはく息は、風にはなりません。

2 次の車は、㋐、㋑、㋒、㋓のうちどこから風がくると、よく動きますか。（10点）

（ ㋑ ）

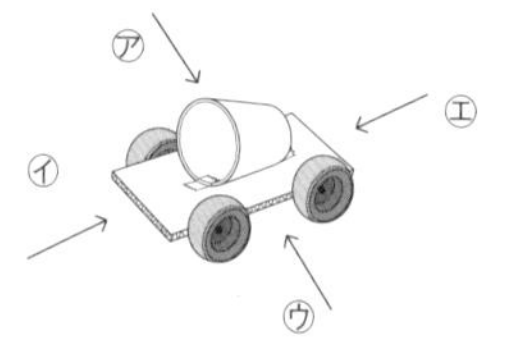

だんボール紙と紙コップの車

3 ふき流しをつくり、せん風きの風の強さのじっけんをしました。せん風きのスイッチは、強・中・弱・切のどれですか。（1つ5点）

①（ 強 ）②（ 切 ）③（ 弱 ）④（ 中 ）

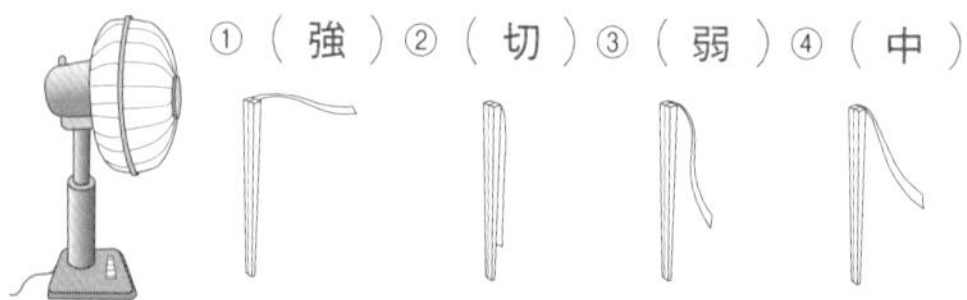

4 次の文は、ゴムの力についてかかれています。正しいものには○、まちがっているものには×をかきましょう。（1つ5点）

①（ ○ ）ゴムは、たくさんひっぱればひっぱるほど、たくさんもどろうとします。

②（ ○ ）ゴムは、ひっぱりすぎると切れます。

③（ ○ ）ゴムは、ねじっても元にもどろうとする力がはたらきます。

④（ × ）ゴムは、たくさんひっぱっても、ぜったいに切れません。

⑤（ ○ ）わゴムを2本にすると、ゴムの元にもどろうとする力も2倍になります。

5 次の車は、ゴムのどんな力をりようしていますか。のびてもどる力は㋐、ねじれがもどる力は㋑とかきましょう。（1つ5点）

①（ ㋐ ）

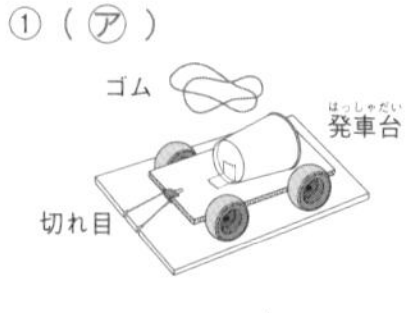

②（ ㋐ ）

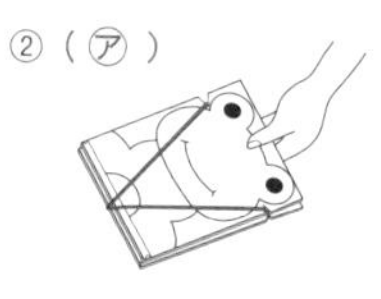

③（ ㋑ ）

ひも
プリンカップ
わゴム

④（ ㋑ ）

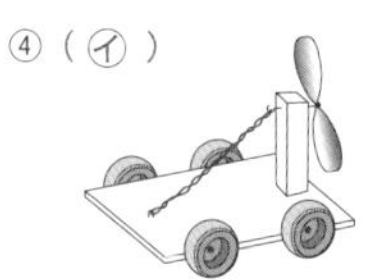

風やゴムのはたらき

1 紙コップを「ほ」に使った車をつくりました。全体の重さを同じにした車に送風きで風をあてて走らせました。どの車が遠くまで走りますか。遠くまで走るものから番号を(　)にかきましょう。（1つ10点）

㋐（ 2 ） 小さい「ほ」に強い風をあてる。

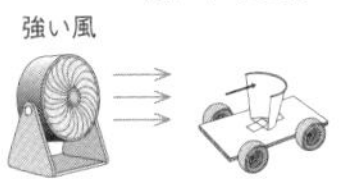

㋑（ 4 ） 大きい「ほ」に風をあてない。

㋒（ 3 ） 「ほ」をはずして弱い風をあてる。

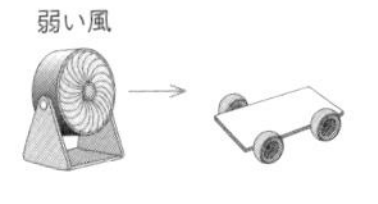

㋓（ 1 ） 大きい「ほ」に強い風をあてる。

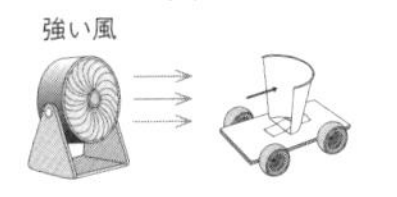

2 図のような、プロペラカーを使って、わゴムをねじる回数と車が走るきょりについて調べようと思います。次の㋐〜㋒のどのじっけんとどのじっけんのけっかをくらべればよいですか。（10点）

（ ㋑ ）と（ ㋒ ）のけっかをくらべる。

㋐ わゴムを２本使って100回ねじった。
㋑ わゴムを１本使って50回ねじった。
㋒ わゴムを１本使って100回ねじった。

月　　日 名前　　　　/100点

3 図のようなゴムの力で動く車を使ってじっけんをしました。次のグラフを見て、あとの問いに答えましょう。

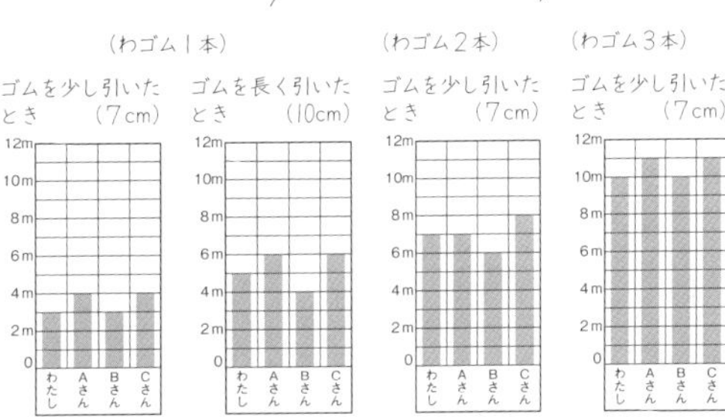

次の文で、正しいものには○、まちがっているものには×をかきましょう。（1つ10点）

①（ ○ ） わゴムをたくさん重ねて使うとたくさん走ります。
②（ ○ ） わゴムを長く引くとたくさん走ります。
③（ × ） わゴムをたくさん重ねても動くきょりはあまりかわりません。
④（ ○ ） たくさんの友だちのけっかを調べた方が、より正しいけっかがわかります。
⑤（ × ） 友だちのけっかとくらべてかくのは、きょうそうしているからです。

風やゴムのはたらき

1 次の(　)にあてはまる言葉を□からえらんでかきましょう。（1つ5点）

息をふいてローソクの火を(①消す)ことができます。
風には台風のように木を(②たおし)たり、屋根のかわらを(③とばし)たりするような(④強い力)もあります。
風の力をりようしたものに(⑤ヨット)のような船、プロペラを回して(⑥ 電気)をつくる風力発電き、ゴミをすいこむ(⑦そうじき)などがあります。

強い力	消す	たおし	とばし
電気	ヨット	そうじき	

2 図のように、紙コップを「ほ」に使った車をつくりました。遠くまで走るものから(　)に番号をかきましょう。（1つ5点）

①（ 2 ）　強い風　小さい「ほ」
②（ 4 ）　風なし　大きい「ほ」
③（ 3 ）　弱い風　小さい「ほ」
④（ 1 ）　強い風　大きい「ほ」

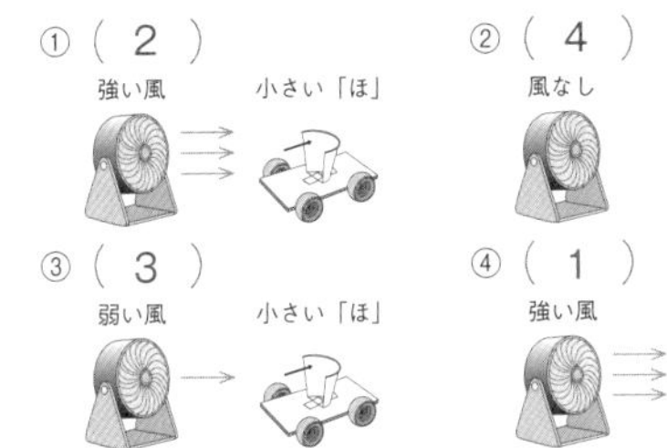

月　　日 名前

3 図のようなおもちゃをつくりました。

(1) (　)にあてはまる言葉を□からえらんでかきましょう。（1つ5点）

このおもちゃは、手で(①ひも)を引くとかん電池にまきつけた(②わゴム)が(③ねじれ)、引いているひもを(④ゆるめる)と、ねじれたわゴムが(⑤元にもどろう)とする力がはたらきプリンカップを動かします。

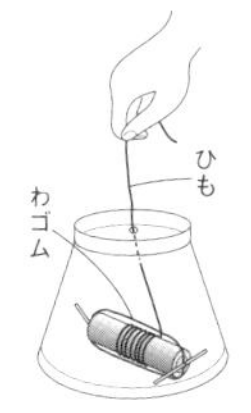

元にもどろう	わゴム	ひも	ねじれ	ゆるめる

★(2) このおもちゃで長いきょりを動かすには、どうすればよいでしょう。（10点）

ひもを長くひくと、わゴムのねじれも多くなり、元にもどろうとする力も大きくなります。

(3) このおもちゃを力強く動くようにするには、次のどれがよいですか。(　)に○を２つかきましょう。（1つ5点）

①（ ○ ） わゴムを２本にする。
②（　 ） 細いわゴムにする。
③（ ○ ） 太いわゴムにする。

ものと重さ ①
形を変えても重さは同じ

1 次の(　)にあてはまる言葉を□からえらんでかきましょう。

のせたものの重さを調べ、重さが数字で表されるのは(① 台ばかり)です。

また、2つのものをのせて、重さをくらべるときに使うのは(② 上皿てんびん)です。上皿てんびんは、左右の(③ 重さ)がちがうと重い方が(④ 下がり)ます。

台ばかり

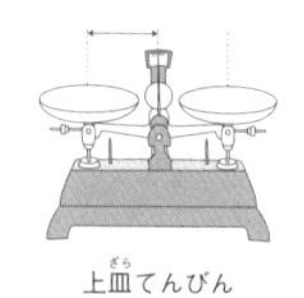
上皿てんびん

重さ	下がり	台ばかり	上皿てんびん

2 ねん土のかたまりをうすくのばして広げました。重さはどうなりますか。正しいものをえらびましょう。　(ア)

⇒

- ㋐ 40g
- ㋑ 40gより重い
- ㋒ 40gより軽い

3 ふくろの中のビスケットが、われてこなになりました。重さはどうなりますか。正しいものをえらびましょう。　(ア)

⇒

- ㋐ 50g
- ㋑ 50gより重い
- ㋒ 50gより軽い

月　日 名前

ポイント　ものの重さは、形をかえたり、いくつかに分けても、かわりません。

4 1本のきゅうりをわ切りにしました。重さはどうなりますか。正しいものをえらびましょう。　(ア)

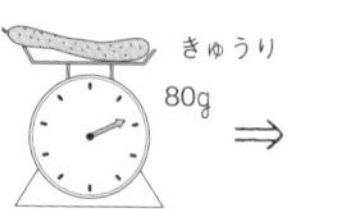

⇒

- ㋐ 80g
- ㋑ 80gより重い
- ㋒ 80gより軽い

5 水に木ぎれをうかべました。重さはどうなりますか。正しいものをえらびましょう。　(イ)

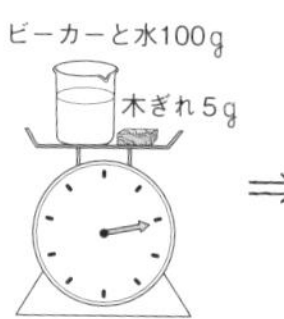

⇒

- ㋐ 104g
- ㋑ 105g
- ㋒ 106g

6 次の(　)にあてはまる言葉を□からえらんでかきましょう。

ものは(① 形)がかわっても、その(② 重さ)はかわりません。

また、水にさとうをとかしたり、水に木ぎれをうかせたり、2つのものをあわせたときの重さは、2つの重さを(③ あわせた)ものになります。

あわせた	重さ	形

ものと重さ ②
ものによって重さはちがう

1 次の(　)にあてはまる言葉を□からえらんでかきましょう。

重さをくらべる道具に(① 上皿てんびん)があります。

左右の皿にものをのせたとき、皿が(② 下)になった方が(③ 重く)なります。2つの皿がちょうどまん中で止まったときは(④ 同じ)重さになっています。

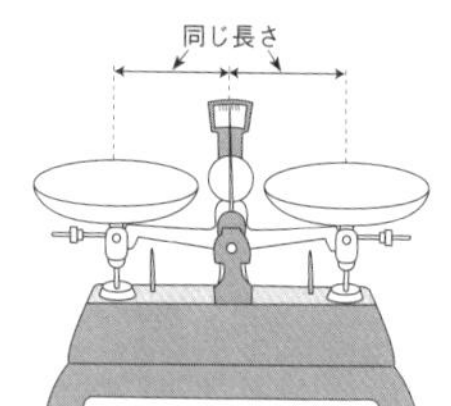

同じ	上皿てんびん	下	重く

2 次の図を見て、重い方に○をかきましょう。

①
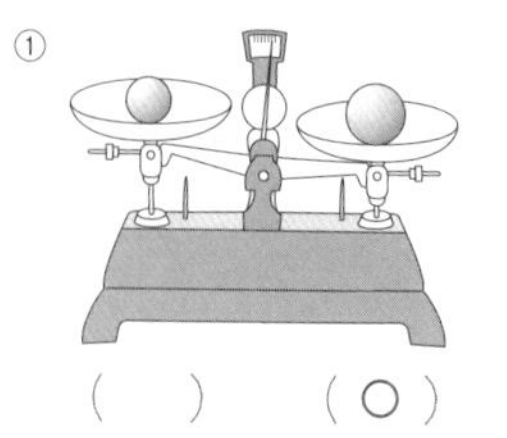
(　)　(○)

②
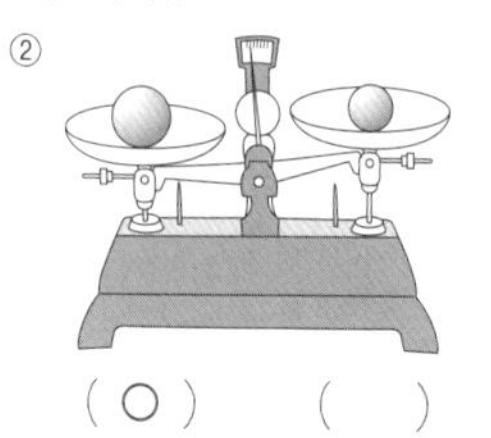
(○)　(　)

月　日 名前

ポイント　ざいりょうによって、ものの重さはちがいます。

3 上皿てんびんで、同じざいりょうでつくった同じ大きさの消しゴムの重さをくらべました。

(1) 左右の皿に1こずつのせました。てんびんはどうなりますか。次の中からえらびましょう。　(ア)

㋐ つりあう　　㋑ つりあわない

(2) 左の皿に2こ、右の皿に3このせました。てんびんはどうなりますか。次の中からえらびましょう。　(イ)

㋐ つりあう　　㋑ つりあわない

4 次の(　)にあてはまる言葉を□からえらんでかきましょう。

㋐のように、ものが同じで体せきが同じとき、重さは(① 同じ)になり、てんびんは(② つりあい)ます。

㋑のように、ものが同じでも体せきがちがうと重さは(③ ちがい)ます。体せきの大きい方が(④ 重く)なります。

㋒のように、さとうとしおでは、体せきが同じでも、重さは(⑤ しお)の方が重いです。

しお	つりあい	同じ	ちがい	重く

ものと重さ ③

重さくらべ

1 同じ体せきで、木、鉄、ねん土、発ぽうスチロールでできたものの重さをくらべました。あとの問いに答えましょう。

㋐
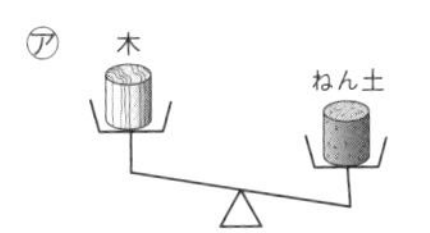

㋑
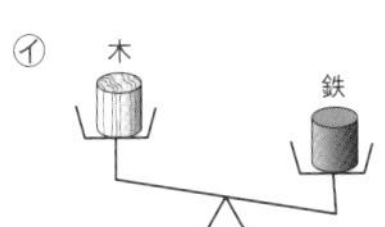

㋒
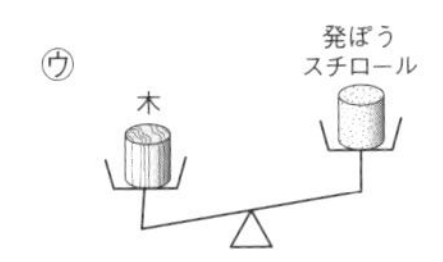

㋓
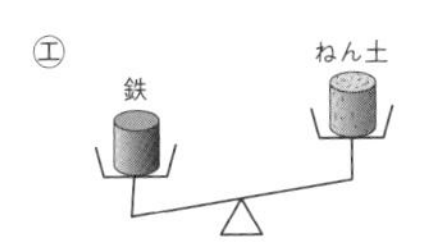

(1) ㋐で木とねん土ではどちらが重いですか。 （ねん土）

(2) ㋑で木と鉄ではどちらが重いですか。 （鉄）

(3) ㋒で木より軽いものは何ですか。 （発ぽうスチロール）

(4) ㋓で鉄とねん土では、どちらが重いですか。（鉄）

(5) ㋐～㋓の重さくらべから、（　）に重いじゅんに番号をかきましょう。

（3） （1） （2） （4）

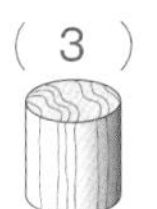
木

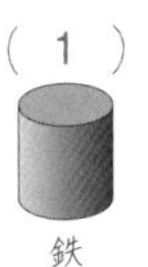
鉄

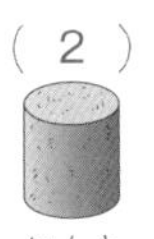
ねん土

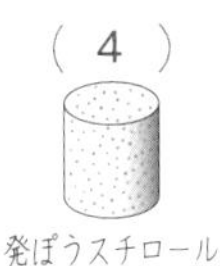
発ぽうスチロール

月　日 名前

ポイント てんびんを使って、ものの重さをくらべたりします。

2 次の（　）にあてはまる言葉を□からえらんでかきましょう。

てんびんは、左右にのせたものの（① 重さ）がちがうとき、重い方に（② かたむき）ます。また、左右にのせたものの重さが（③ 同じ）ときは、水平になって止まります。このようなとき、てんびんは（④つりあう）といいます。

ものはいくつに（⑤ 分けて）も、その（⑥ 重さ）はかわりません。また、ねん土のように、いろいろな（⑦ 形）にかえてもやはり（⑧ 重さ）はかわりません。

同じ　重さ　かたむき　つりあう　形　分けて
◉何回も使う言葉があります。

3 次のてんびんで、つりあっている方に○をかきましょう。

㋐（ ○ ）　㋑（　）

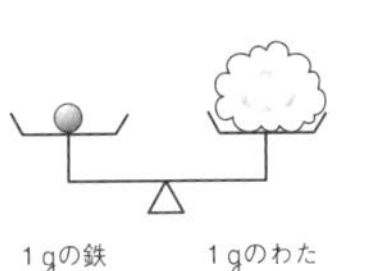

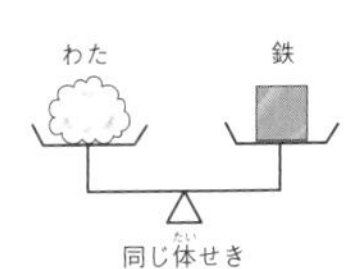

まとめテスト

ものと重さ

1 次の図は、重さを調べるはかりです。名前を□からえらんで（　）にかきましょう。（1つ5点）

①
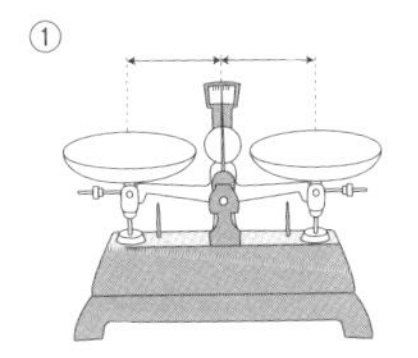

②

（① 上皿てんびん）　（② 台ばかり）

台ばかり　上皿てんびん

2 重さ20gのねん土を図のようにかたちをかえて重さをはかりました。3つの中から正しいものに○をかきましょう。（1つ10点）

(1)
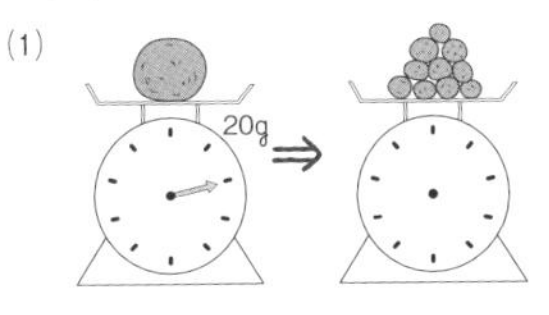

㋐（　）20gより重い
㋑（ ○ ）20gちょうど
㋒（　）20gより軽い

(2)
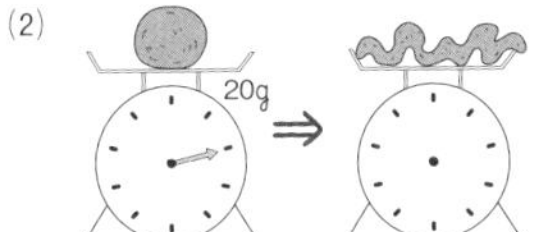

㋐（　）20gより重い
㋑（ ○ ）20gちょうど
㋒（　）20gより軽い

月　日 名前　/100点

3 30gのせんべいをビニールぶくろに入れて、こなごなにしました。重さはどうなりますか。3つの中から正しいものに○をかきましょう。（10点）

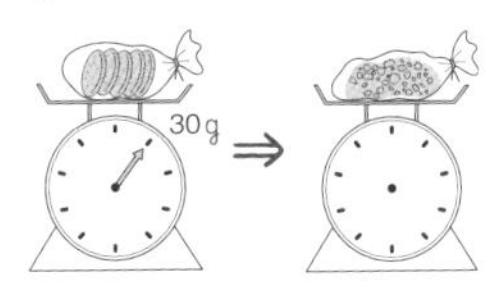

㋐（ ○ ）30gちょうど
㋑（　）30gより重い
㋒（　）30gより軽い

4 つりあっているてんびんに、いろいろなものをのせて重さくらべをしました。つりあうものには○、つりあわないものには×をかきましょう。（1つ10点）

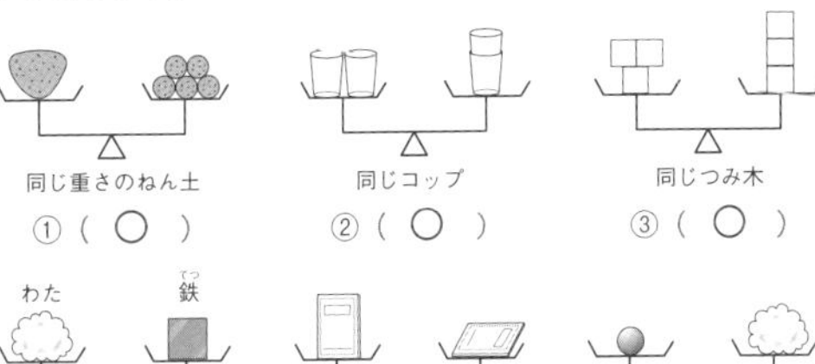

①（ ○ ）　②（ ○ ）　③（ ○ ）

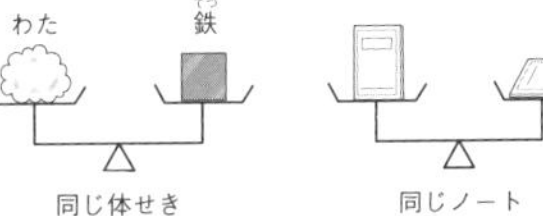

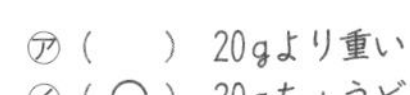

④（ × ）　⑤（ ○ ）　⑥（ ○ ）

まとめテスト

ものと重さ

1 次の(　　)にあてはまる言葉を□からえらんでかきましょう。　（1つ6点）

(1) 重さをくらべる道具に(①上皿てんびん)があります。これは左右の皿にものをのせたとき(②重い)方の皿が下になります。

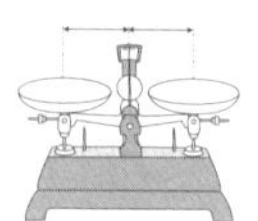

2つの皿がちょうどまん中でつりあったときは、2つのものの重さは(③同じ)です。

同じ　上皿てんびん　重い

(2) ものはいくつに(①分けて)も、その(②重さ)はかわりません。また、ねん土のように、いろいろな(③形)にかえても重さは(④かわりません)。

形　かわりません　重さ　分けて

2 図のように、同じプリンカップの水と同じガラス玉の重さをはかりました。　（1つ6点）

(1) てんびんはつりあいますか。
(つりあう)

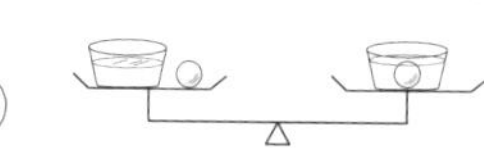

(2) (1)のわけについて、(　　)にあてはまる言葉をかきましょう。

左の皿に(①プリンカップの水)と(②ガラス玉)がのっていて、右の皿にも同じものがのっているから。

月　　日　名前　　　/100点

3 てんびんにアルミニウムはくをのせてつりあわせました。左の皿を下げるにはどうすればよいですか。次の①〜③の文のうち、正しいものには○、まちがっているものには×を(　　)にかきましょう。　（1つ10点）

アルミニウムはく

① (×) 左の皿のアルミニウムはくをかたくおしかため、丸くしてのせます。

② (×) 右の皿のアルミニウムはくを小さくちぎってすべてのせます。

③ (○) 右の皿のアルミニウムはくを2つに分け、そのうちの1つだけをのせます。

4 てんびんを使って、同じ体せきの鉄、ねん土、木、発ぼうスチロールの重さをくらべました。

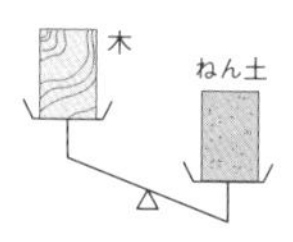

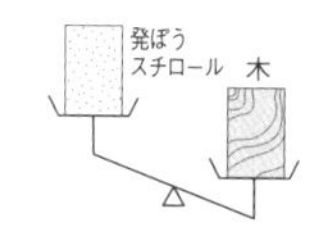

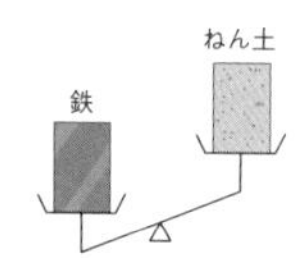

上のじっけんから、軽いじゅんに番号をかきましょう。　（10点）

木	鉄	ねん土	発ぼうスチロール
(2)	(4)	(3)	(1)

まとめテスト

ものと重さ

1 重さをくらべます。同じ重さでてんびんがつりあうのはどれですか。つりあうものには○、つりあわないものには×をかきましょう。　（1つ10点）

(1) 同じ教科書　(○)

(2) 同じ体せきのわたと鉄　(×)

(3) 同じねん土と同じコップと水　(○)

(4) 同じ体せきのねん土とアルミニウムはく　(×)

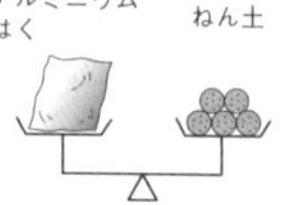

(5) 同じコップ2こずつ　(○)

(6) 5gの鉄と5gのわた　(○)

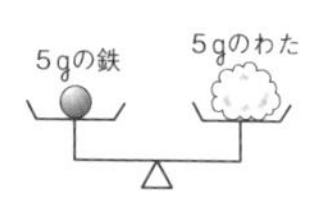

月　　日　名前　　　/100点

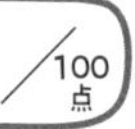

2 次の文で、正しいものには○、まちがっているものには×をかきましょう。　（1つ5点）

① (○) てんびんで2つのものの重さをくらべたとき、つりあったときは、2つの重さは同じです。

② (×) 同じ体せきのものは、どんなものでも同じ重さになります。

③ (○) 体せきが同じでも、しゅるいがちがうと、重さもちがいます。

④ (○) てんびんで、2つのものをくらべたとき、重い方が下がります。

⑤ (×) てんびんで、2つのものをくらべたとき、重い方が上がります。

⑥ (×) 同じ体せきのねん土は、丸くすると重さが軽くなります。

⑦ (○) ねん土を丸めても、2つに分けても、同じ体せきのときは、同じ重さです。

⑧ (○) ふくろに入ったビスケットをこなごなにして、形をかえても、ビスケットの重さはかわりません。

音のせいしつ ①

音のつたわり方

1 次の（　）にあてはまる言葉を□からえらんでかきましょう。

(1) じっけん１のように、トライアングルを（①たたき）、音を出し、水の入った水そうに入れました。すると、（② 水 ）が、ふるえて（③ 波 ）が起こりました。

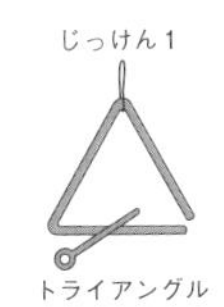

水　たたき　波

(2) じっけん２のような用具をつくり、ピンとはった（①わゴム）を指で（②はじき）ました。するとわゴムが（③ふるえて）音が出ました。

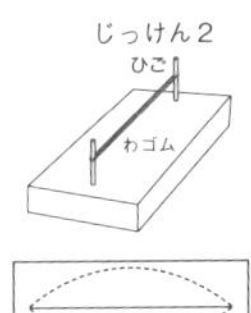

じっけん１～２で（④強く）たたいたり、大きくはじいたりすると、どれも（⑤大きな）音になりました。大きな音は、小さな音にくらべて、ふれるはばが大きくなりました。

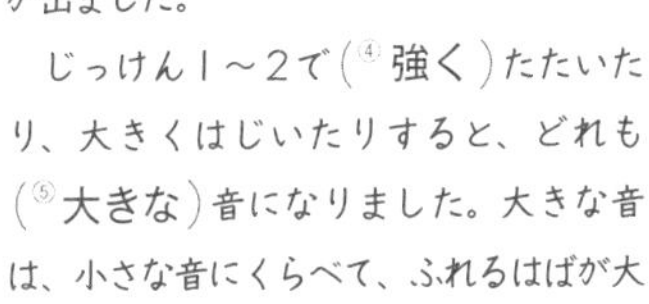

はじき　わゴム　大きな　強く　ふるえて

月　日　名前

ポイント　音はものがふるえることによって、つたわります。

2 次の（　）にあてはまる言葉を□からえらんでかきましょう。

(1) 大だいこのあのがわをたたき、反対がわのいのようすを手をあてて調べました。

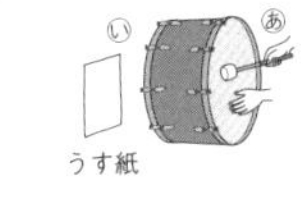

いのがわは、あのがわと（①同じ）ようにふるえていました。いのがわにおいた（②うす紙）も同じように（③ふるえ）ていました。

このように（④ 音 ）を出すものは（⑤ふるえ）が空気中をつたわることがわかりました。

同じ　ふるえ　ふるえ　音　うす紙

(2) 鉄ぼうなど（①金物）でできたものを軽く（②たたくと）、はなれたところでも、音はよく（③つたわり）ました。

糸電話のじっけんをしました。糸電話の糸が（④たるんだり）、とちゅうを指でつまんでいると聞こえにくくなりました。それは糸のふるえが（⑤つたわり）にくくなるからです。

金物　たるんだり　つたわり　つたわり　たたくと

音のせいしつ ②

音のつたわり方

1 次の（　）にあてはまる言葉を□からえらんでかきましょう。

(1) 音は、音を出すものの（①ふるえ）が（②空気）につたわると耳にとどき、聞こえます。

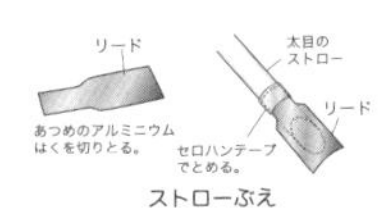

右のような（③ストローぶえ）では口から出た（④ 息 ）がアルミはくでできたリードをふるわせて、そのふるえが（⑤空気）につたわって耳にとどきます。

空気　空気　ふるえ　ストローぶえ　息

(2) 山やたて物に向かって（①大きな声）を出すと（②こだま）が返ってくることがあります。これは、音にはかべのようなものにあたると、（③はね返る）せいしつがあるからです。

高速道路には、長い（④かべ）をつけているところがたくさんあります。これは、（⑤走る車）の音をかべではね返してそう音ぼう止をしているのです。

音楽ホールでは、かべや（⑥天じょう）にいろいろなくふうをして音が（⑦美しく）聞こえるようにしてあります。

美しく　大きな声　はね返る　こだま　天じょう かべ　走る車

月　日　名前

ポイント　音のふるえは、強くはじくと大きくなり、弱くはじくと小さくなります。

2 お寺のかねの音がだんだん弱まるようすを考えましょう。次の文の（　）にそのじゅん番をかきましょう。

①（ 1 ） かねつきぼうでかねをたたく。

②（ 3 ） かねのふるえがじょじょに小さくなる。

③（ 2 ） かねが大きくふるえて音がひびく。

④（ 4 ） ふるえが止まり、音もなくなる。

3 図を見て、あとの問いに答えましょう。

右図は、げんを強くはじいたものと、弱くはじいたものを表しています。

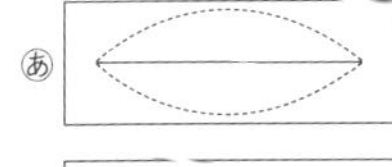

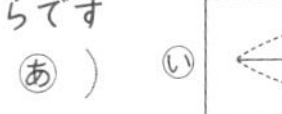

(1) 強くはじいたのはどちらですか。（ あ ）

(2) 弱くはじいたのはどちらですか。（ い ）

(3) 音が大きいのはどちらですか。（ あ ）

(4) 音が小さいのはどちらですか。（ い ）

(5) 音は、げんがどうなることでできますか。（ふるえる）

まとめテスト

音のせいしつ

1 次の(　　)にあてはまる言葉を□からえらんでかきましょう。（1つ5点）

(1) じっけん1のように、大だいこの上に小さく切ったプラスチックへんをのせてたたきました。

たいこの(① 音)とともに、プラスチックへんは(② 動きました)。しばらくして音が(③ 止まる)と、(④ プラスチックへん)も動かなくなりました。

動きました　止まる　音　プラスチックへん

(2) じっけん2のように、大だいこのあのがわをたたき、反対がわのいのようすを手をあてて調べました。

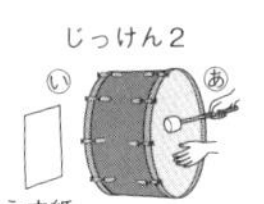

いのがわは、あのがわと同じように(① ふるえて)いました。いのがわにおいた(② うす紙)も同じようにふるえていました。

このように(③ 音)を出すものは(④ ふるえ)が空気中を(⑤ つたわる)ことがわかりました。

うす紙　ふるえて　ふるえ　つたわる　音

月　日　名前　／100点

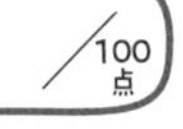

2 次の(　　)にあてはまる言葉を□からえらんでかきましょう。（1つ5点）

鉄ぼうなど(① 金物)でできたものを軽くたたくと、音はよく(② つたわり)ました。

糸電話のじっけんをしました。糸電話の糸が(③ たるんだり)、とちゅうを指でつまんでいると聞こえにくくなりました。それは糸のふるえが(④ つたわり)にくくなるからです。

つたわり　つたわり　金物　たるんだり

3 右図は、げんを強くはじいたものと、弱くはじいたものを表しています。（1つ7点）

あ　い

(1) 弱くはじいたのはどちらですか。（ い ）

(2) 強くはじいたのはどちらですか。（ あ ）

(3) 音が小さいのはどちらですか。（ い ）

(4) 音が大きいのはどちらですか。（ あ ）

(5) 音は、げんがどうなることでできますか。
（ふるえる　　）

まとめテスト

音のせいしつ

1 次の(　　)にあてはまる言葉を□からえらんでかきましょう。（(1)、(2)1つ5点）

(1) 右図のように、大だいこを(① たたく)とたいこの(② 皮)がふるえて、反対がわの皮に(③ ふるえ)がつたわります。

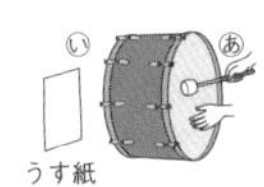

音のふるえは、(④ 手)でさわったり、(⑤ うす紙)がふるえるようすを見ることでわかります。

うす紙　手　ふるえ　たたく　皮

(2) 次に、もっと大きい音を出すには、大だいこを前よりも(① 強く)たたきます。すると、大だいこの(② 皮)が前より(③ 大きく)ふるえて、いのうす紙も大きく(④ ふるえ)ました。

大きく　強く　皮　ふるえ

★(3) なぜ、はなれた場所にあるうす紙がふるえるのか、わけをかきましょう。（5点）

［音は空気中をつたわり、はなれたうす紙をふるえさせるからです。］

月　日　名前　／100点

2 次の(　　)にあてはまる言葉を□からえらんでかきましょう。（1つ5点）

(1) 音は、音を出すものの(① ふるえ)が(② 空気)につたわると耳にとどき、聞こえます。

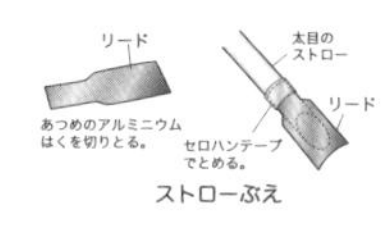

右のような(③ ストローぶえ)では口から出た(④ 息)がアルミはくでできたリードをふるわせて、そのふるえが(⑤ 空気)につたわって耳にとどきます。

空気　空気　ふるえ　ストローぶえ　息

(2) 山やたて物に向かって(① 大きな声)を出すとこだまが返ってくることがあります。これは、音にはかべのようなものにあたると、(② はね返る)せいしつがあるからです。

高速道路には、長いかべをつけているところがたくさんあります。これは、(③ 走る車)の音をかべではね返して外に聞こえないようにしているのです。

音楽ホールでは、(④ かべ)や天じょうにいろいろなくふうをして音が(⑤ 美しく)聞こえるようにしてあります。

美しく　大きな声　はね返る　かべ　走る車

理科ゲーム

クロスワードクイズ

クロスワードにちょうせんしましょう。キとギは同じと考えます。

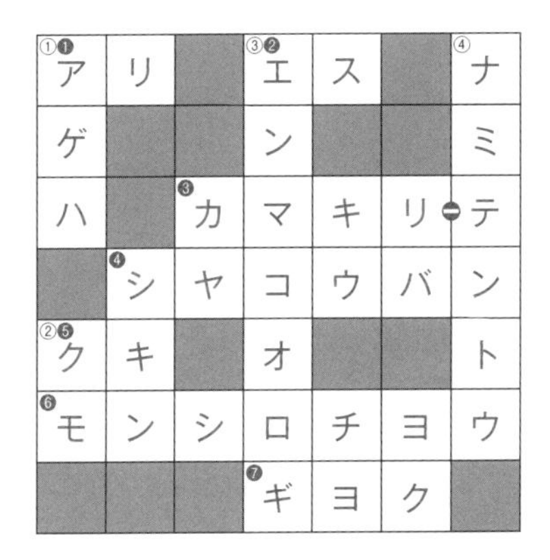

①❶ア	リ	■	③❷エ	ス	■	④ナ
ゲ	■	■	ン	■	■	ミ
ハ	■	❸カ	マ	キ	リ	テ
■	❹シ	ヤ	コ	ウ	バ	ン
②❺ク	キ	■	オ	■	■	ト
❻モ	ン	シ	ロ	チ	ヨ	ウ
■	■	■	❼ギ	ヨ	ク	■

タテのかぎ

① ミカンやサンショウの葉（は）にたまごをうみます。よう虫は青虫です。

② こん虫のなかまではありません。からだは、頭とはらの2つに分かれ、あしは8本です。

③ 秋になると草むらで、コロコロとなき声がきこえます。スズムシのなかまです。

④ 林や野原にすんでいて、アブラムシを食べます。テントウムシの1つです。
ぼくのことだよ。

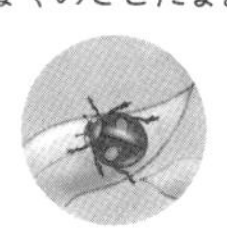

ヨコのかぎ

❶ 土の中にすをつくります。ぞろぞろと○○の行（ぎょう）列（れつ）を見ることもあります。

❷ じしゃくのきょくの1つです。このきょくとNきょくは引きあいます。

❸ しっかりとえものをつかまえる、大きくて、するどくとがったあしがあります。

❹ 太陽（たいよう）を見るときに使（つか）う道具（どうぐ）。これを通して見ないと目をいためます。

❺ 植物（しょくぶつ）のからだは、葉と○○と根（ね）の3つの部分（ぶぶん）からできています。

❻ キャベツの葉にたまごをうみます。よう虫は青虫です。

❼ かん電池にどう線をつなぐ部分です。

月　　日　名前

理科ゲーム

答えは、どっち？

正しいものをえらんでね。

1 アブラナの葉（は）のうらでたまごを見つけました。アゲハ、モンシロチョウ、どっちのたまご？

（モンシロチョウ）

2 キャー！ ゴキブリがでたぞ〜！ ダンゴムシ、ゴキブリ、こん虫はどっち？

ダンゴムシ

（　ゴキブリ　）

3 ヒマワリのたねを植（う）えました。さいしょに開（ひら）くのは、子葉（しよう）、本葉（ほんば）、どっち？

たね

（　子葉　）

4 タンポポとハルジオンがさいています。草たけが高いのはどっち？

（　ハルジオン　）

ハルジオン

5 日なたと日かげがあります。すずしいのはどっち？

（　日かげ　）

月　　日　名前

6 大きい虫めがねと小さい虫めがねがあります。光を多く集（あつ）められるのは、どっち？

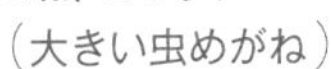

（大きい虫めがね）

7 金ぞくのスプーンとプラスチックのスプーンがあります。電気を通さないのは、どっち？

（　プラスチック　）

スプーン

8 2本のぼうじしゃくが引きあいました。Nきょくをひきつけるのは、Nきょく、Sきょく、どっち？

（　Sきょく　）

9 わゴムで車を走らせます。速（はや）く走るのは、わゴム1本、わゴム2本、どっち？

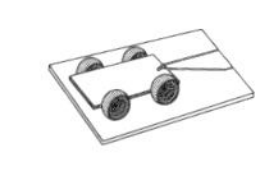

（　わゴム2本　）

10 風を受（う）けて走る車をつくりました。大きい「ほ」と小さい「ほ」があります。遠くまで走るのは、どっち？

（　大きい「ほ」　）

理科ゲーム

理科オリンピック

理科のじっけんのオリンピックです。1い、2い、3いを決めましょう。

1 丸いかがみを3まい使って図のように、日かげのかべに日光をはね返しました。
明るいところはどこですか。

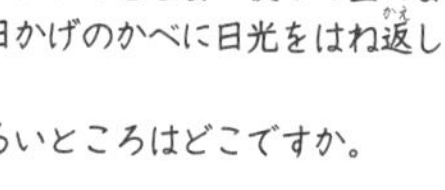

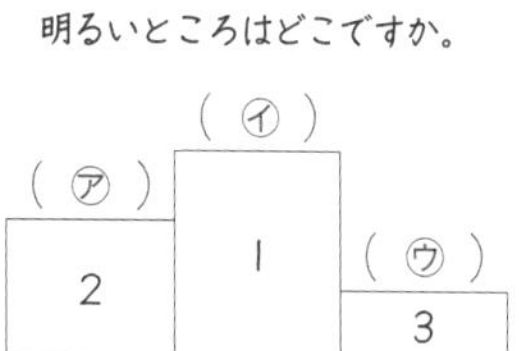

（ ㋑ ） 1　（ ㋐ ） 2　（ ㋒ ） 3

2 紙コップを「ほ」に使った車をつくりました。全体の重さは同じにしてあります。遠くまで走る車はどれですか。

㋐ 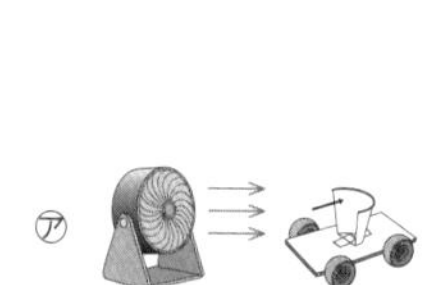

㋑

㋒ 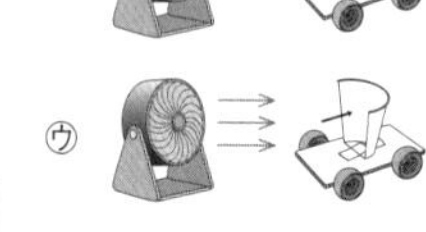

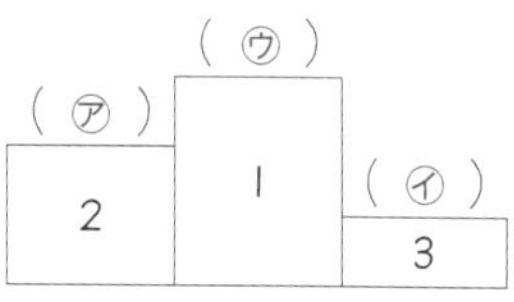

（ ㋒ ） 1　（ ㋐ ） 2　（ ㋑ ） 3

月　　日 名前

3 ゴムの力で動く車があります。わゴムの数を1本、2本、3本にしました。遠くまで走るのはどれですか。

㋐ わゴム1本　㋑ わゴム2本　㋒ わゴム3本

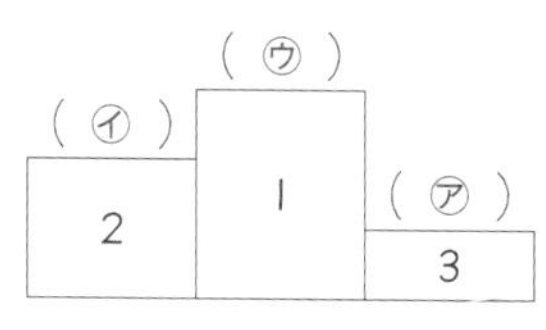

（ ㋒ ） 1　（ ㋑ ） 2　（ ㋐ ） 3

4 同じ体せきの鉄、ねん土、木の重さをくらべました。
㋐ 鉄
㋑ ねん土
㋒ 木
重いのはどれですか。

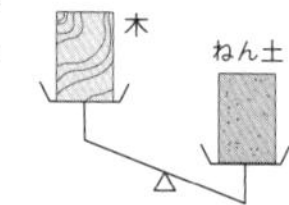

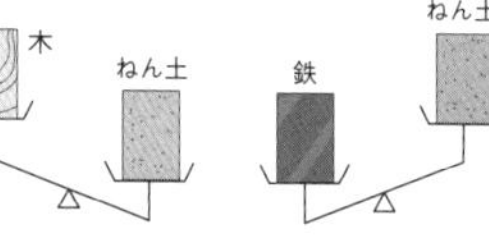

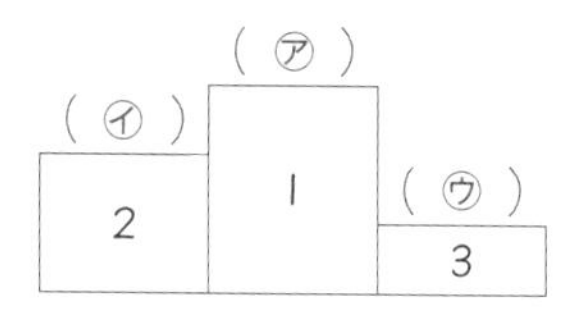

（ ㋐ ） 1　（ ㋑ ） 2　（ ㋒ ） 3

理科ゲーム

まちがいを直せ！

正しい言葉に直しましょう。

1 ハルアカネ？　（ アキアカネ ）
秋に野山にとぶすがたがよく見られます。アカトンボともいいます。

2 クロネコアリ？　（ クロヤマアリ ）
土の中にすんでいて、虫や木の実などを食べます。

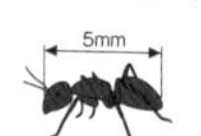

3 モンクロチョウ？　（ モンシロチョウ ）
アブラナなどの葉のうらがわにたまごをうみます。花のみつをすいます。

4 なぎさ？　（ さなぎ ）
チョウのよう虫が、よう虫からせい虫になる間のときです。

5 フユジオン？　（ ハルジオン ）
草たけの高い植物です。野原など日光のよくあたるところに育ちます。

月　　日 名前

6 めい路？　（ 回路 ）
かん電池、豆電球などをどう線でつなぎ、1つのわになる電気の通り道です。

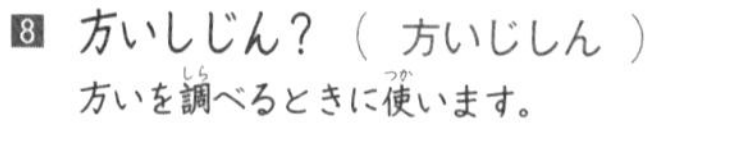

7 フェラメント？　（ フィラメント ）
豆電球の中にあって、ここに電気が流れると光ります。

8 方いしじん？　（ 方いじしん ）
方いを調べるときに使います。

9 音頭計？　（ 温度計 ）
もののあたたかさをはかるときに使います。

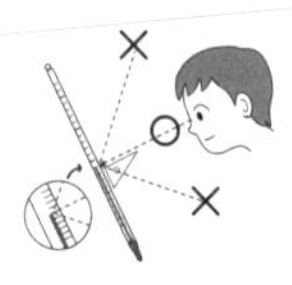

10 しゃ高板？　（ しゃ光板 ）
太陽を見るときに使います。